· EX SITU FLORA OF CHINA ·

中国迁地栽培植物志

主编 黄宏文

ACANTHACEAE
爵床科

本卷主编 彭彩霞 唐文秀 何开红

中国林业出版社
China Forestry Publishing House

内容简介

我国植物园在爵床科Acanthaceae植物的引种驯化、迁地保护过程中积累了丰富、宝贵的原始资料，在爵床科植物的多样性保护和资源发掘利用中发挥了重要作用。

本书收录了我国主要植物园迁地栽培的爵床科植物45属152种（含2亚种、1变种、1变型），其中本土植物及归化物种100种，列入《中国生物多样性红色名录——高等植物卷》（2013）的近危植物1种，易危植物1种，我国特有植物33种，引种栽培东南亚、非洲、南美洲等境外植物14属52种，纠正了植物园鉴定错误的物种名称，补充了观赏性强的爵床科物种在园林景观上的应用。每种植物包括中文名、拉丁名、别名等分类学信息和自然分布、迁地栽培形态特征、引种信息、物候信息、栽培要点和主要用途，并附精美彩图展示物种形态学特征。采用Reveal（2012）分类系统，属、种按照拉丁名字母顺序排列。

本书可供植物学、农学、园林园艺学、环境保护等相关专业的大专院校师生及植物爱好者参考使用。

主编简介

黄宏文：1957年1月1日生于湖北武汉，博士生导师，中国科学院大学岗位教授。长期从事植物资源研究和果树新品种选育，在迁地植物编目领域耕耘数十年，发表论文400余篇，出版专著40余本。主编有《中国迁地栽培植物大全》13卷及多本专科迁地栽培植物志。现为中国科学院庐山植物园主任，中国科学院战略生物资源管理委员会副主任，中国植物学会副理事长，国际植物园协会秘书长。

图书在版编目（CIP）数据

中国迁地栽培植物志. 爵床科 / 黄宏文主编；彭彩霞,唐文秀,何开红本卷主编. -- 北京：中国林业出版社，2020.9

ISBN 978-7-5219-0818-3

Ⅰ.①中… Ⅱ.①黄… ②彭… ③唐… ④何… Ⅲ.①爵床科—引种栽培—植物志—中国 Ⅳ.①Q948.52

中国版本图书馆CIP数据核字(2020)第187201号

ZHŌNGGUÓ QIĀNDÌ ZĀIPÉI ZHÍWÙZHÌ · JUÉCHUÁNGKĒ

中国迁地栽培植物志·爵床科

出版发行：中国林业出版社
（100009 北京市西城区刘海胡同7号）
电　话：010-83143517
印　刷：北京雅昌艺术印刷有限公司
版　次：2021年3月第1版
印　次：2021年3月第1次印刷
开　本：889mm×1194mm　1/16
印　张：31.5
字　数：998千字
定　价：468.00元

《中国迁地栽培植物志》编审委员会

主　　　任：黄宏文
常务副主任：任　海
副　主　任：孙　航　陈　进　胡永红　景新明　段子渊　梁　琼　廖景平
委　　　员（以姓氏拼音排序）：
　　　　　　　陈　玮　傅承新　郭　翎　郭忠仁　胡华斌　黄卫昌　李　标
　　　　　　　李晓东　廖文波　宁祖林　彭春良　权俊萍　施济普　孙卫邦
　　　　　　　韦毅刚　吴金清　夏念和　杨亲二　余金良　宇文扬　张　超
　　　　　　　张　征　张道远　张乐华　张寿洲　张万旗　周　庆

《中国迁地栽培植物志》顾问委员会

主　　任：洪德元
副主任（以姓氏拼音排序）：
　　　　陈晓亚　贺善安　胡启明　潘伯荣　许再富
成　员（以姓氏拼音排序）：
　　　　葛　颂　管开云　李　锋　马金双　王明旭　邢福武　许天全　张冬林
　　　　张佐双　庄　平　Christopher Willis　Jin Murata　Leonid Averyanov
　　　　Nigel Taylor　Stephen Blackmore　Thomas Elias　Timothy J Entwisle
　　　　Vernon Heywood　Yong-Shik Kim

《中国迁地栽培植物志·爵床科》编者

主　　编： 彭彩霞（中国科学院华南植物园）
　　　　　唐文秀（广西壮族自治区中国科学院广西植物研究所）
　　　　　何开红（中国科学院西双版纳热带植物园）

副 主 编： 徐海燕（中国科学院昆明植物研究所）
　　　　　肖春芬（中国科学院西双版纳热带植物园）
　　　　　丁印龙（厦门市园林植物园）
　　　　　林哲丽（中国科学院华南植物园）

编　　委： 丁友芳（厦门市园林植物园）
　　　　　王金英（厦门市园林植物园）
　　　　　刘兴剑（江苏省中国科学院植物研究所南京中山植物园）
　　　　　梁同军（中国科学院庐山植物园）
　　　　　谢孔平（四川省自然资源科学研究院峨眉山生物站）
　　　　　汪弘毅（杭州植物园）
　　　　　刘立安（中国科学院植物研究所北京植物园）
　　　　　贾　敏（海军军医大学药用植物园）
　　　　　刘育梅（厦门华侨亚热带植物引种园）
　　　　　廖菊阳（湖南省森林植物园）
　　　　　吴林世（湖南省森林植物园）
　　　　　潘向艳（上海辰山植物园）
　　　　　李建友（深圳市中国科学院仙湖植物园）
　　　　　昝艳燕（中国科学院武汉植物园）
　　　　　徐文斌（中国科学院武汉植物园）
　　　　　黄素楠（中国科学院华南植物园）

主　　审： 邓云飞（中国科学院华南植物园）

责 任 编 审： 廖景平　湛青青（中国科学院华南植物园）

摄　　影： 彭彩霞　唐文秀　何开红　徐海燕　肖春芬　林哲丽　丁友芳
　　　　　王金英　刘兴剑　梁同军　谢孔平　汪弘毅　刘立安　贾　敏
　　　　　刘育梅　吴林世　潘向艳　李建友　昝艳燕　徐文斌　童　毅
　　　　　朱鑫鑫　俞宏源　夏　静　周欣欣　李　姗

数据库技术支持： 张　征　黄逸斌　谢思明（中国科学院华南植物园）

《中国迁地栽培植物志·爵床科》参编单位（数据来源）

中国科学院西双版纳热带植物园（XTBG）
深圳市中国科学院仙湖植物园（SZBG）
中国科学院华南植物园（SCBG）
厦门市园林植物园（XMBG）
厦门华侨亚热带植物引种园（HQBG）
中国科学院昆明植物研究所昆明植物园（KIB）
广西壮族自治区中国科学院广西植物研究所（GXIB）
湖南省森林植物园（HNFBG）
中国科学院庐山植物园（LSBG）
四川省自然资源科学研究院峨眉山生物站（EBS）
杭州植物园（HZBG）
中国科学院武汉植物园（WHBG）
上海辰山植物园（CSBG）
海军军医大学药用植物园（SMMUMBG）
江苏省中国科学院植物研究所南京中山植物园（CNBG）
中国科学院植物研究所（IBCAS）

《中国迁地栽培植物志》编研办公室

主　任： 任　海
副主任： 张　征
主　管： 湛青青

序 FOREWORD

中国是世界上植物多样性最丰富的国家之一，有高等植物约33000种，约占世界总数的10%，仅次于巴西，位居全球第二。中国是北半球唯一横跨热带、亚热带、温带到寒带森林植被的国家。中国的植物区系是整个北半球早中新世植物区系的孑遗成分，且在第四纪冰川期中，因我国地形复杂、气候相对稳定的避难所效应，又是植物生存、物种演化的重要中心，同时，我国植物多样性还遗存了古地中海和古南大陆植物区系，因而形成了我国极为丰富的特有植物，有约250个特有属、15000~18000特有种。中国还有粮食植物、药用植物及园艺植物等摇篮之称，几千年的农耕文明孕育了众多的栽培植物的种质资源，是全球资源植物的宝库，对人类经济社会的可持续发展具有极其重要意义。

植物园作为植物引种、驯化栽培、资源发掘、推广应用的重要源头，传承了现代植物园几个世纪科学研究的脉络和成就，在近代的植物引种驯化、传播栽培及作物产业国际化进程中发挥了重要作用，特别是经济植物的引种驯化和传播栽培对近代农业产业发展、农产品经济和贸易、国家或区域的经济社会发展的推动则更为明显，如橡胶、茶叶、烟草及众多的果树、蔬菜、药用植物、园艺植物等。特别是哥伦布到达美洲新大陆以来的500多年，美洲植物引种驯化及其广泛传播、栽培深刻改变了世界农业生产的格局，对促进人类社会文明进步产生了深远影响。植物园的植物引种驯化还对促进农业发展、食物供给、人口增长、经济社会进步发挥了不可替代的重要作用，是人类农业文明发展的重要组成部分。我国现有约200个植物园引种栽培了高等维管植物约396科、3633属、23340种（含种下等级），其中我国本土植物为288科、2911属、约20000种，分别约占我国本土高等植物科的91%、属的86%、物种数的60%，是我国植物学研究及农林、环保、生物等产业的源头资源。因此，充分梳理我国植物园迁地栽培植物的基础信息数据，既是科学研究的重要基础，也是我国相关产业发展的重大需求。

然而，我国植物园长期以来缺乏数据整理和编目研究。植物园虽然在植物引种驯化、评价发掘和开发利用上有悠久的历史，但适应现代植物迁地保护及资源发掘利用的整体规划不够、针对性差且理论和方法研究滞后。同时，传统的基于标本资料编纂的植物志也缺乏对物种基础生物学特征的验证和"同园"比较研究。我国历时45年，于2004年完成的植物学巨著《中国植物志》受到国内外植物学者的高度赞誉，但由于历史原因造成的模式标本及原始文献考证不够，众多种类的鉴定有待完善；Flora of China虽弥补了模式标本和原始文献考证的不足，但仍然缺乏对基础生物学特征的深入研究。

《中国迁地栽培植物志》将创建一个"活"植物志，成为支撑我国植物迁地保护和可持续利用的基础信息数据平台。项目将呈现我国植物园引种栽培的20000多种高等植物的实地形态特征、物候信息、用途评价、栽培要领等综合信息和翔实的图片。从学科上支撑分类学修订、园林园艺、植物生物学和气候变化等研究；从应用上支撑我国生物产业所需资源发掘及利用。植物园长期引种栽培的植物与我国农林、医药、环保等产业的源头资源密切相关。由于受人类大量活动的影响，植物赖以生存的自然生态系统遭到严重破坏，致使植物灭绝威胁增加；与此同时，绝大部分植物资源尚未被人类认识和充分利用；而且，在当今全球气候变化、经济高速发展和人口快速增长的背景下，植物园作为植物资源保存和发掘利用的"诺亚方舟"将在解决当今世界面临的食物保障、医药健康、工业原材料、环境变化等重大问题中发挥越来越大的作用。

《中国迁地栽培植物志》编研将全面系统地整理我国迁地栽培植物基础数据资料，对专科、专属、专类植物类群进行规范的数据库建设和翔实的图文编撰，既支撑我国植物学基础研究，又注重对我国农林、医药、环保产业的源头植物资源的评价发掘和利用，具有长远的基础数据资料的整理积累和促进经济社会发展的重要意义。植物园的引种栽培植物在植物科学的基础性研究中有着悠久的历史，支撑了从传统形态学、解剖学、分类系统学研究，到植物资源开发利用、为作物育种提供原始材料，及至现今分子系统学、新药发掘、活性功能天然产物等科学前沿乃至植物物候相关的全球气候变化研究。

《中国迁地栽培植物志》将基于中国植物园活植物收集，通过植物园栽培活植物特征观察收集，获得充分的比较数据，为分类系统学未来发展提供翔实的生物学资料，提升植物生物学基础研究，为植物资源新种质发现和可持续利用提供更好的服务。《中国迁地栽培植物志》将以实地引种栽培活植物形态学性状描述的客观性、评价用途的适用性、基础数据的服务性为基础，立足生物学、物候学、栽培繁殖要点和应用；以彩图翔实反映茎、叶、花、果实和种子特征为依据，在完善建设迁地栽培植物资源动态信息平台和迁地保育植物的引种信息评价、保育现状评价管理系统的基础上，以科、属或具有特殊用途、特殊类别的专类群的整理规范，采用图文并茂方式编撰成卷（册）并鼓励编研创新。全面收录中国的植物园、公园等迁地保护和栽培的高等植物，服务于我国农林、医药、环保、新兴生物产业的源头资源信息和源头资源种质，也将为诸如气候变化背景下植物适应性机理、比较植物遗传学、比较植物生理学、入侵植物生物学等现代学科领域及植物资源的深度发掘提供基础性科学数据和种质资源材料。

《中国迁地栽培植物志》总计约60卷册，10~20年完成。计划2015—2020年完成前10~20卷册的开拓性工作。同时以此推动《世界迁地栽培植物志》（*Ex Situ Flora of the World*）计划，形成以我国为主的国际植物资源编目和基础植物数据库建立的项目引领。今《中国迁地栽培植物志·爵床科》书稿付梓在即，谨此为序。

黄宏文
2020年5月6日于广州

前言 PREFACE

爵床科（Acanthaceae）植物是双子叶植物纲菊亚纲中的一个大科，全世界约220属4000余种，主要分布于热带至亚热带地区，少数种类分布于温带。中国有35属304种，主要分布于我国长江流域以南的华南和西南地区（胡嘉琪，邓云飞，2011）。爵床科植物中，不少物种具有较高的应用价值，与人类生产、生活息息相关，如板蓝 *Strobilanthes cusia*，叶含蓝靛染料，可制作染料，部分少数民族地区现在仍在用它染布；爵床科植物中的板蓝、穿心莲（*Andrographis paniculata*）、水蓑衣（*Hygrophila ringens*）等，已开发为临床药物，得到广泛应用；老鼠簕（*Acanthus ilicifolius*）为红树林重要组成之一，亦可用于海滨地区及湿地绿化；叉花草（*Strobilanthes hamiltoniana*）、红背耳叶马蓝（*Strobilanthes auriculata* var. *dyeriana*）等，观赏性强，应用于庭院观赏和园林绿化。随着科研、园林技术的不断发展及国际间合作交流的推进，一批批原产非洲、南美洲等地的爵床科植物引入我国栽培，如金苞花（*Pachystachys lutea*）、蓝花草（*Ruellia simplex*）、赤苞花（*Megaskepasma erythrochlamys*）等，经过驯化、栽培，其适应性好、观赏性强、病虫害少等特点，使它们在城市道路绿化、公园、小区景观布置中得到广泛使用。总之，爵床科植物已逐渐走入大众的视野中，亦为更多的人们所熟悉和喜爱。

《中国植物志》第七十卷（胡嘉琪 等，2002）收录爵床科植物68属311种（含亚种或变种）。*Flora of China* 第十九卷（胡嘉琪，邓云飞，2011）收录爵床科植物35属304种（含变种或亚种），记录和描述物种为我国本土物种。爵床科植物的应用不断向前发展，观赏爵床科植物种类的引入栽培管理有待进一步摸索，物种鉴定及外文资料的查证存在种种困难，引入栽培的风险性评估也缺乏相关资料，加之《中国植物志》及 *Flora of China* 主要基于大量的标本查阅和鉴定，通常缺乏活植物的连续数据观察，缺乏彩色特征图片，为园林工作者及爱好者认识和应用爵床科植物来带不便。

中国植物园迁地栽培爵床科植物46属180余种（含亚种、变种和变型），为"同园"迁地栽培条件下物种形态、物候观测、栽培繁殖、病虫害防治等深入研究以及植物园间的比较研究提供了便捷条件。在科技部基础性工作专项"植物园迁地保护植物编目及信息标准化"（No.2009FY120200）支持下，中国科学院华南植物园与我国其他主要植物园持续开展活植物清查、疑难物种鉴定和名称查证、物候观测与凭证图片采集。2011年启动《中国迁地栽培植物志》编撰，2014年出版《中国迁地栽培植物志名录》，2015—2018年完成《中国迁地栽培植物大全》出版。在科技部基础性工作专项"植物园迁地栽培植物志编撰"（2015FY210100）持续支持下，华南植物园联合部分植物园共同编撰此书，充分利用植物园实地观察比较的优势，为爵床科植物的深入研究提供基于活植物收集的科学数据。

本志编研工作于2015年6月正式启动，参编的不少单位已积累了数年甚至数十年的物候观测数据，为编研的顺利开展提供了有利的条件。2015—2018年，各参编单位开展物种清查与查证、物种描述、数据采集等工作。在编研过程中，我们遇到的困难包括植物引种、登录等信息不全或缺乏，部分国内物种鉴定缺乏直观的参考图示，国外植物的物种鉴定及相关外文历史文献收集，以及植物物种名实考证等等。

本志编研过程中的典型问题总结如下。

1. 纠正植物园误定的物种名称，推进"sp"物种的鉴定工作

通过对植物园迁地栽培活体植物和标本及文字描述比较观察，记录形态特征，开展迁地保育的活植物鉴定和名称查证工作，继而进一步认识和利用保育植物，是植物园数百年来坚持的传统。纠正植物园无花果情况下误定的物种名称，是持续的长期性的工作。例如华南植物园登录号20121162的植株，引自新加坡，植株灌木状，叶片大，被毛，引种时误定为茄科曼陀罗属植物 Datura sp.，随着栽培、物候观察，根据它的叶对生、节膨大以及花的解剖、比对，重新鉴定为爵床科单药花属的珊瑚塔（*Aphelandra sinclairiana*）。登录号2012116植株引种时登记为引自新加坡的玄参科长阶花属 Hebe sp.，其茎稍具棱，多分枝；叶披针形，叶柄基部通常具一对长刺，稍向下张开呈"八"字形；它的花序穗状，花黄色，冠筒细长，通过一系列的观察，确定它不是玄参科长阶花属植物，而是爵床科假杜鹃属物种。由于国外引入栽培种缺乏参考资料，浏览国内的图文资料，因为其花黄色而被误认为黄花假杜鹃（*Barleria prionitis*），通过解剖比对、查阅外文志书描述，最终鉴定它是原产印度、缅甸的花叶假杜鹃（*Barleria lupulina*）。

随着各园开展植物清查、物候观测和对花、果的持续观察，我们通过到部分植物园进行现场数据采集、网络平台交流花期、果期数据，通过快递邮寄新鲜的花果枝、采集植物标本等方式开展工作，一批被误定的物种名称被重新鉴定和纠正，如西双版纳热带植物园的云南可爱花（*Eranthemum tetragonum*）、紫云杜鹃（*Pseuderanthemum laxiflorum*）、白苞爵床（*Justicia betonica*）等，厦门市园林植物园的匍匐半插花（*Strobilanthes reptans*）、八角筋（*Acanthus montanus*）等；同时，一批批"sp"物种也陆陆续续鉴定出来，如桂林植物园的山壳骨（*Pseuderanthemum latifolium*）、华南爵床（*Justicia austrosinensis*）、厦门市园林植物园的绯红珊瑚花（*Pachystachys coccinea*）、白金羽花（*Schaueria flavicoma*）、白蜡烛（*Whitfieldia elongata*）、红唇花（*Justicia brasiliana*），昆明植物园的蒙自马蓝（*Strobilanthes lamiifolia*）、滇灵枝草（*Rhinacanthus beesianus*）等，有效地推进了各园的物种鉴定工作。

2. 筛选观赏爵床科物种

爵床科植物在园林绿化、庭园观赏中具有很好的应用开发前景。基于"同园"迁地栽培条件下物种形态、物候观测、栽培繁殖等工作的深入开展，我们对部分观赏性强的爵床科物种也开展了栽培驯化和园林应用尝试，为不同地区、不同地理条件下筛选爵床科观赏、应用种类提供依据。

在西双版纳热带植物园的百花园、藤本园，厦门市园林植物园的藤本园，华南植物园的生物园、温室、藤本园，桂林植物园等，栽培展示一批有较高观赏应用价值的

爵床科植物，如赤苞花、叉花草、红楼花（*Odontonema strictum*）等，花色艳丽，花量大，花期为秋、冬季至早春，花期长可达半年或以上，为优良花境植物或庭院观赏花卉，可为秋、冬季园林景观增色；山牵牛属的藤本植物山牵牛（*Thunbergia grandiflora*）、桂叶山牵牛（*Thunbergia laurifolia*）、红花山牵牛（*Thunbergia coccinea*）、黄花老鸦嘴（*Thunbergia mysorensis*）等，生性强健，喜温暖、湿润的栽培环境，适于廊檐、棚架绿化和美化，盛花时节，花枝下垂，怡然成景，深受游客喜爱；林下常光线不足，但球花马蓝（*Strobilanthes dimorphotricha*）、菜头肾（*Strobilanthes sarcorrhiza*）、华南马蓝（*Strobilanthes austrosinensis*）、华南爵床（*Justicia austrosinensis*）等，栽培于林下，耐阴性好，叶色翠绿、高度适中，可作为优良地被植物。

3. 完成境外植物的中文物种描述

我国植物园在爵床科植物收集、引种、保育方面做了大量工作，部分植物园引种、收集了源自东南亚、非洲、南美洲等地观赏爵床科种类，如赤苞花（*Megaskepasma erythrochlamys*）、珊瑚塔（*Aphelandra sinclairiana*）、白金羽花（*Schaueria flavicoma*）、逐马蓝（*Brillantaisia owariensis*）、白蜡烛（*Whitfieldia elongata*）、林君木（*Suessenguthia multisetosa*）、蜂鸟花（*Ruttya fruticosa*）等，由于缺乏外文查证资料，它们在引种时写着爵床科"sp"或者"spp"，无法完成相关物种的鉴定工作，对苗圃管理及炼苗成活率都有影响。通过大家合力工作，进行物候观察，完成花、果的结构解剖，采集活植物数据信息，查证大量的外文期刊和资料，一一将"sp"物种鉴定出来，并将散布于各类外文书籍或期刊的繁简不一的描述进行整理。本书收录了14属52种原产东南亚、非洲、南美洲等地的爵床科植物，详细介绍了其形态特征、分布及用途等信息，有助于更好地认识、鉴定、栽培和开发利用这些观赏爵床科植物资源。

4. 补充基于标本观察的物种分类学信息

板蓝（*Strobilanthes cusia*）在《中国植物志》中被描述为一次性开花植物，在 *Flora of China* 中描述为草本。通过西双版纳热带植物园、华南植物园、昆明植物园等9个园的连续观察，其为多年生草本至亚灌木，而非一次性开花植物，每年冬季至春季开花。花期将至，植株生出许多短枝，其叶片形状匙形或椭圆形，与营养枝上的叶形态不同，大小也有很大差别。通常在花后结实不久，花枝及花枝附近的营养枝枯萎，但下部的营养枝很快能重新抽出新的枝叶。基于活植物观察，补充了板蓝的植物分类学信息，也为植物栽培管理和指导生产提供科学依据。又如，金江鳔冠花、虾衣花、琴叶爵床、黄花爵床、针子草、滇野靛棵、海南鳞花草等共10余种植物，通过连续的物候观察，记录了植株从现蕾期、花期、果期的一系列数据，补充了《中国植物志》及 *Flora of China* 中未见或未能描述的部分器官，补充了基于标本观察的物种分类学信息。

本书采用Reveal（2012）分类系统，属和种的排列按照拉丁名字母顺序。收录了我国主要植物园迁地栽培的爵床科植物45属152种（含2亚种、1变种、1变型），其中本土植物及归化物种100种，依据《中国生物多样性红色名录——高等植物卷》（2013），近危植物1种，易危植物1种，我国特有植物33种；原产东南亚、非洲、南美洲等的境外分布植物14属52种。每种植物都包括中文名、拉丁名、别名等分类学信息和自然分布、迁地栽培形态特征、引种信息、物候信息、栽培要点及主要用途，并附精美彩色图片约1600张，展示物种形态学特征。

我国植物园迁地栽培爵床科植物180余种，但部分种类因缺乏花、果等重要鉴定信息及活植物物候观测等数据而未全部收入本志。

本书在编写过程中，得到中国科学院华南植物园邓云飞研究员的悉心指导，他鉴定标本、审阅文稿，使本书编撰人员受益匪浅。同时，本书的出版，有赖于全国16个植物园共同努力和团结协作，它们是：中国科学院西双版纳热带植物园（以下简称西双版纳热带植物园）、深圳市中国科学院仙湖植物园（以下简称仙湖植物园）、中国科学院华南植物园（以下简称华南植物园）、厦门华侨亚热带植物引种园（以下简称华侨引种园）、厦门市园林植物园、广西壮族自治区中国科学院广西植物研究所（以下简称桂林植物园）、中国科学院昆明植物研究所（以下简称昆明植物园）、湖南省森林植物园、中国科学院庐山植物园（以下简称庐山植物园）、四川省自然资源科学研究院峨眉山生物站（以下简称峨眉山生物站）、杭州植物园、海军军医大学药用植物园（以下简称海医大药植园）、中国科学院武汉植物园（以下简称武汉植物园）、江苏省中国科学院植物研究所南京中山植物园（以下简称南京中山植物园）、中国科学院植物研究所北京植物园，以上植物园按所处地理位置由南向北排列。在此，谨向为本书付出心血的单位和个人表示最诚挚的感谢！

由于时间仓促，编著者水平有限，错误和不当之处在所难免，敬请专家和广大读者批评指正。

本书承蒙以下研究项目的大力资助：科技基础性工作专项——植物园迁地栽培植物志编撰（2015FY210100）；中国科学院华南植物园"一三五"规划（2016—2020）——中国迁地植物大全及迁地栽培植物志编研；生物多样性保护重大工程专项——重点高等植物迁地保护现状综合评估；国家基础科学数据共享服务平台——植物园主题数据库；中国科学院核心植物园特色研究所建设任务：物种保育功能领域；广东省数字植物园重点实验室；中国科学院科技服务网络计划（STS计划）——植物园国家标准体系建设与评估（KFJ-3W-Nol-2）；中国科学院大学研究生／本科生教材或教学辅导书项目。在此表示衷心感谢！

编者
2020年9月

目录 CONTENTS

序 6

前言 8

概述 19

    一、爵床科植物基本特征 20

    二、爵床科植物分类和地理分布 27

    三、爵床科植物的应用与开发 28

    四、爵床科植物的繁殖与栽培管理 32

各论 39

    爵床科 Acanthaceae 38

    爵床科分属检索表 40

    老鼠簕属 *Acanthus* L. 43

        老鼠簕属分种检索表 43

        1 老鼠簕 *Acanthus ilicifolius* L. 44

        2 蛤蟆花 *Acanthus mollis* L. 47

        3 八角簕 *Acanthus montanus* (Nees) T. Anderson 50

    穿心莲属 *Andrographis* Wall. ex Nees 53

        4 穿心莲 *Andrographis paniculata* (Burm. f.) Wall. ex Nees ... 54

    单药花属 *Aphelandra* R. Br. 57

        单药花属分种检索表 57

        5 珊瑚塔 *Aphelandra sinclairiana* Nees 58

        6 单药花 *Aphelandra squarrosa* Nees 60

    十万错属 *Asystasia* Blume 62

        十万错属分种检索表 62

        7 十万错 *Asystasia nemorum* Nees 63

        8 宽叶十万错 *Asystasia gangetica* (L.) T. Anders. 66

        9 小花十万错 *Asystasia gangetica* subsp. *micrantha* (Nees) Ensermu ... 69

        10 白接骨 *Asystasia neesiana* (Wall.) Nees 71

    假杜鹃属 *Barleria* L. 74

        假杜鹃属分种检索表 74

        11 假杜鹃 *Barleria cristata* L. 75

  12 花叶假杜鹃 *Barleria lupulina* Lindl. 78
  13 长红假杜鹃 *Barleria repens* Nees 81
  14 紫萼假杜鹃 *Barleria strigosa* Willd. 83

逐马蓝属 *Brillantaisia* P. Beauv. 85
  15 逐马蓝 *Brillantaisia owariensis* P. Beauv. 86

色萼花属 *Chroesthes* Benoist 88
  16 色萼花 *Chroesthes lanceolata* (T.Anderson) B.Hansen 89

鳄嘴花属 *Clinacanthus* Nees 91
  17 鳄嘴花 *Clinacanthus nutans* (Burm. f.) Lindau 92

钟花草属 *Codonacanthus* Nees 95
  18 钟花草 *Codonacanthus pauciflorus* (Nees) Nees 96

秋英爵床属 *Cosmianthemum* Bremek. 98
  秋英爵床属分种检索表 98
  19 广西秋英爵床 *Cosmianthemum guangxiense* H. S. Lo et D. Fang 99
  20 海南秋英爵床 *Cosmianthemum viriduliflorum* (C. Y. Wu et H. S. Lo) H. S. Lo 101

莽银花属 *Crabbea* Harv. 103
  21 绒毛莽银花（新拟）*Crabbea velutina* S. Moore 104

十字爵床属 *Crossandra* Salisb. 106
  22 鸟尾花 *Crossandra infundibuliformis* Nees 107

鳔冠花属 *Cystacanthus* T. Anderson 110
  鳔冠花属分种检索表 110
  23 金江鳔冠花 *Cystacanthus yangtsekiangensis* (H.Lév.) Rehder 111
  24 滇鳔冠花 *Cystacanthus yunnanensis* W. W. Smith 114

狗肝菜属 *Dicliptera* Juss. 116
  25 狗肝菜 *Dicliptera chinensis* (L.) Juss. 117

恋岩花属 *Echinacanthus* Nees 120
  恋岩花属分种检索表 120
  26 黄花恋岩花 *Echinacanthus lofouensis* (H. Lév.) J. R. I. Wood 121
  27 长柄恋岩花 *Echinacanthus longipes* H.S.Lo et D.Fang 123

喜花草属 *Eranthemum* L. 125
  喜花草属分种检索表 125
  28 华南可爱花 *Eranthemum austrosinense* H. S. Lo 126
  29 喜花草 *Eranthemum pulchellum* Andrews 128
  30 云南可爱花 *Eranthemum tetragonum* Wall. ex Nees 132

网纹草属 *Fittonia* Coem. 135
  31 网纹草 *Fittonia albivenis* (Lindl. ex Veitch) Brummitt 136

紫叶属 *Graptophyllum* Nees 139
  32 彩叶木 *Graptophyllum pictum* (L.) Griff. 140

裸柱草属 *Gymnostachyum* Nees 143
  裸柱草属分种检索表 143
  33 广西裸柱草 *Gymnostachyum kwangsiense* H. S. Lo 144
  34 矮裸柱草 *Gymnostachyum subrosulatum* H. S. Lo 146

水蓑衣属 *Hygrophila* R. Br. ... 148
水蓑衣属分种检索表 ... 148
35 异叶水蓑衣 *Hygrophila difformis* Blume ... 149
36 小叶水蓑衣 *Hygrophila erecta* (Burm. f.) Hochr. ... 151
37 大花水蓑衣 *Hygrophila megalantha* Merr. ... 153
38 水蓑衣 *Hygrophila ringens* (L.) R. Br. ex Spreng. ... 156

枪刀药属 *Hypoestes* Sol. ex R. Br. ... 158
枪刀药属分种检索表 ... 158
39 枪刀菜 *Hypoestes cumingiana* (Nees) Benth. et Hook. f. ... 159
40 红点草 *Hypoestes phyllostachya* Baker ... 162
41 枪刀药 *Hypoestes purpurea* (L.) R. Br. ... 165
42 三花枪刀药 *Hypoestes triflora* (Forssk.) Roem. et Schult. ... 167

叉序草属 *Isoglossa* Oerst. ... 170
43 叉序草 *Isoglossa collina* (T. Anders.) B. Hansen ... 171

爵床属 *Justicia* L. ... 174
爵床属分种检索表 ... 174
44 棱茎爵床 *Justicia acutangula* H. S. Lo et D. Fang ... 176
45 鸭嘴花 *Justicia adhatoda* L. ... 178
46 细管爵床 *Justicia appendiculata* (Ruiz et Pav.) Vahl ... 181
47 桂南爵床 *Justicia austroguangxiensis* H. S. Lo et D. Fang ... 184
48 白脉桂南爵床 *Justicia austroguangxiensis* f. *albinervia* (D. Fang et H. S. Lo) C. Y. Wu et C. C. Hu ... 186
49 华南爵床 *Justicia austrosinensis* H. S. Lo et D. Fang ... 188
50 白苞爵床 *Justicia betonica* L. ... 191
51 虾衣花 *Justicia brandegeeana* Wassh. et L. B. Smith ... 194
52 红唇花 *Justicia brasiliana* Roth ... 197
53 心叶爵床 *Justicia cardiophylla* D. Fang et H. S. Lo ... 200
54 珊瑚花 *Justicia carnea* Lindl. ... 202
55 圆苞杜根藤 *Justicia championii* T. Anderson ex Benth. ... 205
56 小驳骨 *Justicia gendarussa* Burm. f. ... 207
57 大爵床 *Justicia grossa* C. B. Clarke ... 209
58 广西爵床 *Justicia kwangsiensis* (H. S. Lo) H. S. Lo ... 211
59 紫苞爵床 *Justicia latiflora* Hemsl. ... 213
60 南岭爵床 *Justicia leptostachya* Hemsl. ... 216
61 广东爵床 *Justicia lianshanica* (H. S. Lo) H. S. Lo ... 219
62 琴叶爵床 *Justicia panduriformis* Benoist ... 221
63 爵床 *Justicia procumbens* L. ... 223
64 杜根藤 *Justicia quadrifaria* (Nees) T. Anderson ... 226
65 巴西喷烟花 *Justicia scheidweileri* V. A. W. Graham ... 228
66 针子草 *Justicia vagabunda* Ben. ... 231
67 滇野靛棵 *Justicia vasculosa* (Nees) T. Anderson ... 233
68 黑叶小驳骨 *Justicia ventricosa* Wall. ex Hook. f. ... 236

鳞花草属 *Lepidagathis* Willd. ... 239
鳞花草属分种检索表 ... 239

69 台湾鳞花草 *Lepidagathis formosensis* C. B. Clarke ex Hayata	240
70 海南鳞花草 *Lepidagathis hainanensis* H. S. Lo	242
71 鳞花草 *Lepidagathis incurva* Buch.-Ham. ex D. Don	244

拟地皮消属 *Leptosiphonium* F. Muell. — 247

| 72 飞来蓝 *Leptosiphonium venustum* (Hance) E. Hossain | 248 |

赤苞花属 *Megaskepasma* Lindau — 250

| 73 赤苞花 *Megaskepasma erythrochlamys* Lindau | 251 |

瘤子草属 *Nelsonia* R. Br. — 255

| 74 瘤子草 *Nelsonia canescens* (Lam.) Spreng. | 256 |

鸡冠爵床属 *Odontonema* Nees — 259

鸡冠爵床属分种检索表 — 259

| 75 美序红楼花 *Odontonema callistachyum* (Schltdl. et Cham.) Kuntze | 260 |
| 76 红楼花 *Odontonema strictum* (Nees) O. Kuntze | 263 |

金苞花属 *Pachystachys* Nees — 267

金苞花属分种检索表 — 267

| 77 绯红珊瑚花 *Pachystachys coccinea* (Aubl.) Nees | 268 |
| 78 金苞花 *Pachystachys lutea* Nees | 271 |

地皮消属 *Pararuellia* Bremek. et Nann.-Bremek. — 274

地皮消属分种检索表 — 274

79 罗甸地皮消 *Pararuellia cavaleriei* (Lévl.) E. Hossain	275
80 地皮消 *Pararuellia delavayana* (Baill.) E. Hossain	277
81 云南地皮消 *Pararuellia glomerata* Y. M. Shui et W. H. Chen	279
82 海南地皮消 *Pararuellia hainanensis* C. Y. Wu et H. S. Lo	281

观音草属 *Peristrophe* Nees — 283

观音草属分种检索表 — 283

83 观音草 *Peristrophe bivalvis* (L.) Merr.	284
84 柳叶观音草 *Peristrophe hyssopifolia* (Burm.f.) Bremek.	287
85 九头狮子草 *Peristrophe japonica* (Thunb.) Bremek.	290
86 美丽爵床 *Peristrophe speciosa* (Roxb.) Nees	292

肾苞草属 *Phaulopsis* Willd. — 294

| 87 肾苞草 *Phaulopsis dorsiflora* (Retz.) Santapau | 295 |

火焰花属 *Phlogacanthus* Nees — 298

火焰花属分种检索表 — 298

88 广西火焰花 *Phlogacanthus colaniae* Ben.	299
89 火焰花 *Phlogacanthus curviflorus* (Wall.) Nees	302
90 金塔火焰花 *Phlogacanthus pyramidalis* R. Ben.	305
91 糙叶火焰花 *Phlogacanthus vitellinus* (Roxb.) T. Anders.	308

山壳骨属 *Pseuderanthemum* Radlk. ex Lindau — 310

山壳骨属分种检索表 — 310

92 拟美花 *Pseuderanthemum carruthersii* (Seem.) Guillaumin	311
93 狭叶钩粉草 *Pseuderanthemum coudercii* Benoist	314
94 云南山壳骨 *Pseuderanthemum graciliflorum* (Nees) Ridl.	316
95 山壳骨 *Pseuderanthemum latifolium* (Vahl) B. Hansen	319

96 紫云杜鹃 *Pseuderanthemum laxiflorum* (A. Gray) F. T. Hubb. ex L. H. Bailey ········· 322

97 多花山壳骨 *Pseuderanthemum polyanthum* (C. B. Clarke) Merr. ········· 325

灵枝草属 *Rhinacanthus* Nees ········· 328

 灵枝草属分种检索表 ········· 328

 98 滇灵枝草 *Rhinacanthus beesianus* Diels ········· 329

 99 灵枝草 *Rhinacanthus nasutus* (L.) Kurz ········· 332

芦莉草属 *Ruellia* L. ········· 335

 芦莉草属分种检索表 ········· 335

 100 灌状芦莉（新拟）*Ruellia affinis* T. Anderson ········· 336

 101 短叶芦莉 *Ruellia brevifolia* (Pohl) C. Ezcurra ········· 339

 102 火焰芦莉 *Ruellia chartacea* (T. Anderson) Wassh. ········· 341

 103 缘毛芦莉 *Ruellia ciliosa* Pursh ········· 343

 104 大花芦莉 *Ruellia elegans* Poir. ········· 346

 105 马可芦莉草 *Ruellia makoyana* Closon ········· 349

 106 蓝花草 *Ruellia simplex* C. Wright ········· 352

 107 芦莉草 *Ruellia tuberosa* L. ········· 355

孩儿草属 *Rungia* Nees ········· 357

 孩儿草属分种检索表 ········· 357

 108 缅甸孩儿草 *Rungia burmanica* (C. B. Clarke) B. Hansen ········· 358

 109 中华孩儿草 *Rungia chinensis* Benth. ········· 361

 110 孩儿草 *Rungia pectinata* (L.) Nees ········· 364

 111 云南孩儿草 *Rungia yunnanensis* H. S. Lo ········· 367

蜂鸟花属 *Ruttya* Harv. ········· 370

 112 蜂鸟花 *Ruttya fruticosa* Lindau ········· 371

黄脉爵床属 *Sanchezia* Ruiz et Pav. ········· 373

 113 小苞黄脉爵床 *Sanchezia parvibracteata* Sprague et Hutch. ········· 374

金羽花属 *Schaueria* Nees ········· 378

 114 白金羽花 *Schaueria flavicoma* N. E. Br. ········· 379

叉柱花属 *Staurogyne* Wall. ········· 382

 叉柱花属分种检索表 ········· 382

 115 叉柱花 *Staurogyne concinnula* (Hance) Kuntze ········· 383

 116 大花叉柱花 *Staurogyne sesamoides* (Hand.-Mazz.) B. L. Burtt ········· 385

马蓝属 *Strobilanthes* Blume ········· 388

 马蓝属分种检索表 ········· 388

 117 灰姑娘 *Strobilanthes alternata* (Burm.f.) Moylan ex J.R.I.Wood ········· 390

 118 红背耳叶马蓝 *Strobilanthes auriculata* var. *dyeriana* (Masters) J. R. Wood ········· 392

 119 华南马蓝 *Strobilanthes austrosinensis* Y. F. Deng et J. R. I. Wood ········· 395

 120 湖南马蓝 *Strobilanthes biocullata* Y. F. Deng et J. R. I. Wood ········· 397

 121 黄球花 *Strobilanthes chinensis* (Nees) J. R. I. Wood et Y. F. Deng ········· 400

 122 板蓝 *Strobilanthes cusia* (Nees) Kuntze ········· 403

 123 串花马蓝 *Strobilanthes cystolithigera* Lindau ········· 407

 124 球花马蓝 *Strobilanthes dimorphotricha* Hance ········· 409

 125 白头马蓝 *Strobilanthes esquirolii* H. Lév. ········· 412

126 叉花草 *Strobilanthes hamiltoniana* (Steud.) Bosser et Heine ………………………………… 414
127 南一笼鸡 *Strobilanthes henryi* Hemsl. ……………………………………………………… 417
128 异序马蓝 *Strobilanthes heteroclita* D. Fang et H.S. Lo ………………………………… 420
129 红毛马蓝 *Strobilanthes hossei* C. B. Clarke …………………………………………… 422
130 日本马蓝 *Strobilanthes japonica* (Thunb.) Miq. ……………………………………… 424
131 蒙自马蓝 *Strobilanthes lamiifolia* (Nees) T. Anderson ………………………………… 427
132 少花马蓝 *Strobilanthes oliganthus* Miq. ……………………………………………… 429
133 翅枝马蓝 *Strobilanthes pateriformis* Lindau …………………………………………… 432
134 桃叶马蓝 *Strobilanthes persicifolia* (Lindl.) J. R. I. Wood ……………………………… 435
135 阳朔马蓝 *Strobilanthes pseudocollina* K. J. He et D. H Qin ……………………………… 437
136 波缘半插花 *Strobilanthes repanda* (Blume) J. R. Benn. ………………………………… 439
137 匍匐半插花 *Strobilanthes reptans* (G. Forst.) Moylan ex Y. F. Deng et J. R. I. Wood ………… 441
138 菜头肾 *Strobilanthes sarcorrhiza* (C. Ling) C. Z. Cheng ex Y. F. Deng et N. H. Xia ………… 444
139 马来马蓝 *Strobilanthes schomburgkii* (Craib) J. R. I. Wood …………………………… 446
140 四子马蓝 *Strobilanthes tetrasperma* (Champ. ex Benth.) Druce ………………………… 448
141 糯米香 *Strobilanthes tonkinensis* Lindau ……………………………………………… 451
142 云南马蓝 *Strobilanthes yunnanensis* Diels …………………………………………… 454

溪君木属 *Suessenguthia* Merxm. ……………………………………………………… 456
143 林君木 *Suessenguthia multisetosa* (Rusby) Wassh. et J. R. I. Wood …………………… 457

山牵牛属 *Thunbergia* Retz. …………………………………………………………… 460
山牵牛属分钟检索表 …………………………………………………………………… 460
144 翼叶山牵牛 *Thunbergia alata* Bojer ex Sims ………………………………………… 461
145 红花山牵牛 *Thunbergia coccinea* Wall. ……………………………………………… 464
146 直立山牵牛 *Thunbergia erecta* (Benth.) T. Anderson ………………………………… 467
147 碗花草 *Thunbergia fragrans* Roxb. …………………………………………………… 470
148 海南山牵牛 *Thunbergia fragrans* subsp. *hainanensis* (C. Y. Wu et H. S. Lo) H. P. Tsui …… 472
149 山牵牛 *Thunbergia grandiflora* Roxb. Bot. Reg. ……………………………………… 474
150 桂叶山牵牛 *Thunbergia laurifolia* Lindl. ……………………………………………… 477
151 黄花老鸦嘴 *Thunbergia mysorensis* (Wight) T. Anderson ……………………………… 480

白蜡烛属 *Whitfieldia* Hook. …………………………………………………………… 483
152 白蜡烛 *Whitfieldia elongata* (P. Beauv.) De Wild. et T. Durand ………………………… 484

参考文献 ……………………………………………………………………………… 487

附录1 各植物园栽培爵床科植物种类统计表 ……………………………………… 491

附录2 各植物园地理环境 …………………………………………………………… 496

中文名索引 …………………………………………………………………………… 499

拉丁名索引 …………………………………………………………………………… 502

概述
Overview

爵床科（Acanthaceae）植物隶属于双子叶植物纲管状目，是一个主要分布于热带和亚热带地区的大科，全世界约220属4000余种，4个主要的分布中心为印度-马来西亚、非洲、南美洲巴西和中美洲地区。根据 Flora of China，我国有35属304种，主要分布于我国长江流域以南的华南和西南地区。

爵床科植物种类多，分布广，生境多样。除森林外，山坡、乡野、荒漠甚至水生红树林，均能寻找到它们的踪迹。它们大多为草本、灌木或藤本。叶对生，稀互生，无托叶。其主要特征是叶片、小枝和花萼上常具条形或针形的钟乳体（cystoliths）。花两性，左右对称，有梗或无梗，通常排列成穗状花序、总状花序、聚伞花序，有时单生或簇生于叶腋；苞片通常大，有时具鲜艳的色彩；花萼通常5枚，多为环状；花冠合瓣，通常为高脚碟状、漏斗形、钟形或二唇形；发育雄蕊4或2枚，通常二强。蒴果开裂时2片裂，或者中轴与片片基部一起弹起，种子一般借助珠柄钩（retinaculum）弹出。

海边红树林中的老鼠簕　　　　　　　　　　生活在林下的板蓝

生活在水塘边的异叶水蓑衣　　　　　　　　长在路边杂草丛中的爵床

爵床科植物的生境多样

爵床科植物大多具有较高的应用价值，不少种类作为药用植物，得到广泛应用，如板蓝（*Strobilanthes cusia*）、穿心莲（*Andrographis paniculata*）、水蓑衣（*Hygrophila ringens*）等；部分种类观赏性强，如叉花草（*Strobilanthes hamiltoniana*）、金苞花（*Pachystachys lutea*）、蓝花草（*Ruellia simplex*）、赤苞花（*Megaskepasma erythrochlamys*）等，在应用中表现出适应性好、病虫害少、栽培成活率高等特点，被广泛应用于市政绿化和小区的景观布置，深受人们的喜爱。

一、爵床科植物基本特征

株形　爵床科植物多为草本、亚灌木、灌木，山牵牛属（*Thunbergia*）植物多为藤本，白蜡烛属

Whitfieldia、溪君木属 *Suessenguthia* 部分种类可长成小乔木，通常具钟乳体（老鼠簕属 *Acanthus*、山牵牛属 *Thunbergia*、叉柱花属 *Staurogyne*、瘤子草属 *Nelsonia* 等除外）。茎通常圆柱形或具四棱，直立、外倾或匍匐，地皮消属 *Pararuellia*、叉柱花属 *Staurogyne* 及爵床属 *Justicia* 部分物种茎短缩，木质、肉质，叶痕明显，光滑、被毛或棱上具明显皮孔，节通常膨大，近基部节上常生出不定根。

白蜡烛（小乔木）

爵床（草本）

珊瑚塔（灌木）

黄花老鸦嘴（藤本）

爵床科植物的株形

叶 爵床科植物通常叶对生，稀互生或轮生，无托叶。同一节上的叶片等大或不等大，叶片边缘全缘、具锯齿或波状，少数种类如蛤蟆花 *Acanthus mollis*、异叶水蓑衣 *Hygrophila difformis* 叶片羽状分裂。

叉花草

蛤蟆花

红花山牵牛

爵床科植物的叶

爵床科植物的叶

花 爵床科植物的花两性，左右对称，有梗或无梗，通常组成顶生或腋生的穗状花序、总状花序、圆锥花序或聚伞圆锥花序，有时花单生叶腋或簇生；苞片通常大，有时具明艳的色彩；小苞片有或缺；花萼通常5裂或4裂，少数种类具10~20枚裂片或平截呈指环状；花冠合瓣，通常呈钟状、漏斗状或高脚碟状，冠檐通常5裂，整齐或二唇形；发育雄蕊4枚或2枚，通常二强；退化雄蕊有或无；子房上位，2室，每室有2至多粒胚珠。

爵床科植物花序

概述

逐马蓝的聚伞圆锥花序　　　　　　山牵牛的总状花序

爵床科植物花序

白接骨　　　　　　叉柱花　　　　　　穿心莲

鳄嘴花　　　　　　逐马蓝　　　　　　火焰花

爵床科植物的花

蛤蟆花　　　　　　　　　　　　红花山牵牛

爵床科植物的花

八角筋苞片边缘具锐利齿刺　　色萼花的苞片叶状早脱落　　湖南马蓝的苞片基部囊泡状凸起

爵床科植物的苞片

赤苞花的红色苞片经冬不凋　　糯米香的苞片、小苞片被柔毛和腺毛

珊瑚塔的橙红色苞片

爵床科植物的苞片

果　爵床科植物的果实为蒴果，成熟时果室背裂为2果片，或中轴连同片片基部一同弹起，顶端具喙或无喙；每室具1至多粒胚珠，通常借助珠柄钩将种子弹出或中轴连同片片基部一同弹起将种子弹出，少数种类不具珠柄钩（如山牵牛属、叉柱花属、瘤子草属）。种子通常扁平或呈透镜形，光滑无毛或被短柔毛，有时具吸湿性柔毛，遇水开展。

红花山牵牛　　金江鳔冠花　　老鼠簕　　小花十万错

爵床科植物果实形态

爵床科植物蒴果成熟时2片裂

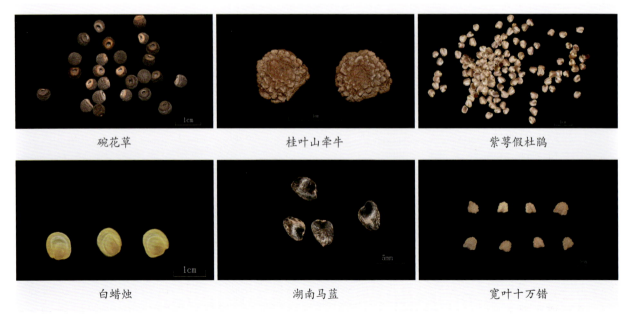

爵床科植物的种子

二、爵床科植物分类和地理分布

（一）爵床科分类系统的研究

1. 爵床科的分类系统

爵床科（Acanthaceae）是1789年由法国植物学家De Jussieu发表的，他提出根据雄蕊和子房的相对位置来确定其自然分类（Jussieu，1789）。在此之后，不同的学者根据不同的分类特征提出了不同的分类系统，主要的分类系统介绍如下。

（1）Nees分类系统。德国植物学家Nees Von Esenbeck是第一个系统研究爵床科的学者。1832年，他将爵床科分为3族、7亚族、57属，后又于1847将爵床科分为2亚科、11族、149属。亚科之间的主要划分依据是有无株柄钩，族间的划分主要根据则是花部器官和果实等形态特征（Nees，1847）。

（2）Bentham分类系统。1876年，英国植物学家Bentham和Hooker在*Genera Plantarum*中发表了爵床科的分类系统，将爵床科分为5个族、11亚族、共120属。族间划分的主要依据是花冠的形状、胚珠、种子表面的毛被等特征，而亚族划分的主要依据则是花冠裂片的数目、雄蕊、花萼、蒴果及种子的数目（Bentham，1876）。

（3）Lindau分类系统。德国植物学家Lindau是首位对爵床科花粉形态进行较全面、深入研究的学者。他于1895年，提出将爵床科分为4个亚科、140个属。4个亚科分别为瘤子草亚科（Nelsonioideae）、山牵牛亚科（Thunbergioideae）、浆果山牵牛亚科（Mendoneioideae）和爵床亚科（Acanthoideae）（Lindau，1895）。

（4）Bremekamp分类系统。1948年，Bremekamp将爵床科分为2个亚科和8个族，2个亚科即山牵牛亚科（Thunbergioideae）、爵床亚科（Acanthoideae），将瘤子草亚科（Nelsonioideae）作为爵床亚科（Acanthoideae）的一个族（Bremekamp，1948）。而后，1965年，他又将不具珠柄钩的山牵牛亚科（Thunbergioideae）和Mendoneioideae从爵床科中分出来，成立单独的山牵牛科（Thunbergiaceae），而将瘤子草亚科（Nelsonioideae）归入玄参科（Scrophulariaceae），他强调了钟乳体、花粉形态等结构，利用花粉特征和种子特征为主要依据将余下的种类分为老鼠簕亚科（Acanthoideae）和爵床亚科（Ruellioideae）2个亚科（Bremekamp，1965）。

（5）Scotland & Vollesen分类系统。2000年，Scotland和Vollesen首次利用分子系统学研究结果，并结合器官发育等形态特征，将爵床科分为3个亚科，即瘤子草亚科（Nelsonioideae）、山牵牛亚科（Thunbergioideae）和爵床亚科（Acanthoideae），共221属。划分的主要依据是有无钟乳体、珠柄钩，花被卷叠方式以及花粉的形态特征等（Scotland & Vollesen，2000）。

（6）Reveal分类系统。2012年，Reveal在分子系统学研究结果上提出了爵床科的分类系统，主要是在APG Ⅲ基础上修改而成，他将爵床科分为5个亚科和10个族，强调了科下分类系统，其中也包括爵床科族一级的分类系统，5个亚科为别为老鼠簕亚科（Acanthoideae）、爵床亚科（Ruellioideae）、山牵牛亚科（Thunbergioideae）、白骨壤亚科（Aicenoideae）和瘤子草亚科（Nelsonioideae）（Reveal，2012）。

2. 中国的爵床科分类研究

对中国爵床科植物的分类可以追溯至林奈，他在*Species Plantarum*中记载了产自中国的爵床科植物*Justicia chinensis* Linn.，即狗肝菜（*Dicliptera chinensis*）。早期对我国爵床科植物的研究主要是一些新种的描述，如Hance、Smith、Handel-Mazzetti等人。Hance以采自香港的标本发表了新属*Gutzlaffia*，后被并入广义马蓝属中。罗献瑞对我国华南地区的爵床科开展了较多的研究，发表了一系列的论文，并报道了裸柱草属（*Gymnostachyum*）、距药蓝属（*Dyschoriste*）和恋岩花属（*Echinanthus*）等属在中国的首次分布记录。李锡文对云南和西藏的爵床科植物开展了研究，发表了宽丝爵床属（*Haplanthoides*），后被并入穿心莲属中。崔鸿宾在编写《中国植物志》爵床科时，发表了新属南一笼鸡属（*Paragutzlaffia*），后被并入广义马蓝属中。李泽贤等人发表了百簕花属（*Blepharis*）和连丝草属（*Synnema*）两个属在中国的分布新记录。方鼎对广西爵床科植物开展了较多的研究，以采自广西的标本发表了爵床科植物新种20多个。

对中国爵床科植物研究较为系统的工作是《中国植物志》和 *Flora of China*。胡嘉琪和崔鸿宾在《中国植物志》第七十卷中综合了Lindau（1895）和Bremekamp（1965）的分类系统，将我国的爵床科植物分为4个亚科，即瘤子草亚科（Nelsonioideae）、山牵牛亚科（Thunbergioideae）、老鼠簕亚科（Acanthoideae）及爵床亚科（Ruellioideae），并采用狭义的概念，将马蓝属和爵床属分为多个不同的小属，共记载我国爵床科植物68属、298种和13亚种或变种。在 *Flora of China* 第十九卷中，则采用广义的概念，将我国爵床科植物分35属304种。其中，对爵床属、马蓝属、芦莉草属等属采用广义的概念，一些属名被作为异名处理，新增加了号角花属（*Mackaya*），订正了18个前人错误鉴定的物种，发表了19个新种，39种和2亚种为首次在中国报道，另有2种因未能见到标本列为存疑种。*Flora of China* 出版后，邓云飞等人继续对中国爵床科植物开展研究，发表了荔波马蓝（*Strobilanthes hongii*）、中泰孩儿草（*Rungia sinothailandica*）、黄花孩儿草（*Rungia flaviflora*）、柳江爵床（*Justicia weihongjinii*）等新种，直立马蓝（*Strobilanthes erecta*）、翅柄裸柱草（*Gymnostchyum signatum*）等中国新记录种，将原放入爵床属的 *Justicia microdonta* 从爵床属中分出成立了新属金沙爵床属（*Wuacanthus*）。

（二）爵床科植物的地理分布

爵床科植物主要分布于全世界的热带和亚热带地区，4个主要的分布中心为印度-马来西亚、非洲、南美洲巴西和中美洲。大约有12个属遍布世界各地的热带地区，包括爵床科最大的两个属：爵床属和芦莉草属，其中爵床属种类大约有600种，芦莉草属约有250种，余下的属南北美洲占42%，非洲占38%，亚洲约占20%；亚热带的物种存在主要分布于澳大利亚、南非、中国、日本和美国，至少有21个属是间断分布的，非洲和亚洲间断分布的有19个属，南北美洲和非洲有1个属，南北美洲和亚洲有1个属。在我国，主要分布于长江流域以南地区，以云南种类最多，四川、贵州、广东、广西、海南和台湾等地也很丰富，仅少数种类分布至长江流域，此外，还有部分引栽培种类。

三、爵床科植物的应用与开发

1. 观赏价值

爵床科植物生性强健、适应性强，部分物种生于疏林下或潮湿的地方，耐阴性好，可作为林下地被植物推广应用于园林绿化中，如四子马蓝（*Strobilanthes tetrasperma*）、板蓝、华南可爱花（*Eranthemum austrosinense*）、云南可爱花（*Eranthemum tetragonum*）等，通过驯化栽培及观察，它们适于在荫蔽、半荫蔽的环境下生长，高度适中，基部茎常匍匐蔓延，适于片植。扦插之后，通常只需要早期进行水肥等适量的管理，即可成活，在极少人为干预的环境下，它们能很快长成一片，在南方可露地越冬。有部分观赏性强的物种，如叉花草、赤苞花、金苞花、虾衣花（*Justicia brandegeeana*）等，或花形奇特，或苞片艳丽，花期长达半年，且常在秋、冬季开放，现在常用于花境植物配置和园林、庭院观赏，为不可多得的优良花卉之一。在藤本类群中，黄花老鸦嘴（*Thunbergia mysorensis*）、红花山牵牛（*Thunbergia coccinea*）、山牵牛（*Thunbergia grandiflora*）、桂叶山牵牛（*Thunbergia laurifolia*）、翼叶山牵牛（*Thunbergia alata*）等，花大而艳丽，花期长，受众多游客关注和喜爱，是廊架、亭榭、坡地绿化、美化的优良选材；此外，有部分物种的叶型整齐，叶片上常具有紫色、黄色、浅绿色的彩斑，如红背耳叶马蓝（*Strobilanthes auriculata* var. *dyeriana*）、拟美花（*Pseuderanthemum carruthersii*）、红毛马蓝（*Strobilanthes hossei*）等，叶片斑彩迷人，适合作为观叶植物推广应用于地被、片植、丛植或盆栽，亦可作为花境配置植物。

| 叉花草 | 赤苞花 |
| 金苞花 | 虾衣花 |

花期长、观赏性好的爵床科植物种类

| 板蓝 | 华南可爱花 |
| 四子马蓝 | 云南可爱花 |

适于做林下地被的爵床科植物种类

| 红花山牵牛 | 黄花老鸦嘴 |
| 山牵牛 | 翼叶山牵牛 |

用于藤架美化绿化的爵床科植物种类

2. 药用价值

爵床科植物大部分都具有药用价值。早在两千年前，《神农本草经》中就记载爵床的药用价值及功效，它是清热解毒、利尿消肿、截疟的一味良方，常用于治疗感冒发热、疟疾、咽喉肿痛、小儿疳疾、痢疾、肠炎、肾炎水肿等；外用则用于治痈疮疖肿、跌打损伤。据宋代《本草图经》记载，板蓝，即马蓝，"连根采之，焙、捣下筛，酒服钱七，治妇人败血甚佳"。根据《岭南采药录》记载，穿心莲药性苦、寒，归心、肺、大肠、膀胱经，具有清热解毒、凉血、消肿止痛等功效，用于治疗风热感冒、咽喉肿痛、口舌生疮、顿咳劳嗽、痈肿疮疡、蛇虫咬伤等。随着科学技术的不断发展、进步，更多的爵床科植物的药用功效被人们认知和接受，例如，水蓑衣具有防癌、抗肿瘤的功效；老鼠簕（*Acanthus ilicifolius*）具有清热解毒、消肿散结、止咳平喘的功效。

| 板蓝 | 穿心莲 |

具有药用价值的爵床科植物

| 枪刀药 | 水蓑衣 |

具有药用价值的爵床科植物

3. 经济价值

爵床科植物除了具有药用、观赏价值外，有些种类还具有经济价值。例如老鼠簕，除了具有一定的药用功效，还是红树林重要组成物种之一，其栽培容易、管理粗放，为沿海滩地造林、防风护堤的优良树种。板蓝，可提取蓝靛染料，在合成染料发明以前，在中国中部、南部和西南部广泛使用，现在仍是少数民族地区使用的天然染料。爵床科部分植物的幼茎、幼叶可以食用，除了具有一定的营养价值，还对人体有一定的保健作用。爵床科植物中，观音草（*Peristrophe bivalvis*），又名红丝线，是少数民族地区用于制作彩色米饭的天然染料；美丽爵床（*Peristrophe speciosa*）也可以用于食品染色，具有很好的开发应用前景。

4. 开发与应用研究

爵床科的观赏价值、药用价值较高，越来越多的人们开始关注这类植物，国内各研究机构和植物园等单位都有研究者投入大量的人力、物力来研究爵床科植物，其中包括爵床科的分类与分子演化系统、爵床科植物的化学成分及药理、观赏爵床植物的应用等，广东、广西、四川、云南、福建、海南等地相续开展了对爵床科野生植物资源的调查；中国科学院华南植物园、中国科学院西双版纳热带植物园、广西壮族自治区中国科学院广西植物研究所、中国科学院昆明植物研究所、中国科学院庐山植物园、上海辰山植物园、厦门市园林植物园、四川省自然资源科学研究院峨眉山生物站、中国科学院武汉植物园、杭州植物园、深圳市中国科学院仙湖植物园、海军军医大学药用植物园、厦门华侨亚热带植物引种园、湖南省森林植物园、江苏省中国科学院植物研究所、中国科学院植物研究所北京植物园等十余家单位相续开展了爵床科植物迁地保育工作。

在分类与系统演化方面，通过花粉研究、染色体研究、花的结构研究、果实形态学研究等工作，从宏观到微观，从形态到分子对该科植物物种进行大量的分析，构建了系统树，华南植物园在这方面做了大量的研究。在应用方面，开展了水蓑衣、穿心莲、老鼠簕、板蓝等植物化学成分及药理病理研究，穿心莲片、板蓝根颗粒作为非处方药已在各地医药市场投入使用。利用植物里的活性成分，作为饮品中的添加剂或制成保健品，如马蓝属的糯米香（*Strobilanthes tonkinensis*），该植物中所含的香草醇等芳香成分是导致其全株具糯米芳香的主要原因，它还含有对人体有益的氨基酸等化学成分，目前已经开发制成糯米香茶，除了扑鼻的香味让人难以忘怀，抗衰养颜、降脂减肥、软化血管、降低血脂等作用也是它深受人们喜爱的原因。

目前，爵床科植物的开发应用除了已知的用于观赏、药用和部分植物具有较好的经济价值外，还有很多价值有待进一步开发和利用。

珠海红树林自然保护区的老鼠簕

用板蓝提取的蓝靛染料染布

利用糯米香制作保健饮品

观音草为制作五色米饭材料之一

四、爵床科植物的繁殖与栽培管理

爵床科植物的生境多样，生活习性各不相同，有水边生长的红树林物种如老鼠簕属植物，有湿生植物类群如水蓑衣属植物，有一次性开花结实的植物类群，如湖南马蓝（*Strobilanthes biocullata*）、串花马蓝（*Strobilanthes cystolithigera*）等部分马蓝属物种，有一年生或多年生草本至灌木，如芦莉草属、穿心莲属、爵床属、地皮消属等，还有茎缠绕、攀缘或攀附生活的山牵牛属植物等。因此它们的繁殖、栽培管理方法也不尽相同。但总体而言，爵床科植物是一类生命力顽强、适应性较强的类群，在繁殖栽培中具有共性，以下是爵床科植物的繁殖栽培要点。

（一）繁殖技术要点

爵床科植物的繁殖包括有性繁殖、无性繁殖。有性繁殖，即种子繁殖，是爵床科的繁殖方式之一。若无法采收种子，可采用无性繁殖方法进行繁殖。目前，常用的无性繁殖方法采用扦插法，而压条、嫁接、组织培养繁殖采用较少。

1. 有性繁殖

种子采收：爵床科植物的蒴果中具1至多粒种子，大部分种类中具有珠柄钩。当蒴果成熟时，果爿开裂，借助开裂时的力量，利用珠柄钩将种子弹出。还有部分种类如肾苞草属（*Phaulopsis*）、狗肝菜属（*Dicliptera*）等类群，果爿开裂时，蒴座底部连同珠柄钩弹起，如同一个跳板，借助这个跳板的力量将种子弹出，种子不易收采，需要在果实成熟之前套上采集袋，以避免种子弹飞出去；也可以在果实成熟后，由绿色转成黄色、黄褐色或黑褐色时，将果实采收，用采集袋装着，置于通风干燥处。

种子贮存：爵床科植物种子在潮湿环境下贮藏容易长霉，使种子丧失活力。常在低温干燥环境贮存，将装有种子的采集袋连同袋装的干燥剂放在密封罐里，贮存于0~5℃的环境下。种子收采一年内播种，发芽率为85%~98%，贮存时间越长，发芽率降低。贮存期间要经常检查种子情况，发现种子发霉、发芽时应及时处理。

播种：爵床科植物种子发芽适温为22~28℃，低于20℃或高于30℃均不利于种子萌发。在温度、水分等环境适宜情况下，5~10天形成幼根，10~15天左右子叶出土，20~25天左右形成幼苗，一般30~35天即可上盆。通常采用沙播或穴盆播种。基质可采用泥炭土、珍珠岩、椰糠、粗沙等混合物，湿度保持在50%左右，并辅以70%左右的遮阴条件。

紫萼假杜鹃的果序　　　成熟的果实　　　种子

播种　　　约3周后幼苗生长状态

2. 无性繁殖

扦插：在适宜条件下，大多数爵床科植物都可以利用扦插繁殖产生新个体。扦插时间常以春秋两季为宜，但室内控温条件下，温度设置为22~28℃，一年四季均可以扦插繁殖。

插穗常采用一年生枝条或近基部生出不定根的枝条插穗为宜，当年生的枝条太嫩或过老时，枝条不容易生根从而影响扦插存活率。插穗长度常以含2~3个节为宜，不留叶或只留1/3叶片。为提高生根率，扦插前可以用低浓度的生根粉溶液（稀释3000倍的"802"植物生长调节剂）浸泡插穗1~5min，然后扦插，或插穗基部附上含有生根粉的泥浆进行扦插。但春、秋两季及环境适宜时，不采用生根粉和其他生长剂的条件下，沙盆插穗或沙床扦插生根成活率较高，也能达90%以上。

压条：爵床科植物通常很少采用压条繁殖，但部分种类扦插生根比较慢，可以采用普通压条繁殖，如红树林物种老鼠簕属、白蜡烛属 Whitfieldia，也可以采用该方法促使其生根。

组织培养：利用组织培养可以在短时间内繁殖出大量的新植株，是可以广泛应用于商业生产的一种有效手段，通常观赏性强的、有很好应用前景的植物，如单药花、穿心莲、老鼠簕、叉柱花等，均有组织培养的研究报道，其余的暂未见有报道。

滇灵枝草扦插约10天左右生根

红花山牵牛扦插1~2周左右生根、长叶

蒙自马蓝扦插7~10天后生根

苗圃冬季至初春扦插用的小温箱

（二）栽培技术要点

爵床科植物是一类生命力强、适应性广的类群，掌握了它们的生活习性，在栽培与管理中，尽量构建与其生境相似的栽培环境是开展爵床科迁地保育的一个很重要的条件。此外，做好水肥管理、病虫害防治、定期修剪等工作，不仅是确保引种栽培成功的前提，也是做好爵床科植物景观应用的一个必不可少的条件。

1. 栽培环境的选择

大部分本土爵床科植物种类野外的生境温暖、湿润，它们多产于林下、沟边、溪旁等潮湿的地方，稍耐寒，不耐旱，对于这部分物种，露地定植时，可选取半荫蔽至荫蔽的疏林或林缘下，旱季时需保证灌溉浇水，在室内除了注意保证水分的灌溉外，需保障通风条件设置。另一部分来源于南美洲、北美洲至非洲等地的爵床科物种，稍耐旱，大多喜半日照至阳光充足的栽培环境，但这部分植物不耐寒，户外10~15℃条件下生长缓慢，10℃以下低温条件下易发生寒害，长江以南的地区，遇到低温时，可采用适当减少浇水、搭塑料棚及转移至室内栽培等方式，对长江以北的地区，除部分种类外，大多将这部分植物栽培于室内或温室内。

2. 对土壤的要求

部分爵床科种类适应强，不择土壤，但所有的种类适宜生长在肥沃、疏松、透气性好的壤土或砂质壤土中，酸碱度一般在pH值6~7.5的微酸性至中性土壤环境。定植地的土壤如果达不到这些条件，应进行土壤改良。常用的混合基质有两种，一是将泥炭土、珍珠岩、椰糠、粗沙按质量比4：3：1：1

的比例混合；另一种可将肥沃的壤土，如塘泥、腐殖土、老园土、大田土等，混合腐熟的有机肥和经过杀菌杀虫处理的枯枝落叶以及粗沙，由肥沃壤土∶有机肥和枯枝落叶∶粗沙按质量比为7∶1∶1混合，容器育苗的培养土亦适用。

3. 移栽和定植

大部分爵床科植物适合于春季、夏季、秋季进行户外移栽，春季雨水充足和萌蘖期之前进行移植成活率高，部分南美洲或非洲热带地区来源的物种冬季需移植到室内栽培，注意控制室内温度、湿度的等条件，盆栽植物一年四季均可移植，低温10℃以下时除外。对露地栽培又怕寒害的爵床科物种，遇低温时用塑料薄膜搭棚保护。

4. 养护管理

灌溉浇水：爵床科植物大多为多年生草本，喜湿润的栽培环境，对水分要求比较高，需要保证灌溉浇水养护，盆栽的植物每天或隔天需浇水灌溉，露地栽培的植物在干旱季节需保证浇水灌溉，冬天低温时宜适当减少浇水次数、减少叶片滞水现象以避免寒害的产生。

除草：露地栽培的物种除草不建议使用除草剂，部分植物对化学试剂很敏感，建议平时用锄头小心地将植株基部的杂草除掉，盆栽物种除草只能手工进行，以保证植株的正常生长。

施肥：定植一段时间后，需要施加肥料，盆栽植物常用缓释肥或复合肥，施用有机肥宜适当稀释或离开植株基部一定距离，避免产生烧苗现象，露地栽培植物可以施用有机肥或化肥，生长旺盛和花季前，每个季度可以施一次肥，以促进植株生长和花的形成。

白蜡烛盆栽管理

蓝花草露地栽培管理

逐马蓝露地栽培管理

美序红楼花露地栽培管理

修剪：爵床科植物生性强健，可根据景观需要进行适当修剪，常规修剪宜花末期或之后进行，将上部形态差的花枝、枝条修剪掉，以促进基部萌蘖和花枝的重新长出。

病虫害防治：爵床科植物的病虫害相对比较少。但在室内不通风、湿闷的环境下，部分爵床属的物种易感染病虫害。常见的爵床科植物主要病虫害主要有8种，详见下表。

名称	寄主	危害部位	防治用药或方法
灰霉病	细管爵床	叶片	改善通风、透光条件及喷施代森锌可湿性粉剂、甲基硫菌灵可湿性粉剂等
锈病	黑叶小驳骨、小驳骨	叶片	改善通风、透光条件或喷施敌锈钠原粉、三唑酮可湿性粉剂、胶体硫、多硫悬浮剂等
毒蛾、螟蛾幼虫	大花水蓑衣	幼茎、叶片、花	保护天敌或喷施敌百虫、敌敌畏乳油、氯氰菊酯乳油等
广翅蜡蝉若虫	老鼠簕	幼茎、花蕾	保护天敌或喷施吡虫啉、多杀菌素、高效氟氯氰菊酯、丙溴磷等
金龟子	假杜鹃	幼茎、叶片	点灯诱杀，保护天敌或喷施敌敌畏乳油、氯氰菊酯乳油、甲氰菊酯乳油等
红蜘蛛	阳朔马蓝	叶背	改善室内通风、透光条件及喷施炔螨特乳油、毒死蜱乳油等
白粉虱	红唇花、赤苞花、云南马蓝	叶片	改善室内通风、透光条件；黄板诱捕；或喷洒扑虱灵、氯氰菊酯等
粉蚧	叉序草、细管爵床	茎、叶、花序	感染初期，可以手工移除；数量多或危害较大时，可以喷施内吸性的药物，如扑虱灵、毒死蜱、蚧必治等

大花水蓑衣受毒蛾幼虫危害

老鼠簕受广翅蜡蝉若虫危害

假杜鹃受金龟子虫危害

云南马蓝受白粉虱虫危害

黑叶小驳骨感染锈病

细管爵床感染灰霉病和受粉蚧危害

小驳骨感染锈病

大花水蓑衣受螟蛾幼虫危害

防治措施：

（1）加强植物检疫工作，确保植株尤其是扩繁母本植株不带检疫性的病虫害，外来引进的观赏爵床科植物除了进行植物检疫外，需进隔离室观察培育后才能进行常规栽培与应用。

（2）种植选址除了考虑植物的生长习性，还需注意选择土壤疏松、排水良好、酸碱度适中的土壤环境，达不到土壤环境要求的先进行土壤改良才能进行定植。

（3）加强水肥管理，合理施用氮、磷、钾肥，或者施用腐熟的有机肥，每季或适当进行追肥，可以使植株生长健壮，花期长，花量多，抗虫、抗病能力提高。

（4）对于发生病虫害的植株，需及时进行治理，在病虫害初期采取相应的防治措施，及时清理枯枝病叶，适时适量喷施农药，但也要注意避免长期单一使用同种农药诱发植株出现抗药性的现象。

爵床科

Acanthaceae Juss., Genera Plantarum 102–103. 1789.

草本、灌木或藤本，稀为小乔木，通常具钟乳体。茎圆柱形或四棱形，节通常膨大呈膝状，基部常生出不定根。叶对生，稀互生或轮生，叶片边缘全缘、波状或具锯齿，极少数种类叶片羽裂，无托叶；具叶柄或无柄。花序顶生或腋生，通常为穗状花序、总状花序、圆锥花序或聚伞圆锥花序，有时花单生叶腋或簇生；花具梗或无梗，花两性，通常左右对称；苞片通常1枚，通常大且具明艳的色彩，部分种类苞片较小为绿色；小苞片有或缺，通常每一朵小花具2枚小苞片；花萼通常5裂或4裂，裂片等大或不等大，少数种类具10~20枚裂片或平截呈指环状；花冠合瓣，冠管长或短，直伸或弯曲，少数种类扭转，喉部常扩大呈钟状、漏斗状或高脚碟状，冠檐通常5裂，整齐或二唇形，上唇2裂、全缘或退化，下唇3裂，稀全缘，裂片排列旋转状、双盖覆瓦状或覆瓦状；发育雄蕊4枚或2枚，通常2强，内藏或外露，花丝着生于冠管或喉部，分离或基部联合，花药2室或1室，2室花药常平行排列或叠生，等大或一大一小，或一上一下，有时基部具附属物，

各论
Genera and Species

药室常纵裂；退化雄蕊常1~3枚或缺；子房上位，2室，中轴胎座，每室有2至多粒胚珠，胚珠常倒生，排成2列，花柱一枚，柱头通常2裂。蒴果，具柄或无柄，成熟时果室背裂为2果爿，或中轴连同爿片基部一同弹起；每室具1至多粒胚珠，通常借助珠柄钩将种子弹出或中轴连同爿片基部一同弹起将种子弹出，少数种类不具珠柄钩。种子扁平或呈透镜形，光滑无毛或被短柔毛，有时具吸湿性柔毛，遇水开展。

全世界约220属、4000种，主要分布于热带和亚热带地区，少数物种分布于温带地区；中国有35属（1个特有属）和304种（134个特有种），主要分布于华南和西南地区。植物园迁地栽培保育有45属和152种（含2亚种、1变种和1变型），其中本土物种100种（含6种归化物种），33种为我国特有种，引入栽培物种52种。

爵床科分属检索表

1a. 胚珠及种子不着生于珠柄钩。
  2a. 通常为藤本；花萼环状或具10~20枚萼齿；蒴果顶端具凸出的喙 ………… 山牵牛属 *Thunbergia*
  2b. 匍匐或直立草本植物、灌木，稀小乔木；花萼4或5裂；蒴果顶端无喙。
    3a. 匍匐草本；小苞片缺；花萼4裂，前方1枚裂片顶端2裂；雄蕊2枚 ………… 瘤子草属 *Nelsonia*
    3b. 直立草本；具小苞片；花萼5裂；雄蕊4枚 ………… 叉柱花属 *Staurogyne*
1b. 胚珠和种子着生于珠柄钩。
  4a. 植株无钟乳体；能育雄蕊4枚；花药1室。
    5a. 花冠二唇形，上唇2裂，下唇3裂 ………… 单药花属 *Aphelandra*
    5b. 花冠单唇形，上唇退化，下唇3或5裂。
      6a. 花萼5裂；下唇5裂；雄蕊内藏；花丝短或近无 ………… 十字爵床属 *Crossandra*
      6b. 花萼4裂；下唇3裂；雄蕊伸出花冠外；花丝长，扁平 ………… 老鼠簕属 *Acanthus*
  4b. 植株具钟乳体；能育雄蕊2或4枚；花药2室，或1室时雄蕊2枚。
    7a. 能育雄蕊4枚。
      8a. 花萼4裂；花冠二唇形，上唇4裂，下唇1裂 ………… 假杜鹃属 *Barleria*
      8b. 花萼5裂，稀4裂；花冠近5等裂，或二唇形上唇2裂、下唇3裂。
        9a. 花萼裂片异形，通常后方两裂片合生至中部以上，其余3裂片离生，两侧裂片狭小；花冠裂片双盖覆瓦状排列。
          10a. 花冠长约1cm；花药基部通常无附属物；蒴果4~8mm ………… 鳞花草属 *Lepidagathis*
          10b. 花冠长2~2.5cm；花药基部具芒状附属物；蒴果1.1~1.6cm ………… 色萼花属 *Chroesthes*
        9b. 萼裂片同形或近同形，稀有时在中后方3裂片不同程度的合生而为二唇形；花冠裂片覆瓦状或旋转状排列。
          11a. 花冠筒内面一侧具支撑花柱的两列毛；花丝基部由薄膜合生为单体雄蕊 ………… 马蓝属 *Strobilanthes*
          11b. 花冠筒内面不具支撑花柱的被毛；雄蕊非基部着生单体雄蕊。
            12a. 子房每室具胚珠2枚；蒴果具种子4粒。
              13a. 穗状花序具圆形至肾形的苞片；蒴果开裂时胎座自蒴底基部弹起 ………… 肾苞草属 *Phaulopsis*
              13b. 花序不如上所述；蒴果开裂时胎座不自蒴底基部弹起。
                14a. 总状花序偏向一侧，同一节上仅一朵花；苞片不明显 ………… 十万错属 *Asystasia*
                14a. 总状花序不偏向一侧，同一节上两侧均具花；苞片明显 ………… 白蜡烛属 *Whitfieldia*
            12b. 子房每室具胚珠3至多数；蒴果具种子6粒以上。
              15a. 花药药室基部具芒状附属物
                16a. 聚伞花序顶生；苞片小；花冠蓝紫色或黄色 ………… 恋岩花属 *Echinacanthus*
                16b. 花排列成头状或穗状；苞片大；花冠红色或紫色 ………… 溪君木属 *Suessenguthia*
              15b. 花药药室基部无芒状附属物。
                17a. 花冠近辐射对称。
                  18a. 茎短缩，叶排成莲座状；花药室之间通常被较宽的结缔组织分隔开 ………… 地皮消属 *Pararuellia*
                18b. 茎伸长；叶着生于茎上。

19a. 花通常1～3朵聚生于茎顶端叶腋；花药室之间由较宽的结缔组织分隔而叉开··拟地皮消属 *Leptosiphonium*
19b. 花通常排列成各种花序，稀数朵簇生于叶腋；花药药室平行，无较宽的结缔组织分隔··芦莉草属 *Ruellia*
　17a. 花冠二唇形。
　　20a. 花簇生于叶腋或排列成顶生的穗状花序；苞片边缘不具刺状刚毛··水蓑衣属 *Hygrophila*
　　20b. 花排列成近无花序梗或具长花序梗的头状花序；苞片边缘具刺状长刚毛··荞银花属 *Crabbea*
7b. 能育雄蕊2枚。
　21a. 子房每室具3至多粒胚珠；蒴果具6至多粒种子。
　　22a. 花冠5裂，近辐射对称··黄脉爵床属 *Sanchezia*
　　22b. 花冠明显二唇形。
　　　23a. 无退化雄蕊。
　　　　24a. 蒴果压扁，具垂直的隔膜；种子近球形，光滑··················穿心莲属 *Andrographis*
　　　　24b. 蒴果线形，四棱状，无垂直的隔膜；种子强烈压扁状，无毛或被短柔毛··裸柱草属 *Gymnostachyum*
　　　23b. 退化雄蕊2枚。
　　　　25a. 花排列成开放的圆锥花序；无小苞片；花冠二唇形，分裂至近基部··逐马蓝属 *Brillantaisia*
　　　　25b. 花排列成聚伞花序或聚伞圆锥花序；小苞片2枚；花冠二唇形，分裂至中部以上。
　　　　　26a. 冠管筒圆筒状，稍弯曲··火焰花属 *Phlogacanthus*
　　　　　26b. 冠管筒中部骤然膨胀，通常强烈90°弯曲···········鳄冠花属 *Cystacanthus*
　21b. 子房每室具2粒胚珠；蒴果最多具4粒种子。
　　27a. 花药1室。
　　　28a. 花排列成由具2枚对生的苞片包围的聚伞花序；花冠管通常扭转180°··枪刀药属 *Hypoestes*
　　　28b. 花具1枚苞片；花冠管通常不扭转180°。
　　　　29a. 总状花序密集成头状，花多数；无退化雄蕊··················鳄嘴花属 *Clinacanthus*
　　　　29b. 总状花序稀疏，花少数；退化雄蕊2枚··················蜂鸟花属 *Ruttya*
　　27b. 花药2室。
　　　30a. 聚伞花序基部具2对苞片包被；花冠管180°扭转。
　　　　31a. 蒴果开裂时胎座自蒴底基部弹起··································狗肝菜属 *Dicliptera*
　　　　31b. 蒴果开裂时胎座不自蒴底基部弹起··································观音草属 *Peristrophe*
　　　30b. 花具1对小苞片（小苞片稀缺）包被；花冠不扭转180片。
　　　　33a. 退化雄蕊2枚。
　　　　　34a. 花冠5裂，近辐射对称；苞片叶状，通常具白色的网状脉··喜花草属 *Eranthemum*
　　　　　34b. 花冠明显二唇形；苞片不具白色的网状脉。
　　　　　　35a. 花冠高脚碟状，花冠管细长，明显长于冠檐······山壳骨属 *Pseuderanthemum*

35b. 花冠不为高脚碟状，花冠管稍长于或短于冠檐。
　　　　36a. 叶通常散布彩色斑块或沿脉、边缘具彩色斑纹；花冠深紫色，长于3.5cm……
　　　　　………………………………………………………………紫叶属 *Graptophyllum*
　　　　36b. 叶通常绿色，不具花纹；花冠通常白色、黄白色至黄色或红色，短于3cm。
　　　　　37a. 花冠红色，直，花冠管远长于裂片；雄蕊内藏…鸡冠爵床属 *Odontonema*
　　　　　37b. 花冠通常白色、黄白色至黄色，花冠管与裂片近长；雄蕊外漏。
　　　　　　38a. 花冠钟状，稍二唇形，长6.5～10mm，外面无毛…………………………
　　　　　　　……………………………………………………………钟花草属 *Codonacanthus*
　　　　　　38b. 花冠强烈二唇形，长10～17mm，外面被短柔毛……………………………
　　　　　　　……………………………………………………秋英爵床属 *Cosmianthemum*
33b. 退化雄蕊无。
　　39a. 蒴果开裂时胎座自蒴底基部弹起；花序通常具密集、重叠的2列或4列苞片（但只有2列可育）……………………………………………………………………孩儿草属 *Rungia*
　　39b. 蒴果开裂时胎座不从蒴底基部弹起；花序不如上所述。
　　　　40a. 花药药室基部具芒状附属物。
　　　　　41a. 花药药室平行，几乎处于相同高度………………赤苞花属 *Megaskepasma*
　　　　　41b. 花药药室不等高，一室明显高于另一室………………………爵床属 *Justicia*
　　　　40b. 花药药室基部无芒状附属物。
　　　　　42a. 叶片表面具白色、黄色或淡红色网纹……………………网纹草属 *Fittonia*
　　　　　42b. 叶片表面不如上所述。
　　　　　　43a. 花冠上唇远短于下唇………………………………灵枝草属 *Rhinacanthus*
　　　　　　43b. 花冠上唇等长于或稍短于下唇。
　　　　　　　44a. 苞片小，远短于花萼………………………………叉序草属 *Isoglossa*
　　　　　　　44b. 苞片明显长于花萼。
　　　　　　　　45a. 苞片卵形至椭圆形，稍长于花萼………………金苞花属 *Pachystachys*
　　　　　　　　45b. 苞片线形，远长于花萼…………………………金羽花属 *Schaueria*

老鼠簕属

Acanthus L., Sp. Pl. 2: 639. 1753.

  多年生草本至灌木，直立或斜展，有时攀缘状，无钟乳体。叶对生，具叶柄，叶片羽状分裂或浅裂，边缘具齿及刺，稀全缘。穗状花序顶生，苞片覆瓦状排列，卵形，边缘常具刺；小苞片2枚或无；花萼4裂，前后两枚裂片较大，侧面1对裂片较小；花冠筒短，角质，花冠单唇形，上唇退化，下唇大，椭圆形、阔卵形至倒阔卵形，伸展，通常顶端3裂，稀5裂，裂片在花蕾期旋转状排列；雄蕊4枚，近等长或2强，着生于喉部，外露，花丝粗壮，增厚，骨质；花药长圆形，1室，具髯毛，基部无附属物；花盘无，子房2室，每室具2枚胚珠；花柱细长，柱头2裂。蒴果椭圆形，两侧压扁，具光泽，具种子4粒，具珠柄钩；种子两侧压扁。

  本属约有20余种，主要分布于热带、亚热带的亚洲、非洲和地中海地区。我国植物园栽培有3种，其中1种为本土物种，产广东、广西、海南、福建等地，2种为引入栽培。

老鼠簕属分种检索表

1a. 植株呈莲座状，叶基生，叶柄长·· 2. 蛤蟆花 *A. mollis*
1b. 植株不呈莲座状，叶着生于直立茎上，叶柄短。
  2a. 叶片边缘具4~7对波状锯齿，齿尖具刺，两面无毛；苞片、小苞片、萼片无端刺或齿刺·············
  ··· 1. 老鼠簕 *A. ilicifolius*
  2b. 叶片边缘具5~7对浅裂，裂片三角状或斜卵形，具3~5枚尖刺，叶脉被长柔毛，其余无毛；
    苞片、小苞片、萼片具长而锐利的端刺或齿刺······································· 3. 八角簕 *A. montanus*

1 老鼠簕

Acanthus ilicifolius L., Sp. Pl. 2: 639. 1753.

华南植物园温室栽培

自然分布

我国产广东、广西、海南、福建等地。生于海边沙滩和湿地。亚洲南部至澳大利亚也有分布。

迁地栽培形态特点

多年生草本至灌木，高1~1.5m。

茎 圆柱形，粗壮，无毛，常具皮孔状凸起，老时木质化，灰白色，基部常生出不定根。

叶 叶片革质，狭椭圆状披针形，长6~12cm，宽2~4.2cm，顶端渐尖，边缘具4~7对波状锯齿，齿尖具刺，基部楔形下延；侧脉每边4~6条，两面无毛；叶柄粗壮，长0.4~1cm。

花 穗状花序顶生，长8~15cm；苞片阔卵形，早落，长5~7mm，宽7~10mm；小苞片2枚，卵形，长4~6mm，宽2.5~4mm；花萼4裂，外面的两枚稍大，阔卵形，长7~9mm，宽6~8mm，等大或稍不等大，两侧的裂片稍狭小，狭卵状披针形，长约7mm，宽3.5~5mm；花浅蓝色至白色，长3～3.5cm，仅花冠内面中央被微柔毛；冠管短，长5～6mm，白色，上唇缺，下唇阔卵形，长约2.5～3cm，顶端3裂，裂片阔卵形至圆形，两侧裂片大，中央裂片小；雄蕊4枚，近等长，花丝长1.2～1.5cm，花药狭卵状长圆形，花药具髯毛；子房狭卵形，长4～5mm，花柱长2～2.5cm，光滑无毛，顶端稍弯曲。

果 蒴果椭圆形，长2～2.5cm，光滑无毛，具种子4粒；种子肾形，长6～8mm，宽7～8mm，乳白色至淡黄色，表面皱曲。

引种信息

华南植物园 登录号20085528，2008年引自广州；生长状态良好。

物候

华南植物园 3月下旬至4月上旬现蕾期，4月下旬始花期，5月上旬至下旬盛花期，6月上旬花末期，果期5月中旬至7月上旬。

迁地栽培要点

喜温暖、湿润的栽培环境，喜光照。

主要用途

为海滨地区及湿地绿化的优良物种，为红树林重要组成之一。

全株或根可入药，有凉血清热、散痰积、解毒止痛功效，用于辅助治疗淋巴结、肝脾肿大、急性肝炎、胃痛、咳嗽等病症。

珠海红树林自然保护区

2
蛤蟆花

别名： 苋力花

Acanthus mollis L., Sp. Pl. 2: 639, as 939. 1753.

昆明植物园栽培用于花境

自然分布

原产地中海地区。我国部分植物园有栽培。

迁地栽培形态特点

多年生宿根草本，高0.8～1.2m。

🌱 **茎** 短缩。

🍃 **叶** 基生，叶片轮廓卵形至阔卵状椭圆形，长35~60cm，宽18~40cm，具4~6对三角状卵形的裂片，裂片边缘具波状齿刺；叶柄粗壮，长10~22cm。

🌸 **花** 穗状花序基生，长80~120cm，花葶粗壮，花序轴、苞片、小苞片、花萼外面密被短柔毛；苞片卵形，长2.5~3.5cm，宽2.5~3.5cm，具3~5条脉，边缘具三角形锐锯齿；小苞片2枚，线形，长2~2.5cm，宽1.8~3mm，顶端长渐尖，具1条中脉；花萼4裂，前面1枚裂片大，斜展，近匙形，长3.5~5cm，宽1.8~2.5cm，顶端2浅裂，具3~4枚小齿，外面染紫红色，具3条脉，网脉纹明显，后面裂片近倒卵形，长2.5~4cm，具2条脉，染红棕色，顶端2浅裂，顶端具1~3枚小齿，两侧裂片狭小，卵状披针形，长0.5~1.2cm，宽2.8~4mm，具1条脉；花淡蓝紫色至白色，长3.5~5cm；冠管短，长5~6mm，白色，上唇缺，下唇阔倒卵形，长3~4.5cm，顶端3裂，裂片近圆形；雄蕊4枚，近等长，花丝长1.5~2cm，常弯曲，光滑无毛，花药长椭圆形，淡黄色至棕黄色，长6~10mm，具髯毛；子房卵形，长约5mm，花柱长3~3.5cm，仅基部被白色短柔毛，柱头2分叉。

🍎 **果** 蒴果倒卵状椭圆形，长2~2.5cm，表面光滑无毛；种子不育。

引种信息

仙湖植物园 2013年引种，引种信息不详；生长势一般。

昆明植物园 登录号57-164，1957年引自云南昆明工人文化宫；生长状态良好。

上海辰山植物园 登录号20122684，2012年引自英国；生长状态良好。

海医大药植园 2010年之前引种，引种信息不详；生长状态良好。

南京中山植物园 登录号E1033-002，2010年引自俄罗斯；生长状态良好。

物候

仙湖植物园 4月上、中旬始花期，4月下旬至5月下旬盛花期，6月上、中旬花末期；未见结果。

昆明植物园 露地栽培于向阳处，一年两次抽出花葶，花期近几全年；栽培于稍阴处，12月上旬至翌年3月上旬陆续抽出花葶，3月中旬至8月下旬为盛花期，9月为花末期；秋、冬季节地上部分生长状态良好，不倒苗。

上海辰山植物园 2月上旬展新叶，5月上旬抽出花葶，5月中旬到6月中旬盛花期，6月下旬末花期，7月上旬花序枯萎；花序修剪后，9月下旬可见基部又萌发很多新叶；有少量结实，但种子败育。

海医大药植园 5月上旬始花期，5月中旬至6月下旬盛花期，7月上旬花末期；果实少量、常不育。

南京中山植物园 4月上旬开始展叶，4月下旬展叶末期，5月中旬开始抽出花葶，5月下旬始花期，6月中旬盛花期，7月上旬进入末花期；未见结果实。

迁地栽培要点

喜凉爽、湿润的栽培环境，忌湿热，稍耐旱，全日照、半日照均可，以肥沃、疏松、排水良好的壤土为宜。

主要用途

观赏性强，为花境布置和切花的优良选材，用于庭院观赏和园林绿化、美化，适合丛植、花境配置和花坛布置。

3 八角筋

别名： 山叶蓟

Acanthus montanus (Nees) T. Anderson, J. Proc. Linn. Soc., Bot. 7: 37. 1864.

仙湖植物园栽培

自然分布

原产热带非洲中部和西部地区。我国部分植物园有栽培。

迁地栽培形态特点

多年生草本至亚灌木，株高50~80cm。

茎 圆柱形，具皮孔，疏被长柔毛，节处被毛明显，老时无毛，基部稍木质化，节上生不定根。

叶 叶片狭卵状椭圆形、倒狭卵状长椭圆形至椭圆状披针形，长15~25cm，宽5~9.5cm，顶端长尾尖，边缘具5~7对浅裂，裂片三角状或斜卵形，具3~5枚尖刺；侧脉每边5~7条，仅叶脉被长柔毛，其余无毛，叶面深绿色，沿脉常具浅绿色斑块；叶柄粗壮，长0.6~1cm。

花 穗状花序顶生和近枝顶腋生，花序长15~50cm；苞片、小苞片、萼裂片外面密被短柔毛，顶端及边缘具锐刺，苞片卵形至阔卵形，长约3.5cm，宽3~3.3cm，具3~5条脉；小苞片线状披针形，长2.5~3cm，宽0.8~1cm，具1条脉；花萼4裂，外面裂片狭卵形，长3.3~3.8cm，宽约2cm，具3条脉，内面裂片稍小，长3~3.5cm，宽1.2~1.4cm，顶端具2枚锐刺，具2条脉，两侧裂片狭，斜卵状披针形，长1.6~1.8cm，宽约7mm；花长5~6cm，花冠淡粉色至淡紫红色；冠管长约1cm，淡黄白色，光滑，上唇缺，下唇阔倒卵形，长4~4.5cm，宽3.6~4cm，内面中部被长柔毛，顶端5裂，裂片不等大，近圆形、卵圆形至斜卵形，脉纹明显；雄蕊4枚，长2.8~3cm，花丝粗壮，花药狭卵状披针形，长1.3~1.4cm，淡黄色至土黄色，花药具髯毛；子房狭卵形，长5~6mm，光滑，花柱长约3cm，顶端2分叉。

🟣 果 未观察到结果实。

引种信息

西双版纳热带植物园 登录号38,2002,0584，2002年引自泰国；生长状态良好。

华南植物园 登录号20142405，2014年引自马来西亚；生长状态良好。

厦门市园林植物园 登录号20150408，2015年引自海南；生长状态良好。

上海辰山植物园 登录号20130913，2013年引自广东；生长状态一般，不耐寒，需温室栽培。

物候

西双版纳热带植物园 栽培于林下，12月下旬现蕾期，翌年1月上、中旬始花期，1月下旬至6月下旬盛花期，7月上旬花末期；果期5~10月。

华南植物园 2月上旬、中旬现蕾期，3月上旬始花期，3月下旬至5月上旬盛花期，5月中旬至6月中旬花末期；未见结果实。

厦门市园林植物园 1月下旬现蕾期，2月下旬至3月上旬始花期，3月中旬至4月盛花期，5月中、下旬花末期；未能观察到果实。

上海辰山植物园 栽培于温室，1月上旬现蕾期，1月下旬始花期，2月上旬至3月下旬盛花期，4月中、下旬花末期；未见结果实。

迁地栽培要点

喜温暖湿润的栽培环境，喜光照，稍耐阴，稍耐寒。

主要用途

可作为园林绿化植物和庭院观赏植物，亦可用于坡地和边缘地带的绿化、美化。

用作药用植物，可治疗疼痛、炎症和咳嗽。

在原产地，当地居民用作驱魔和辟邪的植物。

华南植物园栽培

西双版纳热带植物园栽培作林下地被

穿心莲属

Andrographis Wall. ex Nees, Pl. Asiat. Rar. 3: 77, 116. 1832.

草本或亚灌木，具钟乳体。叶全缘。花序顶生或腋生，圆锥花序、总状花序或有时紧缩呈头状；具苞片，小苞片有或缺；花萼5深裂，裂片狭，等大；花冠管筒状或膨大，冠檐二唇形或稍二唇形，上唇全缘或2裂，下唇3裂，裂片覆瓦状排列；雄蕊2枚，伸出或内藏，花丝线形，有时被短柔毛，花药2室，平行，等大或近等大，基部稍尖，被短柔毛，子房每室具胚珠3至多粒，花柱细长，柱头2齿裂。蒴果线状长圆形或线状椭圆形，两侧压扁，种子10~20粒，具珠柄钩；种子通常长圆形或近球形，表面光滑或具纹饰。

本属约20种，主要分布在热带和亚热带地区。我国植物园有1种，为引入栽培。

4 穿心莲

别名： 一见喜、印度草、榄核莲

Andrographis paniculata (Burm. f.) Wall. ex Nees, Pl. Asiat. Rar. 3: 116. 1832.

广州市神农草堂栽培

自然分布

原产印度和斯里兰卡。我国华南、东南、西南等地区均有栽培。柬埔寨、印度尼西亚、老挝、马来西亚、缅甸、泰国等也有栽培或归化。

迁地栽培形态特点

一、二年生草本，高50～70cm。

🌿 茎 四棱形，多分枝，无毛。

🍃 叶 叶片纸质，卵状披针形至披针形，长3～8cm，宽1.5～3cm，顶端渐尖至长渐尖，全缘或近全缘，基部楔形下延，侧脉每边3～5条，两面无毛；叶柄长0～1cm。

🌸 花 总状花序顶生和近顶端腋生，排成大型圆锥花序；花序轴被短柔毛至无毛，花柄长2～10mm，被短柔毛和腺毛；苞片三角状卵形，长1～1.5mm，被短柔毛；小苞片线形至披针形，长1～1.5mm，被短柔毛；花萼筒状，裂片5枚，长3～4mm，等大，被柔毛和腺毛；花长1～1.4cm，花冠白色，外面被柔毛和疏被腺毛，内面无毛，2唇形，喉部反转，上唇条形，反折，顶端2微裂，下唇倒卵形，直立，内面具紫色斑纹，顶端3裂，裂片卵状披针形，中间裂片稍大；雄蕊2枚，外露，花丝长6～8mm，侧面具一列长柔毛，花药狭卵形，长1.2～1.4mm，紫黑色，花药2室，纵裂；子房狭卵状锥形，长约3mm，黄绿色，被腺毛和柔毛，花柱长1～1.4cm，疏被柔毛，上部染紫红色。

🟢 **果** 蒴果长椭圆形，长1.4～1.8cm，扁平，向两端渐尖，表面疏被柔毛和腺毛，两侧具纵沟，淡棕色至黄色，具种子10～16粒；种子卵圆形至近方形，长1.8～2mm，宽1.4～1.6mm，表面具皱，棕色。

引种信息

西双版纳热带植物园 登录号00,1999,0222，1999年引自云南勐腊县勐仑镇曼安；生长状态良好。
华南植物园 登录号20160073，2016年引自广东广州市神农草堂；生长状态良好。
厦门市园林植物园 引种信息不详；生长状态良好。
峨眉山生物站 登录号11-0994-JFS，2011年引自重庆金佛山；生长状态良好。

物候

西双版纳热带植物园 6月下旬现蕾期，花期7月上旬至12月上旬；果期8月下旬至翌年1月中旬；休眠期1月上旬至2月下旬。
华南植物园 棚内栽培，花、果期近全年，盛花期6～12月；露地栽培，5月下旬至6月上旬始花期，6月中旬至11月下旬盛花期，12月至翌年3月花末期；果期5月至翌年4月。
厦门市园林植物园 7月现蕾期，8月上旬始花期，9月下旬至11月盛花期，12月至翌年2月花末期；果期8月下旬至翌年3月。

迁地栽培要点

不择土壤，喜温暖、湿润的环境，半日照、全日照均可。

主要用途

本种可入药，茎、叶极苦，具有清热解毒、凉血、消肿的功效用于治疗感冒发烧、咽喉肿痛、口舌生疮、咳嗽、泄泻痢疾、热淋涩痛、痈肿疮疡、蛇虫咬伤等。

嫩叶可食用。

西双版纳热带植物园栽培

华南植物园栽培

厦门市园林植物园栽培

茎、叶和花序　　花序和花

花　　果实　　种子

单药花属

Aphelandra R. Br., Prodr. 475. 1810.

草本、基部茎木质化或灌木；无钟乳体。叶对生，叶片长圆形至椭圆形，边缘全缘、波状或具锯齿、裂片，部分种类叶面具斑彩或斑纹。穗状花序顶生，花序着花密集或稀疏，花通常大；色彩鲜艳，具苞片和小苞片，苞片、小苞片通常具鲜艳色彩；苞片边全缘、具锯齿或多刺；花萼5裂，裂几至基部，裂片不等大，较苞片长或短，花冠二唇形，上唇直立，2裂或全缘，下唇伸展并反折，中间裂片通常较两侧裂片长，冠管圆筒状，稀圆锥形；雄蕊4枚，通常伸出，但长不超过上唇，花丝着生于冠管近基部，稍扁平，花药通常1室，子房通常较花药长。蒴果，卵形或圆柱形，具4粒种子，具珠柄钩；种子圆形，扁平，深棕色。

本属约有170种，主要分布于巴西、墨西哥南部至阿根廷北部。我国植物园有2种，均为引入栽培。

本属种类观赏性强，适合于温室内栽培，冬季低温不低于7~10℃，喜排水性好、肥沃或稍肥沃的壤土，在全日照或半日照条件下生长良好，繁殖以春季用半成熟的枝条扦插为主。

单药花属分种检索表

1a. 植株幼茎、叶两面密被柔毛；叶脉绿色；苞片橙黄色至橙红色，基部边缘具锯齿，密被柔毛；花紫红色··5. 珊瑚塔 *A. sinclairiana*

1b. 植株茎、叶无毛；叶脉白色；苞片黄色至淡黄色，全缘，无毛；花黄色···6. 单药花 *A. squarrosa*

5
珊瑚塔

Aphelandra sinclairiana Nees, Bot. Voy. Sulphur 146, t. 47.1844

自然分布

原产于中美洲。我国部分植物园有栽培。

迁地栽培形态特点

多年生草本至灌木，盆栽时株高50~70cm，露地栽培株高1.5~2.2m。

茎 圆柱形，幼时密被长柔毛，具皮孔状凸起，老时毛渐脱落，表面灰褐色。

叶 叶片纸质，宽卵形至卵形，长12~25cm，宽5~11cm，顶端渐尖至长渐尖，边缘具细锯齿、近全缘或波状，基部楔形下延，侧脉每边16~22条，两面密被柔毛，脉上尤甚；叶柄长2~8cm，具翅，被毛。

花 穗状花序顶生和近枝顶腋生，组成大型圆锥花序，长10~25cm；苞片、小苞片、花萼裂片橙黄色，密被柔毛；苞片阔卵形、舟状，长1.8~2.5cm，宽1.2~1.5cm，顶端具小尖头，中下部边缘具锯齿；小苞片狭卵状披针形，长约1.2cm，宽2~2.2mm；花萼裂片5枚，不等大，长约8mm，宽1.2~2.6mm；花长5~6cm，花冠紫红色，外面被柔毛，内面无毛，具白色纵脉纹，冠管稍弯曲，冠檐2唇形，上唇2中裂，裂片卵状披针形，长约1cm，宽约0.5cm，内面具深紫色斑块，下唇3深裂，内面深紫红色，两侧裂片卵状披针形，具纵皱，中央裂片稍大，狭倒卵状披针形，强烈反折；雄蕊4枚，近等长，花丝长约4.5cm，光滑无毛，花药狭披针形，淡黄色，1室，纵裂；子房狭卵状锥形，长约3mm，黄色至橘黄色，花柱长5.5~6cm，淡橘黄色，近顶端染粉红色，无毛。

果 未能观察到果实。

引种信息

华南植物园 登录号20121162，2012年引自新加坡；除冬季低温时段外，生长状态良好。

物候

华南植物园 11月下旬现蕾期，翌年1月上旬至2月上旬始花期，2月中旬至4月上旬盛花期，4月中旬至下旬为花末期，花期常遇到寒潮或倒春寒而发生寒害，花序或植株上部枯萎，4月中、下旬重新萌蘖；未能观察到果实。

迁地栽培要点

喜温暖、湿润的栽培环境，稍耐旱，不耐寒，露地栽培10°C以下易发生寒害，叶片及幼嫩部分枯死，严重时地上部分全部枯萎。冬季宜转移至室内，或温室栽培。

主要用途

本种观赏性强，花形奇特、色泽艳丽，可推广用于园林观赏和绿化，适于丛植和花境点缀。

6 单药花

别名： 银脉爵床

Aphelandra squarrosa Nees, Fl. Bras. 9: 89–90. 1847.

自然分布
原产巴西。我国部分植物园有栽培。

迁地栽培形态特点
多年生草本至灌木，盆栽时株高20～30cm，落地种植时株高50～80cm。

茎 圆柱形，稍肉质，棕红色至棕紫色，无毛。

叶 叶片薄革质，长卵形至卵状长椭圆形，长10～18cm，宽4.2～6.5cm，顶端渐尖，边缘近全缘，基部狭楔形，稍下延，侧脉每边12～18条，沿脉具淡黄色至乳白色斑纹；叶柄粗壮，长2～3.5cm。

花 穗状花序顶生，长7～15cm，下部具一对叶状总苞片，卵形至卵状披针形，等大或不等大，长3～5cm，宽1.8～2.8cm；苞片阔卵圆形，长2.5～2.8cm，宽1.6～2cm；小苞片2枚，线形，长6～7mm，宽约1mm；萼裂片5枚，线形、线状披针形、狭卵状披针形，长7～9mm，宽1～2mm，不等大，仅基部联合；花长4.5～5.2cm，花冠黄色，外面光滑，具光泽，内面密被微柔毛，冠管稍弯曲，冠檐2唇形，上唇卵形，长1.1～1.2cm，宽6～7mm，顶端微2裂，下唇3深裂，裂片条形，中间裂片稍宽，强烈反折至扭转；雄蕊4枚，等长，长4.5～5cm，花药狭卵状披针形，1室，纵裂，外面具丝状长柔毛，花丝顶部被柔毛；子房卵状锥形，长约3mm，光滑无毛，花柱长4.5～5cm，稍弯曲。

果 未能观察到果实。

引种信息
昆明植物园 登录号CN.2015.1030，2015年引种，原温室植物，来源地不详；生长状态良好。

南京中山植物园 登录号2011E-00002，2011年购买于南京花卉市场；温室栽培，生长状态良好。

物候
昆明植物园 温室栽培，6月上旬始花期，7月中旬至9月上旬盛花期，9月下旬至10月花末期，花后苞片宿存，仅见一个果实，不育。

南京中山植物园 温室栽培，9月下旬现蕾期，10月上旬始花期，10月下旬至11月上旬盛花期，11月中旬花末期；未见结果实。

迁地栽培要点
喜湿润的栽培环境，不耐干旱，以肥沃、疏松的土壤为宜，全日照或半日照均可。

主要用途
观赏性强，观花、观叶俱美，适合庭园美化、花坛布置、林下地被和盆栽。

十万错属

Asystasia Blume, Bijdr. Fl. Ned. Ind. 14: 796.1826.

草本或亚灌木，具钟乳体。叶对生，叶片边缘通常全缘或稍具锯齿，具叶柄。花序顶生或腋生，穗状花序或总状花序，常单侧发育，或由多个花序组成圆锥状；苞片小，三角形、三角状卵形至三角状披针形，短于花萼；小苞片与苞片相似或缺；花萼5裂，裂片等长或近等长；花冠漏斗形，冠管喉部扩张，冠檐多少二唇形，裂片5枚，等大或近等大；雄蕊4枚，2强，内藏或稍外露，花药2室，药室平行，具胼胝体或附着物；子房2室，每室具2枚胚珠；花柱头状，顶端2裂或2齿裂。蒴果，基部具长柄，最多具种子4粒，具珠柄钩；种子两侧压扁，凸透镜状，无毛。

全球约有40种，主要分布东半球热带或亚热带地区。我国植物园有4种，为本土植物或归化物种，主要分布或归化于华南、华中、华东、西南等地。

十万错属分种检索表

1a. 花冠高脚碟状，冠管细圆柱状，长约为喉部至冠檐长度的1.5倍或以上 ········· 10. **白接骨 *A. neesiana***
1b. 花冠钟状或近钟状，冠管扁圆柱形，长度短于喉部至冠檐长度的1.5倍。
  2a. 叶片厚纸质，狭卵形至卵状披针形；冠檐二唇形，裂片不等大，上唇裂片小，下唇3深裂，中间裂片大，卵圆形 ········· 7. **十万错 *A. nemorum***
  2b. 叶片薄纸质至纸质，卵形、卵状心形至卵状椭圆形；冠檐稍二唇形，裂片近等大或等大。
    3a. 花大，长3~4cm ········· 8. **宽叶十万错 *A. gangetica***
    3b. 花小，长度在2cm以下 ········· 9. **小花十万错 *A. gangetica* subsp. *micrantha***

1
十万错

Asystasia nemorum Nees, Pl. Asiat. Rar. 3: 90.1832.

桂林植物园栽培

自然分布

我国产广东、广西、云南。生田边、溪旁、灌丛和林下。印度、缅甸、泰国、中南半岛也有分布。

迁地栽培形态特点

多年生草本，高50~70cm。

茎 稍具四棱，具沟槽，疏被短柔毛或无毛，直立或稍具外倾，节处被一圈柔毛，后渐脱落，基部常匍匐，节上生不定根。

叶 叶片厚纸质，卵圆形、卵状长圆形至卵状披针形，长3~12cm，宽1.8~4.2cm，顶端渐尖，具尾尖，全缘，基部阔楔形至圆形，侧脉每边5~7条，叶面疏被短柔毛，中脉被短柔毛，背面被短柔毛，脉上尤甚；叶柄长0.3~1cm，被短柔毛。

花 总状花序顶生，长5~12cm，有时基部具分枝，每节只有一朵花发育，使花序偏向一侧，下面一对总苞片叶状，卵形至卵状披针形，长0.9~2.7cm，宽0.5~1.7cm，不等大，两面疏被短柔毛；花序轴疏被柔毛；苞片1枚，三角状卵形，长1.8~3mm，向上渐小，边缘具缘毛；小苞片2枚，线形至线状披针形，长1.6~2mm，无毛或近无毛；花梗长1~1.5mm，被短腺毛；花萼筒状，长7~8mm，5深裂，裂片狭卵状披针形，外面疏被短柔毛，内面仅顶端稍被微柔毛；花长2~2.5cm，花冠乳白色至淡黄色，染紫棕色，内面具深紫色细斑点，外面密被腺状柔毛，冠管长5~7mm，喉部扁漏斗状，内面密被纤毛，冠檐2唇形，上唇2中裂，裂片斜卵状三角形，下唇3深裂，中间裂片大，卵圆形，两侧裂片小，狭倒卵形，常反折；雄蕊4枚，2长2短，淡黄色，常卷曲，长的花丝疏被腺状微柔毛或无毛，长5~6mm，短的花丝长4~5mm，无毛；花药2室，纵裂，基部具短距；子房密被柔毛，花柱长1.1~1.2cm，仅基部疏被刺状柔毛。

果 蒴果长1.7~2.2cm，外面被柔毛，具种子2~4粒；种子轮廓不规则倒卵形，长2.4~3.5mm，宽2.3~2.5mm，表面具瘤状凸起。

引种信息

西双版纳热带植物园 登录号00,2003,0615，2003年引自泰国；生长状态良好。

桂林植物园 引自广西南宁市邕宁，引种年份不详；生长状态良好。

物候

西双版纳热带植物园 9月上、中旬现蕾期，花期9月下旬至翌年1月中旬，其中盛花期11月上旬至12月下旬；果期1~3月。

桂林植物园 9月下旬现蕾期，10月中、下旬始花期，11月上旬至12月下旬盛花期，翌年1月上旬花末期；未见结果实。

迁地栽培要点

喜温暖、湿润、半荫蔽的环境，不耐旱，稍耐寒。

主要用途

用于林下地被、园林绿化和庭院观赏，适于片植、丛植。

全草入药，具有散瘀消肿、接骨止血的功效，用于治疗跌打肿痛、骨折、外伤出血等症。

茎　　花

8 宽叶十万错

Asystasia gangetica (L.) T. Anders., Enum. Pl. Zeyl. 235. 1860.

西双版纳热带植物园栽培

自然分布

原产印度。现世界热带地区广泛归化。

迁地栽培形态特点

多年生草本，高30~70cm。

茎 四棱形，幼茎被短柔毛，节基部稍膝曲状，茎基部匍匐蔓延，节上常生不定根。

叶 叶片薄纸质，卵状心形、卵形至卵状椭圆形，长2.5~6cm，宽2.2~4.5cm，顶端渐尖，具尾尖，全缘或近全缘，基部圆形、截平至稍心形，侧脉每边4~6条，叶面脉上及背面被短柔毛，边缘被短柔毛；叶柄长0.6~2cm，被短柔毛。

花 总状花序顶生和近枝顶腋生，长6~14cm，花序轴被短柔毛；苞片、小苞片被短柔毛，边缘被缘毛，苞片三角形至三角状披针形，长1~2mm；小苞片2枚三角状披针形，长约1mm；花柄长1~2mm，被短柔毛和腺状短柔毛；花萼长7~9mm，5深裂，萼裂片线状披针形，等大，被腺状短柔毛和短柔毛；花长3.5~4cm，花冠淡黄色至白色，外面密被短柔毛和腺状短柔毛，冠管筒状，喉部呈扁漏斗状，冠檐裂片5枚，圆形至阔卵形，不等大，下唇中间裂片稍大，两侧裂片小；雄蕊4枚，2长2短，基部两两合生，花丝无毛，花药长圆形，2室，不等高，基部具短尖头；子房卵状锥形，密被短柔毛，花柱长2~2.4cm，基部被刺状柔毛。

果 蒴果狭倒卵形，长2.5~3.2cm，顶端具小尖头，基部具长柄，外面被短柔毛，具种子4粒；种子轮廓近卵圆形，长3~4.2mm，宽2.5~4mm，边缘波状，表面凹凸不平，浅黄棕色。

引种信息

西双版纳热带植物园 登录号00,2016,0154，2016年引自云南景洪市橄榄坝；生长状态良好。

华南植物园 登录号20090235，2009年引自厦门市园林植物园；生长状态良好。

厦门市园林植物园 引种信息不详；生长状态良好。

昆明植物园 登录号CN.2016.0033，2016年引自西双版纳热带植物园；栽培于温室，生长状态一般。

物候

西双版纳热带植物园 7月上、中旬现蕾期，7月下旬至8月下旬始花期，盛花期9月上旬至10月下旬，11月上旬至中下旬花末期；未观察到果实。

华南植物园 棚内栽培，花期9~12月，其中盛花期10~11；果期11月至翌年1月。

厦门市园林植物园 8月上旬现蕾期，8月下旬至9月上旬始花期，9月中、下旬至12月上、中旬盛花期，12月下旬至翌年1月花末期；果期9月至翌年2月。

昆明植物园 温室栽培，花期9~12月，盛花期9月下旬至11月中旬；未见结果实。

迁地栽培要点

生性强健，不择土壤，但以富含有机质的壤土为佳，喜温暖、湿润，全日照、半日照均可，光照充足时花量大。

主要用途

本种花期长、花量大，观赏性强，可用于园林绿化美化，花坛布置，适于片植、丛植、路边花带布置和石头边缘的点缀。嫩叶可以食用。全草入药，具有续筋接骨、解毒止痛、凉血止血的功效，用于治疗跌打骨伤、蛇毒疮毒、创伤出血等病症。

华南植物园栽培　厦门市园林植物园栽培
幼茎、叶背　花序和花
花序　花结构　果实、种子　苞片、小苞片、花萼

9 小花十万错

Asystasia gangetica subsp. *micrantha* (Nees) Ensermu, Proc. XIII Plen. Meet. AETFAT, Zomba Malawi 1: 343. 1994.

自然分布

原产非洲。归化于我国广东、福建和台湾。森林边缘、路边常见。

迁地栽培形态特点

多年生草本，高30~60cm，有时攀附着灌木或其他物体，长达1.5m。

茎 四棱形，具狭翅，被柔毛，棱上被倒生柔毛。

叶 叶片薄纸质，卵形至卵状椭圆形，长3~10cm，宽1.8~4.5cm，顶端渐尖，全缘，基部圆形，下延几至基部，侧脉每边4~7条，两面被短柔毛，脉上尤甚；叶柄长3~5mm，被柔毛。

花 总状花序顶生和近枝顶腋生，长5~15cm，花偏向一侧，花序轴被柔毛；苞片三角形、卵状三角形至狭卵状披针形，长4~5mm，被柔毛，有时最下部一枚苞片叶状，卵状披针形，长1~2cm；小苞片2枚，三角状披针形，长1~1.5mm，被柔毛；花梗长约2mm，密被柔毛；花萼筒状，长5~5.5mm，5深裂，裂片线状披针形，近等大，密被柔毛；花长1.5~1.8cm，花冠白色，外面密被柔毛，冠管短，喉部狭漏斗状，冠檐略二唇形，上唇2深裂，下唇3深裂，裂片阔卵形，下唇中间裂片稍大，内面具紫色斑纹和斑块；雄蕊4枚，2长2短，基部两两合生，花丝分别长2.5~3mm和1.2~1.3mm，无毛，花药长椭圆形；子房密被柔毛和腺状柔毛，花柱长8~9mm，仅基部被柔毛，上部光滑，柱头弯曲，稍2裂。

果 蒴果矛状，长1.8~2cm，顶端渐尖，基部具长柄，外面密被柔毛和腺状柔毛，具种子4粒；种子轮廓卵圆形，长3.5~4.5mm，宽3~4mm，扁平，边缘稍不规则，褐色。

引种信息

华南植物园 本地归化物种；生长状态良好。

厦门市园林植物园 本地归化物种；生长状态良好。

物候

华南植物园 花期9月至翌年5月，其中盛花期10月至翌年3月中旬；果期9月至翌年5月。

厦门市园林植物园 9月上旬现蕾期，9月中旬始花期，10月至11月盛花期，12月花末期；果期9月至翌年1月。

迁地栽培要点

本种生性强健，不择土壤，全日照、半日照均可。

10 白接骨

Asystasia neesiana (Wall.) Nees, Pl. Asiat. Rar. 3: 89. 1832.

峨眉山生物站栽培

自然分布

我国产华东、华中、华南、西南等地。生于海拔100~1800m林下或溪边等潮湿处。印度、越南、缅甸也有分布。

迁地栽培形态特点

多年生草本，高40~80cm。

茎 具横走根状茎，直立茎四棱形或稍具四棱，具沟槽，幼时被短柔毛，后渐脱落至无毛。

叶 叶片卵形至长卵状椭圆形，长6~15cm，宽2.5~5.2cm，顶端渐尖至尾尖，边缘具浅齿或微波状，基部楔形、狭楔形，下延，侧脉每边5~8条，两面疏被短柔毛至无毛；叶柄长1~4.5cm，被短柔毛。

花 总状花序顶生，长8~15cm，有时基部具分支；花序轴、花梗、花萼被柔毛和腺毛；每一节上具1~2朵花，花梗长2~3mm，被柔毛；苞片三角状披针形至狭卵状披针形，长1~2mm，宽0.8~1mm；小苞片2枚，线状披针形，长0.8~1.5mm，宽0.3~0.5mm，向上渐小；花萼筒状，长4~5mm，裂片5枚，条形，长3~4mm，果期萼裂片稍增大；花淡蓝紫色至淡紫红色，长4.5~6cm，冠管细长，喉部一侧斜漏斗形，内面及下唇具紫色细斑点，冠檐裂片5枚，卵圆形，略不等大，下唇中间一枚稍大；雄蕊4枚，2强，花丝分别长3～3.5mm和1～1.5mm，无毛，花药狭卵形披针形，淡乳黄色至白色；子房狭卵状锥形，长2.8～3mm，仅近顶部被微柔毛，花柱长3.5～4.5cm，无毛。

🟢 **果** 蒴果倒卵状锥形，长2～3.5cm，顶端长渐尖，具尖头，基部具长柄，外面密被柔毛，干时黄褐色至褐色，具种子4粒；种子扁平，卵圆形或近卵形，有时边缘稍不规则，长4.5～5mm，宽4～4.5mm，黄褐色至褐色。

引种信息

华南植物园 登录号20141530，2014年引自福建建宁；生长状态一般，夏季怕湿热。

桂林植物园 引自广西全州；生长状态良好。

庐山植物园 本地原生种；生长状态良好。

峨眉山生物站 登录号84-0657-01-EMS，1984年引自四川峨眉山，本地物种；生长状态良好。

南京中山植物园 登录号89I54-43，1989年引自浙江；生长状态良好。

物候

华南植物园 棚内栽培，4月下旬现蕾期，5月上、中旬始花期，5月下旬至6月中旬盛花期，6月中、下旬花末期；果期6～7月，果量少。

桂林植物园 7月下旬始花期，8月上旬至9月上旬盛花期，9月中、下旬花末期。

庐山植物园 7月中、下旬现蕾期，8月上旬、中旬始花期，8月下旬至10月上旬盛花期，10月中、下旬花末期；果期10～11月中旬。

峨眉山生物站 花期8～9月，其中盛花期8月下旬至9月中、上旬。

南京中山植物园 3月下旬开始展叶，4月中、下旬展叶末期，8月下旬现蕾期，9月上旬始花期，9月中旬至10月上旬盛花期，10月中、下旬花末期；果期10月上旬至翌年1月中旬。

迁地栽培要点

喜潮湿、阴凉的栽培环境，不耐热。

主要用途

可用于林下地被植物和庭院观赏，适于片植、丛植及水边、路边点缀。

作为药用植物，叶、根状茎可入药，具有清热解毒、散瘀止血、利尿的功效，用于治疗肺结核咯血、便血、咽喉肿痛、消渴、腹水、外伤出血、扭伤、疖肿等。

庐山植物园栽培（本地原生种）

华南植物园栽培

假杜鹃属

Barleria L., Sp. Pl. 2: 636. 1753.

多年生草本、亚灌木或灌木，通常多刺。叶对生，具叶柄。聚伞花序腋生、穗状花序顶生或花单生；苞片有或缺；小苞片2枚，有时刺状；花萼4深裂，通常外部2枚裂片较大，内面2枚裂片较小；花冠漏斗状；冠檐裂片5枚、双盖覆瓦状排列、近等大或稍二唇形；雄蕊4或2枚，内藏或稍外露，花药2室，等大，药室基部无附属物；退化雄蕊1或3枚；子房2室，每室具2个胚珠，柱头2裂或全缘。蒴果卵形或长圆形，基部无明显的柄，有时顶端具实心的喙，具2~4粒种子；具珠柄钩；种子盘状，卵形或近圆形，被贴伏柔毛，遇水开展。

本属约80~120种，主要分布于非洲、亚洲的热带地区，欧洲、美洲有少数种类。中国植物园栽培有4种，其中2种为本土植物，主要产华南、西南等地，另2种为引入栽培。

假杜鹃属分种检索表

1a. 花萼内、外两面裂片边缘具刺状齿 ·················· 11. 假杜鹃 ***B. cristata***
1b. 花萼裂片全缘或近全缘。
  2a. 花萼内、外两面裂片近全缘，边缘具被缘毛；花蓝色或蓝紫色 ······ 14. 紫萼假杜鹃 ***B. strigosa***
  2b. 花萼内、外两面裂片全缘，边缘无缘毛。
    3a. 穗状花序顶生和近枝顶腋生，花密集；苞片排成4列；花黄色 ······ 12. 花叶假杜鹃 ***B. lupulina***
    3b. 聚伞花序腋生，具1~3朵花；无苞片；花红色 ·············· 13. 长红假杜鹃 ***B. repens***

11
假杜鹃

Barleria cristata L., Sp. Pl. 2. 636. 1753.

西双版纳热带植物园栽培

自然分布

我国产广东、广西、福建、贵州、四川、云南、西藏、海南、台湾。生于海拔100~2600m的山坡、路旁、林下或岩石旁。柬埔寨、印度、印度尼西亚、老挝、缅甸、尼泊尔、新加坡、泰国、越南也有分布。

迁地栽培形态特点

多年生草本至灌木，高0.7~1.5m。

茎 近圆柱形，幼时具数条纵纹，被柔毛和长柔毛，节膨大。

叶 叶片卵形、椭圆形至长椭圆形，长3~11cm，宽1.8~3.8cm，顶端渐尖至急尖，全缘，基部楔形，侧脉每边5~7条，两面被长柔毛；叶柄长0.3~1.2cm，被长柔毛。

花 聚伞花序顶生和近枝顶腋生，花序轴短缩，花密集；小苞片线形至线状披针形，长0.8~1.5cm，被柔毛和长柔毛；花萼4枚，被柔毛和长柔毛，具缘毛，内、外两枚裂片卵形、卵状披针形至披针形，长1.2~2cm，宽0.9~1.1cm，其中内面裂片稍短，边缘多刺，脉纹明显，两侧裂片线形，长6~7mm；花长4.5~6.5cm，花冠蓝紫色，外面被柔毛，冠管细筒状，喉部狭漏斗形，冠檐稍2唇形，5裂，裂片卵圆形至长圆形，不等大；可育雄蕊4枚，2长2短，2枚长的雄蕊外露，花药长椭圆形，蓝色，2室，纵裂，不育雄蕊1枚，所有花丝均被柔毛，向基部尤甚；子房无毛，花柱长4~5cm，外露，无毛。

果 蒴果长椭圆形，长1.2~1.8cm，向两端渐尖，无毛，具种子4粒；种子卵形至近圆形，长4~5mm，宽4~4.2mm，棕褐色，被贴伏柔毛，遇水开展。

引种信息

西双版纳热带植物园 登录号38,2003,0021，2003年引自泰国曼谷；生长状态良好。
华南植物园 登录号20061006，2006年引自西双版纳热带植物园；生长状态良好。
厦门市园林植物园 来源地不详；生长状态良好。
昆明植物园 登录号85-351，1985年引自云南弥渡；生长状态良好。
桂林植物园 桂林本地原生种；生长状态良好。

物候

西双版纳热带植物园 花期近全年，盛花期3~5月、8~10月。
华南植物园 花期10月下旬至翌年2月中旬，其中盛花期11月中旬至翌年1月中旬；果期11月至翌年4月。
厦门市园林植物园 9月下旬现蕾期，10月中、下旬始花期，11月至翌年2月盛花期，3月花末期；尚未观察到果实。
昆明植物园 3月上旬展叶期，花期6月下旬至11月中旬，其中8月下旬至10月中旬盛花期；果期10月中旬至12月下旬；12月下旬至翌年2月下旬地上部分枯萎期。
桂林植物园 9月下旬现蕾期，10月上旬始花期，10月中旬至12月上旬盛花期，12月中、下旬花末期；果期11月下旬至翌年3月下旬。

迁地栽培要点

喜温暖、湿润，稍耐旱；不择土壤，但以疏松、排水良好的壤土为佳；全日照或半日照均可，光照充足时花量大。

主要用途

观赏性强，适合庭园片植、边缘地带的绿化、美化。

全草入药，具有通经活络、解毒消肿、清肺化痰、止血截疟、透疹止痒的功效，用于治疗肺热咳嗽、百日咳、疟疾、枪弹伤、竹刺入肉、风湿痛、风疹身痒、黄水疮、疮疖、小便淋痛等症。

12 花叶假杜鹃

Barleria lupulina Lindl., Edwards's Bot. Reg. 18: pl. 1483. 1832.

华南植物园栽培

自然分布

原产印度、缅甸。我国广东、广西、云南有栽培。

迁地栽培形态特点

亚灌木至灌木，高0.8~1.5m。

茎 扁圆柱形，有时稍具棱，分枝多，茎常深绿色至深紫红色，老时基部木质化，圆柱形，灰色至灰褐色。

叶 叶片纸质，披针形、狭披针形至狭倒卵状披针形，长6~10cm，宽1~2.5cm，顶端渐尖至钝尖，具小尖头，全缘，基部楔形至狭楔形，稍下延，侧脉每边5~6条，不甚明显，叶面深绿色，中脉紫红色至淡红色，两面无毛；叶柄长2~5mm，无毛，基部常具一对长刺，稍向下呈"八"字形，刺红色至棕红色，长0.6~1.8cm。

🌼 穗状花序顶生，长3~8cm，苞片、小苞片、萼裂片、花冠筒外面被微柔毛；苞片覆瓦状排成4列，阔卵形，长1.5~1.7cm，宽1.3~1.5cm，舟状，近顶端具小尖头，红棕色；小苞片2枚，小，狭卵状披针形，长2~2.5mm，宽0.6~0.8mm；萼裂片4枚，内、外侧2枚大，卵状三角形，长6~7.5mm，宽约5mm，两侧裂片小，线状披针形，长6.5~7.5mm，宽约1.5~2mm；花长3.5~4.5cm，花冠黄色，冠筒管状，稍曲折，冠檐裂片5枚，其中1枚小，匙形，长1.5~1.7cm，生于冠筒近1/2处，另4枚裂片倒卵形，长1.5~1.6cm，宽1~1.1cm，近等大，两侧裂片顶端圆形，中间2枚裂片顶端微凹；雄蕊4枚，花丝分别长约2.5cm和2mm；子房卵状锥形，长3~3.2mm，淡黄绿色，光滑，柱头长3.2~3.5cm，淡黄色，无毛。

🌰 蒴果木质，卵形，长1.5~1.6cm，宽5~5.5mm，褐色至灰褐色，顶端具小尖头，具种子2粒；种子卵形，长6~7mm，宽5~5.5mm，扁平，棕褐色，表面被贴伏长柔毛。

引种信息

西双版纳热带植物园 登录号00,2001,2132，2001年引自云南景洪市大勐龙勐宋；生长状态良好。
华南植物园 登录号20121166，2012年引自新加坡；生长状态良好。
厦门市园林植物园 登录号20150403，2015年引自海南；生长状态良好。

物候

西双版纳热带植物园 花期2~4月和9~12月；果期4、5月和10月至翌年2月。
华南植物园 花期近全年，3月下旬至5月下旬为盛花期，其余时花零星开放；果期近全年。
厦门市园林植物园 花期近全年，其中3~5月、9~11月盛花期；果期近全年。

迁地栽培要点

喜温暖、湿润的栽培环境，稍耐寒，全日照、半日照均可，生性强健，不择土壤。

主要用途

花形奇特，观赏性强，可做绿篱，亦可用于园林绿化、庭院观赏，适于丛植、点缀。

全草药用，可通经活络，消肿止痛，用于治疗毒蛇咬伤、犬咬伤、跌打损伤、痈肿、外伤出血等症。

茎、叶及花序

花序和花

果序　花　雄蕊　茎、叶及花序　果实和种子

13 长红假杜鹃

Barleria repens Nees, Prodr. 11: 230. 1847.

西双版纳热带植物园栽培作庭园水边布景

自然分布

原产东非热带地区。我国部分植物园有栽培。

迁地栽培形态特点

多年生草本至亚灌木，高0.8~1.3m。

茎 具六棱，被糙毛，老时基部稍木质化，节上常生不定根。

叶 叶片纸质，椭圆形至卵圆形，长2~7cm，宽1.4~2.6cm，顶端渐尖，全缘，基部楔形，稍下延，侧脉每边4~5条，两面被短糙毛，背面脉上尤甚；叶柄长0.3~1.5cm，密被短柔毛。

花 聚伞花序近顶端腋生，具1~3朵花，花序梗、花梗密被短柔毛；小苞片2枚，线形，长5.5~7mm，两面疏被微毛或近无毛，边缘疏被缘毛；萼片4枚，疏被微柔毛，前、后2枚裂片心形至卵状心形，长1.1~1.5cm，稍不等大，两侧裂片小，线形至线状披针形，长7~8mm；花长6~7cm，花冠红色，外面被柔毛，内面无毛，冠檐稍二唇形，上唇2深裂，下唇3深裂，裂片卵圆形或近圆形，不等大；雄蕊4枚，2长2短，花丝分别长2.3～2.5cm和4.5～5.5mm，长的花丝无毛，短的花丝被柔毛，基部具残余雄蕊1枚，被柔毛；子房卵状椭圆形，稍扁，光滑无毛，花柱长4.5～5cm，无毛。

🔴 **果** 蒴果倒卵状披针形，长1.5～2cm，顶端具小尖头，外面光滑无毛，具种子2～4粒；种子卵圆形或近圆形，径5～6mm，棕色至棕褐色，被贴伏柔毛，遇水开展。

引种信息

西双版纳热带植物园 引种信息不详；生长状态良好。

华南植物园 登录号20160744，2016年引自西双版纳热带植物园；生长状态一般。

物候

西双版纳热带植物园 花期9月上旬至翌年5月，其中盛花期11月至翌年4月；果期9月下旬至翌年5月下旬。

华南植物园 棚内栽培，12月上旬现蕾期，翌年1～3月花期，花量少，盛花期不明显；果期2～4月，果量少。

迁地栽培要点

喜温暖、湿润、半荫蔽的栽培环境，土壤以富含有机质、排水性好的壤土或砂质壤土为佳。

主要用途

观赏植物，用于园林美化和庭院观赏。适于丛植，宜适于在水边的点缀。

14 紫萼假杜鹃

Barleria strigosa Willd., Sp. Pl. 3: 379. 1800.

华南植物园栽培

茎、叶

自然分布

我国产云南。生于海拔900m的密林下。不丹、柬埔寨、印度、印度尼西亚、马来西亚、缅甸、尼泊尔、斯里兰卡、泰国、越南也有分布。

迁地栽培形态特点

一、二年生草本，高20～45cm；全株密被柔毛和糙伏毛。

（茎）近圆柱形或稍具四棱。

（叶）叶片纸质，倒卵圆形至倒卵状椭圆形，长8～18cm，宽4.5～7cm，顶端渐尖，全缘，边缘被缘毛，基部狭楔形下延，侧脉每边5～7条；叶柄长0.5～2.5cm，向上渐短。

（花）单花或穗状花序腋生，花序长2～4cm，花序轴短缩，近头状或有时排成扇形；苞片狭卵形至狭卵状披针形，长1～1.8cm，宽5～7mm；小苞片椭圆形，长1.5～2cm，宽6～10mm，向上渐小，边缘具细锯齿，被缘毛，具5条脉；花萼4枚，内、外两枚裂片大，卵形，具11～15条脉，边缘具长缘毛，干时呈紫色或带紫色，网脉明显，外面裂片稍大，长3～3.5cm，宽1.8～2.2cm，顶端渐尖，内面裂片稍小，长2.5～2.8cm，宽1.8～2cm，顶端2分叉，两侧裂片线状披针形，长1.2～1.6cm，宽2～2.3mm；花长5～6cm，花冠淡蓝紫色，外面被微柔毛，冠管细圆柱形，长3～3.8cm，喉部漏斗状，冠檐2唇形，上唇裂片4枚，卵圆形，长0.9～1.3cm，宽0.8～1cm，中间2枚裂片稍小，下唇裂片1枚，倒卵圆形，长1.5～1.7cm，宽1.4～1.5cm；雄蕊4枚，2长2短，花丝分别长约2cm和4～5mm，花药淡紫色；子房卵圆形，长3～3.3mm，光滑无毛，花柱长4～4.3cm，无毛。

（果）蒴果梭形，长1.4～1.6cm，宽约0.5cm，压扁，向两端渐尖，干时棕黄色至棕色，表面无毛，具光泽，具黑色至黑褐色纵纹，具种子4粒；种子卵圆形或近圆形，径4～5mm，压扁，棕黄色，表面被贴伏长柔毛，遇水展开。

引种信息

华南植物园　登录号20110398，2011年引自柬埔寨；生长状态良好。

物候

华南植物园　棚内栽培7月下旬至8月上旬现蕾期，8月下旬始花期，9月盛花期，10月上旬、中旬花末期；果期9~12月；12月至翌年2月地上部分枯萎期；4月上旬至中旬部分植株基部萌发新芽或种子萌发。

迁地栽培要点

喜温暖、湿润，稍耐旱，不耐寒，以富含有机质、疏松的壤土为宜。

主要用途

观赏性强，可推广用于园林绿化、庭院观赏，适于片丛植、花坛布置和盆栽。

花序和花　　花
花结构　　果序
果实和种子　　种子遇水后毛被开展

逐马蓝属

Brillantaisia P. Beauv., Fl. Oware 2: 67, t. 100. 1818.

亚灌木、灌木至小乔木，具钟乳体。茎通常四棱形，被毛或无毛。叶对生，叶片通常阔卵形、卵圆形至卵状长圆形，有时叶面带紫色，边缘通常具锯齿、粗锯齿，基部心形、截平至阔楔形，通常下延，叶面被糙毛、柔毛或无毛；叶柄具翅。大型圆锥花序顶生，通常具多分枝；苞片外面通常被腺毛和柔毛；小苞片与苞片类似或缺；花萼5裂，几裂至基部，通常不等大，密被腺毛；花通常紫色、白色或淡蓝紫色，花冠外面被腺毛，冠管圆柱形，稍短，喉部肿胀后稍缢缩，冠檐二唇形，上唇通常合围成管状，镰状弯曲，下唇向内折叠，喉部顶端增厚，顶端3浅裂；可育雄蕊2枚，花药2室，药室平行，等高，药室隔被柔毛，基部无距，具2枚不育雄蕊；子房细圆柱形，每室具3至多粒胚珠，花柱通常被毛或无毛。蒴果茄状，具种子多粒，具珠柄钩；种子通常卵圆形，压扁，被毛或无毛。

本属约有20种，主要分布于热带非洲和马达加斯加。我国植物园栽培有1种，为引入栽培。

15 逐马蓝

Brillantaisia owariensis P. Beauv., Fl. Oware 2: 68. 1818.

自然分布

原产热带非洲。我国部分植物园有栽培。

迁地栽培形态特点

灌木，高2~3m。

🌿 **茎** 粗壮，四棱形，棱上具皮孔状凸起，稍具沟槽，节处具紫色刺状长柔毛，节基部常膨大稍呈膝曲状，基部常匍匐蔓延，节上生不定根，老时木质化。

🌿 **叶** 叶片纸质，卵形至卵状椭圆形，长18~35cm，宽14~21cm，顶端渐尖，具尾尖，边缘具三角形锯齿，基部圆形或截平，下延至叶柄基部，稍呈耳状，侧脉每边12~20条，两面被刺状柔毛，背面脉上尤甚；叶柄粗壮，上面具宽的沟槽，具宽翅，翅宽1~1.8cm。

🌿 **花** 二歧聚伞圆锥花序顶生，长28~70cm，具3~4级分枝，花序轴、小花序轴、苞片、花萼外面密被柔毛和腺毛；花序苞片叶状，卵形、狭卵形至狭卵状披针形，长1~7.5cm，宽0.4~3.5cm，向上渐小；小花序每一级分枝的下面具一对苞片，苞片狭倒卵状披针形至狭披针形，长0.5~2.5cm，宽0.2~1cm；花柄长1~2.5mm；花萼筒状，萼裂片5枚，条形至匙形，长1.5~2.2cm，宽1.2~2mm，不等大，仅基部联合，内面被微柔毛；花长5~5.5cm，花冠蓝紫色，冠管圆柱形，长1~1.2cm，无毛，喉部稍缢缩后呈瓶口状，冠檐二唇形，上唇向内折叠呈管形，镰状弯曲，长约4cm，宽6~7mm，顶端长渐尖，外面密被紫色腺毛，内面无毛，下唇长卵形，长约3.5cm，宽约2.5cm，基部向下反折呈囊状，内面具深紫色脉纹，顶端3浅裂，裂片三角状卵形，中间裂片稍小；雄蕊4枚，2枚延伸于上唇的弯管内，花丝长2.5~2.8cm，白色，无毛，花丝与冠管壁合生部分被一列细齿状柔毛，花药线形、狭卵状披针形，长7~8mm，2室，纵裂，另2枚花丝不育，自喉部伸出，细弱，紫棕色，长1.2~1.4cm；子房细圆柱形，长7~8mm，外面密被细柔毛，花柱长3.5~3.8cm，白色，稍弯曲，疏被刺状柔毛。

🌿 **果** 蒴果长约3cm，扁圆柱形，稍弯曲，外面具纵向浅棱和沟槽，无毛，成熟时黑色，具种子30~40粒；种子卵形至卵圆形，长1.2~1.5mm，宽1~1.3mm，外面被贴伏柔毛，遇水开展。

引种信息

仙湖植物园 2014年引自华南植物园；生长状态良好。

华南植物园 登录号20121709，2012年引自菲律宾；生长状态良好。

厦门市园林植物园 登录号20170029，2017年引自仙湖植物园；生长状态良好。

物候

华南植物园 6月上旬、中旬始花期，6月下旬至9月下旬盛花期，10月上旬至下旬花末期；果期9月下旬至11月上旬观察到结少数几个果实。

厦门市园林植物园 尚未观察到开花、结果。

迁地栽培要点

生性强健,喜温暖、潮湿的生活环境,不择土壤,但以肥沃、排水性好的砂质壤土为宜。

主要用途

花大,花序长,观赏性强,可用于园林绿化和庭院观赏。

作药用植物,在原产地用于辅助受孕,也可以缓解月经痛和治疗胃痛、胸痛、小儿脾脏感染、营养不良及风湿病。

色萼花属

Chroesthes Benoist, Bull. Mus. Hist. Nat. (Paris) 33: 107. 1927.

多年生草本或灌木。叶对生，叶片椭圆状披针形至披针形，通常全缘，具叶柄，同一节上的叶片近等大或稍不等大。圆锥花序顶生，苞片、小苞片绿色，花萼5深裂，裂片不等大，后面1枚裂片最大，前面2枚裂片稍小，两侧裂片狭；花冠下部圆柱形，上部斜漏斗形，冠檐二唇形，上唇2中裂，下唇3深裂；雄蕊4枚，不合生，着生于冠管扩大处基部，后面1对雄蕊较前面1对短，花药2室，药室平行，不等高，背面被微柔毛，基部具尖、长距。子房2室，每室具2枚胚珠，花柱基部疏被微柔毛。蒴果柄短或缺，最多具4粒种子，具珠柄钩；种子两侧压扁，被褐色或棕色短柔毛。

本属有3种，主要分布于缅甸、泰国、中国西南部、中南半岛和马来半岛。我国植物园栽培有1种，为本土物种，产广西、云南。

16 色萼花

Chroesthes lanceolata (T. Anderson) B. Hansen, Nordic J. Bot. 3: 209. 1983.

自然分布

我国产广西、云南。生于海拔800~1400m的林下。越南、老挝、缅甸、泰国也有分布。

迁地栽培形态特点

多年生草本，高20~30cm。

茎 纤细，直立或蔓性，近圆柱形或稍具四棱，无毛或仅节处被短柔毛，节稍膨大，基部常木质化。

叶 同一节上的叶不等大，叶片披针形、长椭圆形至卵状披针形，长3.5~8cm，宽1.5~2.8cm，顶端渐尖，具尾尖，边缘近全缘或稍波状，基部楔形，稍下延，两面无毛；叶柄长2~10mm，无毛。

花 总状花序顶生，长3~8cm，苞片、小苞片被腺状短柔毛；苞片叶状，卵状椭圆形至卵状披针形，长5~9mm，向上渐小，早脱落；花梗长1~5mm；小苞片2枚，狭卵状披针形至披针形，长3~6mm，向上渐小，淡绿色或白色，早脱落；花萼5裂，裂片长1.1~1.5cm，不等大，外面被腺毛，内面密被微柔毛，后面1枚裂片最大，狭倒卵状披针形，两侧裂片狭长，线形，前面2枚裂片线状倒披针形；花长2.5~3cm，淡紫红色、淡蓝色至白色，外面被腺毛，内面无毛，冠管细柱状，长7~8mm，白色，喉部扁漏斗状；雄蕊4枚，2长2短，花丝分别长约1.2cm和1cm，无毛，花药乳白色，被微柔毛，2室，不等高，基部具芒；子房卵球形，黄绿色，长约1.5mm，无毛，花柱长约2cm，中下部疏被刺状微毛。

果 未能观察到果实。

引种信息

西双版纳热带植物园 登录号00,2017,0228，2017年引自云南西双版纳傣族自治州易武保护区；生长状态良好。

华南植物园 登录号20060599，2006年引自广西那坡；生长状态一般。

物候

西双版纳热带植物园 2月上旬现蕾期，花期2月下旬、3月上旬至4月下旬，花量少，盛花期不明显；未能观察到果实。

华南植物园 2月中旬现蕾期，花期3月上旬至5月上旬，其中盛花期3月中旬至4月中旬；未能观察到果实。

迁地栽培要点

喜潮湿、稍荫蔽的环境，稍耐旱。

主要用途

可推广用于林下地被植物和庭园美化。

鳄嘴花属

Clinacanthus Nees, Prodr. 11: 511. 1847.

多年生草本至灌木，具钟乳体。叶对生，叶片边缘全缘或具波状圆齿，具叶柄。总状花序顶生或腋生，多个花序排成圆锥形，常紧缩呈头状；苞片、小苞片狭披针形至线形；花萼5深裂，裂片线形，近等大；花管状，冠管基部内弯，喉部渐扩大，冠檐二唇形，上唇直立，狭窄，顶端2浅裂，下唇稍弯曲，较上唇宽3倍，顶端3裂，裂片在花蕾期覆瓦状排列；雄蕊2枚，着生于花冠喉部，与冠檐近等长或稍短，花药1室，基部无附属物；无退化雄蕊；柱头短2裂。蒴果长圆形或棒状，基部具短柄，最多具种子4粒；具珠柄钩。

本属有3种，主要分布于亚洲热带地区。中国植物园栽培有1种，为本土物种，产华南、西南等地。

17 鳄嘴花

别名： 扭序花、竹节黄

Clinacanthus nutans (Burm. f.) Lindau, Bot. Jahrb. Syst. 18: 63. 1893.

西双版纳热带植物园栽培作林下地被

自然分布

我国产广东、广西、海南、云南。生于海拔700m以下的疏林下或灌丛中。印度尼西亚、马来西亚、泰国、老挝、越南也有分布。

迁地栽培形态特点

多年生草本至亚灌木状，高70～180cm。

🟢 茎 直立、蔓性或有时攀缘状，圆柱形或近圆柱形，具细密纵条纹，近无毛或仅幼时疏被短柔毛。

🍃 叶片纸质，卵状披针形至披针形，长5~9cm，宽1.8~3.5cm，顶端长渐尖至尾尖，边缘稍波状或全缘，基部阔楔形至圆形，稍偏斜，侧脉每边4~6条，两面近无毛或仅叶脉及沿脉疏被短柔毛；叶柄长0.5~1.5cm，被短柔毛。

🌸 花序顶生和近枝顶腋生，紧缩呈头状，苞片、小苞片、花梗、花萼、花冠外面被腺毛；苞片披针形至线形，长0.8~1.5cm；小苞片线形，长0.9~1.1cm；花梗长3~6mm；花萼长1.5~1.8cm，深5裂，裂片线形；花长4~4.5cm，花冠橘红色至深红色，冠檐二唇形，上唇三角状披针形，顶端2齿裂，下唇卵状，顶端3中裂，裂片条形；雄蕊2枚，花丝长1.2~1.3cm，无毛；子房无毛，花柱长3.5~4cm，仅近基部疏被少数几根短柔毛和腺毛。

🍎 未能观察到果实。

引种信息

西双版纳热带植物园 登录号00,1973,0063，1973年引自厦门市园林植物园；生长状态良好。

华南植物园 登录号19811764，1981年引自海南兴隆药物站；生长状态良好。

厦门市园林植物园 引种信息不详；生长状态良好。

物候

西双版纳热带植物园 2月上旬现蕾期，花期2月中旬至4月中旬，其中盛花期3月中旬至4月上旬。

华南植物园 2月中下旬开始抽出花序轴，花期3~4月，花量少，盛花期不明显；未能观察到果实。

厦门市园林植物园 3月上旬现蕾期，3月下旬至4月中旬始花期，4月下旬至6月盛花期，7月花末期；未观察到果实。

迁地栽培要点

喜温暖、湿润，稍耐旱，不择土壤，但以肥沃、疏松、排水性好的壤土为佳，全日照、半日照均可。花序顶生，花期前（冬末早春）不宜修剪，否则无法正常开花。

主要用途

可用于园林绿化、庭院观赏，适于丛植、花境配置、点缀。

用作药用植物，根据《中国植物志》记载，本种有调经、消肿、去瘀、止痛、接骨之效，用于治疗跌打、贫血、黄疸、祛风湿等。

华南植物园栽培

厦门市园林植物园林缘栽培

钟花草属

Codonacanthus Nees, Prodr. 11: 103. 1847.

多年生直立、矮小草本，具钟乳体。叶对生，叶片边全缘或具不明显锯齿，具叶柄。总状花序顶生或和近顶端腋生，排成圆锥状；苞片、小苞片小，每一节上仅一侧的有花，通常1（～3或更多）；花萼5深裂，裂片近等长；花冠阔钟状，白色，下唇内面具斑纹，冠管短，冠檐多少二唇形，上唇2裂，下唇3裂，裂片在花蕾时覆瓦状排列；雄蕊2枚，内藏或稍伸出，花药2室，药室不等，近平行，具2枚退化雄蕊，短小。子房2室，每室具2粒胚珠，柱头浅2裂。蒴果，卵圆形至椭圆形，基部具柄，通常两侧压扁，最多具4粒种子，具珠柄钩；种子多少盘状，表面光滑或稍粗糙，无毛。

本属有2种，主要分布于东南亚。我国植物园栽培有1种，为本土物种，产华南、东南、西南部分地区。

18 钟花草

Codonacanthus pauciflorus (Nees)Nees, Prodr. 11: 103. 1847.

自然分布

我国产广东、广西、海南、台湾、福建、贵州、云南。生于海拔100~1500m的林下或潮湿的山谷。不丹、柬埔寨、印度、日本、缅甸、泰国、越南也有分布。

迁地栽培形态特点

多年生草本，高30~40cm。

茎 圆柱形，基部匍匐，节上生不定根，被柔毛，具2列稍密柔毛，节膨大。

叶 叶片纸质，狭卵状披针形至倒狭卵状披针形，长5~12cm，宽2.5~4.2cm，顶端长渐尖，具尾尖，基部狭楔形下延，边缘近全缘或稍具浅齿痕，侧脉每边4~5条；叶柄长1~3.5cm，被柔毛。

花 总状花序顶生或多枝总状花序排成圆锥状，长8~25cm，花序轴、花柄、苞片、小苞片、萼裂片被微柔毛；花柄长1.5~2mm，常带红褐色；苞片线状披针形，长1.5~2.5mm；小苞片披针形，长1~2mm；花萼筒状，裂片5枚，三角状披针形，长1.5~2mm，等大；花冠钟形，长7~10mm，白色，常低俯，冠管短，喉部漏斗状，冠檐5裂，裂片不等大，上面两枚裂片最小，狭卵形，下唇内面近喉部具紫色斑点，顶端3深裂，中央一枚裂片最大，卵圆形，两侧裂片狭卵形；雄蕊2枚，花丝长2~2.5mm，花药长约1mm，2室，不等高，黄色；子房狭卵状锥形，长约1mm，光滑，花柱长约4.5mm，无毛。

果 蒴果倒卵形，长1.2~1.6cm，顶端渐尖，具小尖头，基部具柄，外面无毛，成熟时棕黄色至棕褐色，具种子4粒；种子三角状卵形，长2~2.5mm，宽1.8~2.2mm，扁平，淡黄褐色。

引种信息

华南植物园 登录号20010461，2001年引自广东鼎湖山；生长状态良好。

物候

华南植物园 花期8月下旬至翌年4月中旬，其中11月中旬至翌年3月中旬盛花期；果期9月至翌年5月。

迁地栽培要点

喜湿润、稍荫蔽的环境。

主要用途

全草入药，用于治疗跌打损伤、风湿病、口腔溃疡等。

秋英爵床属

Cosmianthemum Bremek., Blumea 10: 166. 1960.

多年生草本，具钟乳体。茎通常基部平卧后直立上升，稀直立。叶对生，叶片边缘全缘，具叶柄或近无柄。总状花序，或由多个小聚伞花序组成，具1~3（~5）朵花，顶生或生于短枝上；苞片小，小苞片较苞片小；花萼通常5深裂，裂片近等长或稍不等长；花冠黄绿色、淡黄色至白色；冠管直或弯曲，有时背部具囊袋，喉部短或缺；冠檐二唇形，上唇2裂、2齿裂至全缘，下唇3深裂；裂片在花蕾期呈螺旋状排列；雄蕊2枚，着生于喉部基部；花药2室，药室平行，等高，花丝基部扩大；退化雄蕊2枚，着生于上唇基部下方。柱头2裂。蒴果具长柄，最多具种子4粒，具珠柄钩；种子近无毛。

本属约有10种，主要分布于东南亚地区。我国植物园栽培有2种，为本土物种，产海南、广西，均为我国特有物种。

秋英爵床属分种检索表

1a. 花序梗被腺状短柔毛；花丝近基部被短柔毛；退化雄蕊无毛 ········ 20. **海南秋英爵床 *C. viriduliflorum***
1b. 花序梗被短柔毛；花丝无毛；退化雄蕊被丝状柔毛 ················ 19. **广西秋英爵床 *C. guangxiense***

19
广西秋英爵床

Cosmianthemum guangxiense H. S. Lo et D. Fang, Guihaia 17 (1): 42. 1997.

花序和花

花

自然分布

我国特有，产广西。生于海拔约400m的林下。

迁地栽培形态特点

多年生草本，高50~70cm。

🌱 茎 稍具四棱或近圆柱形，被柔毛，幼时常紫棕色。

🍃 叶 叶片卵状椭圆形至长圆状披针形，长5~11cm，宽1.7~4cm，顶端长渐尖至尾尖，边缘近全缘或稍波状，基部阔楔形至圆形，侧脉每边5~7条，叶面无毛或仅脉上疏被柔毛，背面仅脉上疏被柔毛，叶面墨绿色；叶柄长0.5~1cm，被柔毛。

🌸 花 花序顶生或近枝顶腋生，长2~6cm，花序轴、花梗、苞片、小苞片被微柔毛；聚伞花序对生，常具（1~）3（~6）朵花，花梗长2~3mm；苞片线状披针形，长2~2.8mm；小苞片线形，长1.2~1.5mm；花萼长3~4mm，裂片5枚，线形，长2~3mm，等长，外面被腺毛和密被微柔毛；花长1.5~1.6cm，花冠淡黄绿色，外面密被腺毛，冠檐二唇形，上唇卵形，长5~7mm，宽约6mm，顶端2齿裂，下唇卵圆形，顶端3裂，裂片卵圆形和斜卵形，稍反折；雄蕊2枚，稍外露，花丝长4~5mm，无毛，花药狭卵形，2室，不等高；基部具残余雄蕊2枚，被丝状柔毛；子房长约2mm，黄绿色，光滑，花柱长1~1.1cm，被刺状微柔毛。

🍎 果 蒴果倒卵状，长约2cm，基部具长柄，顶端渐尖，无毛。

引种信息

华南植物园 登录号20050543,2005年引自广西钦州;生长状态一般。

物候

华南植物园 棚内栽培,7月下旬至8月上旬现蕾期,8月中、下旬始花期,9月上旬至10月中旬盛花期,10月下旬至翌年1月下旬花末期;果期1月至2月下旬,量少;4月中旬萌蘖期。

迁地栽培要点

喜温暖、湿润、半荫蔽的栽培环境,稍耐旱。

华南植物园栽培　茎和叶　果实　雄蕊　花结构

20 海南秋英爵床

Cosmianthemum viriduliflorum (C. Y. Wu et H. S. Lo) H. S. Lo, Guihaia 17 (1): 42. 1997.

华南植物园栽培

自然分布

我国特有，产海南。生于海拔700~1000m的林下。

迁地栽培形态特点

多年生草本，高50~60cm。

茎 圆柱形，幼时密被短柔毛，后渐无毛。

叶 叶片椭圆形至卵状长圆形，长3~6cm，宽1.6~2.1cm，顶端渐尖至短渐尖，边缘近全缘，基部楔形、阔楔形或圆形，侧脉每边3~4条，叶面疏被微柔毛，背面被微柔毛，脉上尤甚，老时毛渐脱落，叶片绿色；叶柄长0.2~0.4cm，密被短柔毛。

花 花序顶生，长1.5~5cm，花后顶端继续延伸使花呈腋生状，花序轴被微柔毛和腺毛，聚伞花序常具（1～）3朵花，花梗长1.5~2.5mm，被微柔毛；苞片、小苞片被微柔毛；苞片线形，长1.5~2.5mm；小苞片小，线形，长0.8~1mm；花萼长4~5mm，裂片5枚，线状披针形，裂几至基部，等大，密被腺毛；花冠长1.2~1.3cm（若连伸出的柱头，花长1.5~1.6cm），花冠淡绿色，外面被短柔毛和腺毛，内面密被短柔毛，冠檐二唇形，上唇卵圆形，长约5mm，弯拱状，顶端2齿裂，下唇稍呈囊状，内面被紫色细斑点，顶端3深裂，裂片长圆状披针形，强烈反卷；发育雄蕊2枚，花丝长约4mm，除花丝与冠筒壁合生基部被短柔毛外其余无毛，花药2室，不等高，不育雄蕊2枚，丝状，长1~1.2mm，无毛；子房长约1.2mm，无毛，花柱长1.1~1.2cm，伸出花冠，仅基部被刺状微柔毛。

果 未能观察到果实。

引种信息

华南植物园 登录号20060304，2006年引自广东阳春；生长状态一般。

物候

华南植物园 棚内栽培，花期8月上旬至10月中旬，盛花期不明显，未见结果实。

迁地栽培要点

喜温暖、湿润、半荫蔽的栽培环境，稍耐旱。

莽银花属

Crabbea Harv., London J. Bot. 1: 27. 1842.

多年生草本，具钟乳体。茎直立、倾斜或平卧。叶对生，叶片通常椭圆形或倒卵状匙形，边缘通常具浅圆齿或不明显锯齿；叶具叶柄。花序顶生或腋生，聚伞花序，花密集，通常呈头状或半球形；苞片叶状，卵形至狭卵形，通常多刺；小苞片小或缺；花萼稍不规则，5 深裂，裂片通常不等大，其中 1 枚稍长或 2 枚稍短；花冠漏斗状，冠管长于冠檐，通常乳白色至淡黄色，稀粉红色，冠檐裂片 5 枚，裂片等大或近等大，多少呈辐射状或稍二唇形；雄蕊 4 枚，均为可育雄蕊，外面 1 对雄蕊较长，花药 2 室，药室近平行，不等高，外面密被短柔毛；子房 2 室，每室具胚珠 3 枚至多枚，柱头不等 2 裂。蒴果通常圆筒状，稍压扁，最多具种子 6 粒，具珠柄钩；种子卵圆形或近四边形，扁平，外面通常被吸湿性贴伏柔毛。

本属有 12 种，主要分布于南部非洲地区。我国植物园栽培有 1 种，为引入栽培。

21 绒毛莽银花（新拟）

Crabbea velutina S. Moore, J. Bot. 32: 135. 1894.

西双版纳热带植物园栽培

华南植物园栽培

自然分布

原产非洲。我国部分植物园有引种栽培。

迁地栽培形态特点

多年生草本，株高20～30cm。

🌱 茎 幼时近扁圆柱形，稍具四棱，密被长糙毛，老时四棱形，平卧或悬垂，节上生不定根。

🍃 叶 叶片倒狭卵状披针形，长8～12cm，宽2～3.5cm，顶端渐尖至钝尖，常向后、下方反折，边缘浅波齿状，基部狭楔形下延成翅，侧脉每边8～10条，侧脉间网脉明显，两面密被柔毛和糙毛，叶面深绿色，背面绿色；叶柄长2～5cm，密被柔毛和糙毛。

🌸 花 头状花序腋生，花序呈扁球形或近球形，连刺长直径为3～4cm；花梗长3～7cm，被糙毛；花序下面具一对卵状心形的总苞片，长9～11mm，宽5.5～7mm，稍偏斜，边缘具缘毛；苞片十余枚至二十余枚，不等大，由外向内苞片渐狭小，边缘具长刺，刺长达8mm，由外向内刺逐渐变短，内面的苞片具柄，柄长0～4mm，外面苞片无柄，边缘具缘毛；花萼筒状，裂片5枚，膜质，不等大，线状披针形至披针形，长6～9mm，宽0.5～1.5mm，被微柔毛和丝状长柔毛；花冠淡黄色，长2～2.8cm，具白色纵脉纹，冠管基部稍球形，长约1.5mm，冠筒细管状，长约5mm，向上渐扩张呈扁平狭漏斗状，冠檐裂片5枚，略呈二唇形，裂片倒卵形，长7～8mm，宽4～5mm，顶端圆形，边缘具缘毛，花开放半天后反折至强烈反折；雄蕊4枚，2强，着生于喉部，长的花丝长3.5～4mm，短的长约2mm，花药狭卵形，长约1mm，乳白色，被刺状柔毛；子房卵状锥形，淡黄色，长1～1.2mm，仅顶端密被长柔毛，其余光滑，花柱白色，长约1cm，柱头顶端呈斜长卵状。

🍎 果 蒴果狭倒卵形，长9～10mm，棕色，外面光滑，顶端具小尖头，果期萼裂片增大至1.1～1.5cm，宽1.2～2.5mm，具种子4～6枚；种子扁平，卵圆形，径2～2.5mm，顶端具小尖头，外面密被棕色长糙毛。

引种信息

西双版纳热带植物园 登录号00,2002,1707，2002年引自云南红河开远市马者哨；生长状态良好。

华南植物园 登录号20042476，2004年引自西双版纳热带植物园；生长状态良好。

物候

西双版纳热带植物园 棚内栽培，除了1、2月外，全年零星有花开，盛花期不明显。

华南植物园 棚内栽培，花期3~12月，其中盛花期4月中旬至8月中旬；果期4月至翌年1月。

迁地栽培要点

喜温暖、湿润的栽培环境，稍耐旱，以肥沃、疏松、排水性好的壤土或砂质壤土为佳。

主要用途

用于园林绿化和庭园观赏，适于石块、溪旁的绿化点缀。

十字爵床属

Crossandra Salisb., Parad. Lond. sub t. 12. 1805.

多年生草本、基部木质化或常绿灌木，无钟乳体。叶对生或4枚叶片假轮生，叶片通常椭圆形，具光泽，具叶柄。穗状花序顶生，通常具长柄，着花密集；苞片大，卵形，通常被毛，无刺；小苞片与花萼等长；花萼通常被具柄的腺毛，裂片5枚，不等长，椭圆形或披针形，最上端的通常最阔，通常2齿裂；花冠单唇形，上唇退化，下唇5裂，裂片圆形或近圆形，冠管细长圆筒形；雄蕊4枚，着生于冠管上半部，内藏，花丝线形，短于花药，花药1室，有时被多毛；子房2室，每室具2粒胚珠，花柱内藏，柱头明显2裂，多少似张开的小嘴。蒴果矩圆形至椭圆形，通常具4粒种子；种子卵形，两侧压扁，被鳞片或柔毛。

本属约50种，主要分布于热带非洲、马达加斯加、阿拉伯和印度次大陆。我国植物园有1种，为引入栽培。

22 鸟尾花

Crossandra infundibuliformis Nees., Pl. Asiat. Rar. 3: 98. 1832.

西双版纳热带植物园栽培

自然分布

原产印度、斯里兰卡。我国部分城市及植物园有栽培。

迁地栽培形态特点

多年生草本、亚灌木，株高20~60cm。

🌱 **茎** 圆柱形，仅幼茎、幼叶被微毛或粉状微毛，很快变无毛，基部木质化，灰色至灰白色，具皮孔。

🍃 **叶** 叶对生或假轮生，叶片纸质，卵形、狭卵状椭圆形，长4~12cm，宽1.5~4.5cm，顶端渐尖至长渐尖，边缘稍波状，基部楔形至圆形，下延，侧脉每边6~8条，叶面深绿色，具光泽，背面绿色；幼叶稍被微柔毛，后仅叶脉基部疏被微柔毛或无毛，叶面深绿色，具光泽，背面绿色；叶柄长1~4.5cm。

花 穗状花序顶生或近枝顶腋生，长3~9cm，花序梗长3~8cm，花序梗、苞片、小苞片、萼裂片密被微柔毛；苞片覆瓦状排成4列，卵形至狭卵形，长1.8~2cm，宽4~5mm，顶端长渐尖，具锐尖头，具5~7条脉，中脉稍呈龙骨突状，内面无毛，脉纹明显；小苞片2枚，线形，长1.5~1.8cm，宽1~1.5mm；花萼裂片5枚，膜质，不等大，外面一枚萼裂片最大，狭卵形，长1~1.2cm，宽约3.5mm，两侧萼裂片小，狭卵状披针形，长0.8~0.9cm，宽约1mm，内面2枚萼裂片狭卵状披针形，基部稍合生，长1.1~1.3cm，宽约2mm；花长3.5~5cm，花冠橙黄色至黄色，冠筒细管状，长2~2.5cm，被微柔毛，喉部稍弯折，冠檐扇形，长2~2.5cm，宽3~3.5cm，顶端5中裂，裂片卵圆形、近圆形至圆形，不等大，长0.5~1.4cm，宽0.6~1.4cm；雄蕊4枚，生于冠筒喉部弯折处，花丝短，花药橙色；子房狭卵形，长2.5~3mm，黄绿色，仅顶端疏被细柔毛，其余无毛，花柱细，长1.2~1.5cm，近顶端稍大。

果 蒴果狭卵形，压扁，黄绿色，长1.1~1.3cm，宽4~5mm，顶端小尖头，仅近顶端被微柔毛，具种子4粒；种子卵形、卵圆形至斜卵形，长3.5~4.5mm，宽约3mm，扁平，灰棕色，表面被鳞片。

该种有多个栽培品种。

引种信息

西双版纳热带植物园 登录号13,2001,0022，2001年引自越南；生长状态良好。

华南植物园 登录号20060988，2006年引自西双版纳热带植物园；生长状态良好。登录号20160723，引自仙湖植物园；生长状态良好。

厦门市园林植物园 登录号20150409，2015年引自海南；生长状态良好。

昆明植物园 登录号2016.0202，2016年引自西双版纳热带植物园；生长状态良好。

上海辰山植物园 登录号20161893，2016年引自上海一家园艺公司；生长状态良好。

中国科学院植物研究所北京植物园 登录号2001-w0245，2001年引种，引种地不详；生长状态良好。

物候

西双版纳热带植物园 花期2月上旬至12月上旬，盛花期3月上旬至7月中旬；果期4月至翌年1月。

华南植物园 棚内栽培，花期近全年，盛花期从3月上旬至10月下旬；果期近全年。

厦门市园林植物园 4月上旬现蕾期，4月下旬至5月上旬始花期，5月中旬至10月盛花期，11月花末期；果期5月下旬至翌年1月。

昆明植物园 温室栽培，花期、果期近全年。

上海辰山植物园 温室栽培，花期近全年，2月中旬至4月中旬盛花期；老的花序枯萎后，陆续有新的花序抽出。

中国科学院植物研究所北京植物园 温室栽培，2月上旬现蕾期，2月下旬始花期，3月上、中旬盛花期，3月上旬花末期；未见结果实。

迁地栽培要点

喜温暖、湿润的栽培环境，稍耐旱，半日照、全日照均可，喜疏松、肥沃、排水良好的土壤。

主要用途

花期长，观赏性强，可用作地被植物，亦可用于园林绿化和庭园观赏，适合片植、花坛布置和盆栽。

在原产地印度和斯里兰卡，该花卉可与茉莉花搭配，用于装饰女性头发。

鳔冠花属

Cystacanthus T. Anderson, J. Linn. Soc., Bot. 9: 457. 1867.

多年生高大草本或灌木，具钟乳体。叶对生，边缘通常全缘或具不明显钝齿，具叶柄。聚伞花序圆锥状或总状花序，顶生，稀腋生；苞片远离小苞片及花萼；小苞片2枚，小；花萼5深裂，裂片线形，密被腺毛；花冠膨大，钟状漏斗形，稍弯曲成近90°，中部肿胀，冠檐二唇形，裂片相等或近相等；雄蕊2枚，内藏，花药2室，药室平行，被毛，退化雄蕊2枚；子房卵形或卵球形，被毛，花柱柱头2裂。蒴果通常圆筒形或棒状，通常具8~12粒种子，具珠柄钩；种子卵形或近卵形，压扁，通常被茸毛。

本属约有15种，主要分布于亚洲大陆。我国植物园栽培有2种，为本土物种，产云南、西藏等地，均为我国特有物种。

鳔冠花属分种检索表

1a. 花序轴、花梗、苞片、小苞片及花萼密被短柔毛·················· 23. 金江鳔冠花 *C. yangtsekiangensis*
1b. 花序轴、花梗、苞片、小苞片及花萼疏被或密被腺状短柔毛·················· 24. 滇鳔冠花 *C. yunnanensis*

23 金江鳔冠花

Cystacanthus yangtsekiangensis (H.Lév.) Rehder, J. Arnold Arbor. 16: 315. 1935.

昆明植物园栽培

自然分布

我国特有，产云南金沙江边。生于海拔400～500m处。

迁地栽培形态特点

丛生灌木，高1.5～3m，全株被柔毛。

🟢 **茎** 近圆柱形，节处扁平，老时灰白色至灰褐色，表皮呈条状撕裂、脱落。

🟢 **叶** 纸质，叶片卵形，长7～11cm，宽3.3～5.4cm，顶端渐尖至钝尖，具短尾尖，基部狭楔形，下延，侧脉每边4～6条对；叶柄长1～5.5cm。

花 总状花序顶生及近枝顶腋生，排成圆锥状；总状花序长8~15cm，每一节上具2朵花，对生，花梗长3~5mm；苞片2枚，线状披针形，长5~7mm，早脱落；小苞片2枚，线状披针形，长4~6mm，较苞片狭小，早脱落；花萼长约1.6cm，裂片5枚，狭卵状披针形，长1.2~1.4cm；花长3~3.5cm，蓝紫色，花冠喉部缢缩，向上一侧弯曲成弓形，下方另一侧膨胀呈囊状凸起，冠檐5裂，裂片不等大，上唇2枚裂片稍大，圆形，长6~7mm，基部宽8~9mm，下唇3枚裂片稍小，长圆形，长7~8mm，宽6~6.5mm，冠檐脉纹稍明显，内面棕黄色，具深棕色脉纹，花冠内面除下唇中下部被长髯毛外，其余无毛，外面密被白色短柔毛；雄蕊2枚，内藏，生于冠管喉部，花丝弯曲，长1.1~1.2cm，花药长卵形，淡黄色，长约6mm，药室纵裂，被淡黄褐色髯毛，花丝基部具2枚小而细的残余雄蕊，长约1mm，白色；子房卵圆形，长约4mm，径约2.5mm，淡绿色，密被细柔毛，花柱长2~2.2cm，白色，中上部弯曲，被刚毛。

果 蒴果棒状，狭倒卵形，长2.5~3cm，宽约5mm，顶端渐尖，棕色至棕黄色，具数条暗色纵纹，两侧稍扁平，具纵沟，表面密被柔毛，具种子10粒；种子扁平，圆形或近圆形，有时边缘稍不规则，径4~5mm，土黄色至棕黄色，表面被微柔毛。

引种信息

昆明植物园 1996年引自云南大理喜洲，去花甸坝的山脚；生长状态良好。

物候

昆明植物园 3月上旬始花期，3月下旬至4月中旬盛花期，4月下旬花末期；3月下旬幼果期，5月下旬果熟期，6月上旬果实开始脱落。

迁地栽培要点

喜湿润、稍凉爽的栽培环境，忌积水，全日照、半日照均可。

主要用途

用于园林绿化、庭园观赏。

花序

果实

24 滇鳔冠花

Cystacanthus yunnanensis W. W. Smith, Notes Roy. Bot. Gard. Edinburgh 9(42): 104. 1916.

自然分布

我国特有，产云南。生于海拔800～1600m的林下。

迁地栽培形态特点

灌木，高1～1.8m。

🌿 茎 幼时扁圆柱形，疏被长柔毛或无毛，后稍具四棱，无毛。

🍃 叶 叶片薄纸质，长4～11cm，宽2.8～4.8cm，侧脉每边5～7条，营养枝上叶片长卵圆形，顶端长渐尖，全缘或稍波状，基部楔形至狭楔形，下延，无毛，叶柄长0.5～1.5cm，背面疏被几根腺状微柔毛或近无毛；生殖枝上叶片狭卵状披针形，稍小，叶面被短柔毛，背面密被短柔毛，脉上尤甚；叶柄长0.5～1.2cm，密被短柔毛。

🌸 花 圆锥花序顶生，长10～18cm，花序轴被腺状柔毛和短柔毛；苞片线状披针形，长1.2～1.4cm，宽3～4mm，密被腺状柔毛和短柔毛；花梗长1.2～2.2cm，密被腺状柔毛；花萼5深裂，裂片线形，长1.5～1.6cm，仅基部联合，外面密被白色腺状柔毛和短柔毛，内面密被短柔毛；花长3～3.5cm，花冠蓝紫色，外面密被腺毛，内面无毛，冠管喉部一面骤然肿胀、弯曲，内面密布橘黄色网状脉纹和被长髯毛，冠檐5裂，稍二唇形，上唇2深裂，裂片阔卵圆形，长约0.8cm，宽约1cm，下唇3深裂，裂片圆形，径1～1.1cm，中间裂片稍长；雄蕊2枚，花丝长约1cm，无毛，花药椭圆形，长5～6mm，2室，纵裂，背面被腺状短柔毛，具2枚残余雄蕊；子房长约3mm，密被腺状柔毛，花柱长约1.7cm，疏被刺状柔毛。

🍎 果 蒴果棒状，扁圆柱形，长3～3.5cm，外面疏被腺状微柔毛，萼裂片果期腺状柔毛淡褐色；种子扁平，圆形或近圆形，径2.5～3mm，外面被微柔毛。

引种信息

西双版纳热带植物园 登录号38,2013,0169，2013年引自泰国曼谷；生长状态良好。

物候

西双版纳热带植物园 3月上旬始花期，3月中、下旬盛花期，4月上、中旬花末期；果期3～4月。

迁地栽培要点

喜温暖、半荫蔽的栽培环境，忌湿热、积水。

主要用途

可做园林绿化植物，用于园林绿化和庭院观赏。

也可做药用植物，根、茎、叶药用，具有清热解毒、止咳，用于治疗咳嗽、感冒、喉炎、崩漏等症。

茎、叶　　现蕾期　　花

花局部　　花结构　　果实

西双版纳热带植物园栽培

狗肝菜属

Dicliptera Juss., Ann. Mus. Natl. Hist. Nat. 9: 267–269. 1807.

草本；具钟乳体。茎幼时多少6棱形。叶对生，叶片边缘通常全缘或浅波状，具叶柄。头状花序腋生，稀顶生，常多个花序组成聚伞形或圆锥形；花序具总花梗；总苞片2枚，叶状，对生，具1至数朵花，通常仅1朵发育，其余的退化为小苞片；小苞片小，线形或线状披针形；花无梗；花萼5深裂，裂片线形至线状披针形，等大；花粉红色至紫红色，冠管扭转，喉部稍扩大，冠檐二唇形，上唇顶端圆形或浅2裂，下唇浅3裂；雄蕊2枚，外露，花药2室，斜叠生或一上一下，基部无附属物；子房2室，每室具胚珠2粒；柱头浅2裂。蒴果卵形或卵圆形，两侧压扁，熟时2爿裂，开裂时胎座连同珠柄钩自基部弹起，将种子弹出，最多具种子4粒；种子近圆形，两侧压扁，表面具疣状凸起。

本属约有100种，分布于热带、亚热带和温带地区。我国植物园栽培有1种，为本土物种，产华南、西南及东南沿海地区。

25
狗肝菜

Dicliptera chinensis (L.) Juss., Ann. Mus. Natl. Hist. Nat. 9: 268. 1807.

华南植物园栽培

自然分布

我国产广东、广西、福建、贵州、海南、四川、台湾、云南。生于海拔1800m以下的疏林下、溪边和路旁。孟加拉国、印度、越南也有分布。

迁地栽培形态特点

一、二年生至多年生草本，高20～40cm。

🌿 茎 具6条钝棱和浅沟，幼时被柔毛，后渐无毛，节膨大。

🍃 叶 叶片纸质，卵形至卵状椭圆形，长2～7cm，宽1.3～3.5cm，顶端短渐尖，全缘或稍波状，基部阔楔形，稍下延，侧脉每边4～5条，两面疏被柔毛，脉上、边缘被毛明显；叶柄长0.5～3cm，密被微柔毛。

🌸 花 花序顶生或腋生，由3～5个聚伞花序组成，每个聚伞花序具一至数朵花，总花梗长3～5mm，总苞片2枚，阔倒卵形或近圆形，长7~10mm，宽4~5.5mm，不等大，被柔毛和长柔毛；小苞片线形，长约4mm，被柔毛和长柔毛；花萼筒状，萼裂片5枚，线状披针形，3.2~3.5mm，等大，被微柔毛；花长1~1.2cm，花冠淡紫色，外面被柔毛，冠管细筒状，冠檐2唇形，上唇扩阔形，内面具紫红色斑点，下唇长圆形，内面具脉纹和紫红色细斑点，顶端3浅裂；雄蕊2枚，外露，花丝长约4mm，疏被微柔毛，花药卵形，一上一下；子房卵形，无毛，花柱长1~1.1cm，外露，无毛。

果 蒴果卵圆形，长约6mm，密被微柔毛，开裂时蒴座弹起，具种子2~4粒；种子近圆形，径约2mm，褐色，表面具乳头状凸起。

引种信息

华南植物园 1959年华南植物园植物名录中编号为2318，为本地原生种；生长状态良好。

厦门市园林植物园 本地原生种；生长状态良好。

物候

华南植物园 花期8月下旬至翌年3月下旬，其中盛花期9月下旬至翌年1月；果期9月至翌年4月。

厦门市园林植物园 8月下旬现蕾期，9月上旬始花期，10~12月盛花期，翌年1月花末期；果期11月至翌年2月。

迁地栽培要点

生性强健，喜温暖、湿润的栽培环境，稍耐旱，全日照、半日照均可。

主要用途

本种可入药，具有清热解毒、凉血生津、利尿消肿、清肝明目的功效，用于治疗感冒发烧、麻疹、流行性脑脊髓膜炎、暑热烦渴、咽喉肿痛、关节疼痛、目赤、结膜炎、小便不利、便血、痢疾等症，外用可治疗跌打损伤、疖肿疔疮、炭疽、缠腰火丹等。

花

恋岩花属

Echinacanthus Nees, Pl. Asiat. Rar. (Wallich). 3: 75, 90. 1832.

多年生草本或灌木。叶对生，叶片边缘通常全缘或近全缘，具叶柄。聚伞花序顶生或腋生，有时具分枝；苞片狭，线形或线状披针形；小苞片无；花萼5深裂，裂片相等或近相等，被毛；花冠紫色、淡紫色或黄色，漏斗形或钟形，冠檐近辐射对称，裂片5枚，近等大，花瓣在花蕾期螺旋状排列；雄蕊4枚，2强，内藏，花丝基部两两合生，花药2室，药室平行，基部有芒刺状距或无距，药隔通常被毛；子房2室，每室有4~8粒胚珠；花柱线状，柱头2裂。蒴果通常圆柱形或棒状，具8~16粒种子，具珠柄钩；种子卵形、卵圆形或近圆形，压扁，通常被吸湿性贴伏柔毛。

本属有4种，主要分布于亚洲大陆。我国植物园有2种，均为本土物种，产广西、云南，其中1种为我国特有植物。

恋岩花属分种检索表

1a. 灌木；茎四棱形；二歧聚伞花序生于近顶端的叶腋处；花黄色 ……… 26. **黄花恋岩花 E. lofouensis**
1b. 草本；茎圆柱形；聚伞花序腋生或花单生叶腋；花淡蓝紫色 ……………… 27. **长柄恋岩花 E. longipes**

26 黄花恋岩花

Echinacanthus lofouensis (H. Lév.) J. R. I. Wood, Edinburgh J. Bot. 51(2): 186. 1994.

自然分布

我国特有，产广西、贵州。生于海拔500~1000m石灰岩山坡地和林下。

迁地栽培形态特点

灌木，高70~150cm；全株密被柔毛。

茎 四棱形，稍具沟槽，节处稍扁平。

叶 叶片披针形、狭卵状披针形，长6~9cm，宽1.9~3cm，顶端长渐尖至尾尖，全缘，基部楔形、狭楔形，稍下延，侧脉每边5~6条，叶面深绿色，背面浅绿色；叶柄长0.5~1.5cm。

花 花序二歧聚伞状，生于近枝顶的叶腋处；苞片叶状，卵形，长1.8~2.2cm，宽约1cm，两面密被柔毛；小苞片2枚，倒狭卵状匙形至披针形，长3~5mm，宽1~1.2mm；花萼狭筒状，稍开展，长1.1~1.4cm，萼裂片5枚，线状披针形，长0.9~1.1cm，等大或近等大，两面密被柔毛；花长3.5~4cm，黄色，冠管圆柱形，长2.8~3.2mm，喉部狭漏斗状，稍弯曲，冠檐5裂，裂片阔卵形至卵圆形，长5~6.5mm，宽6~7mm，等大，顶端圆或微凹；雄蕊4枚，2长2短，花丝分别长1~1.2cm和0.8~0.9cm，棕黄色，连同花药被白色长髯毛，花药卵形，乳白色，2室，略不等高，基部各具1枚短距；子房圆柱状锥形，长2.2~2.4mm，外面密被白色柔毛，花柱长3~3.2cm，被柔毛，近顶端稍弯曲。

果 蒴果长圆形，长1.5~1.8cm，外面密被柔毛。

引种信息

桂林植物园 引种年份不详，引自广西河池、南丹；生长状态良好。

物候

桂林植物园 11月下旬展叶期，翌年2月上旬展叶末期，2月中旬现蕾期，3月上旬始花期，3月中旬至4月中旬盛花期，4月下旬花末期。

迁地栽培要点

喜温暖、湿润、半荫蔽的生长环境，石灰岩山地物种，但在稍酸性土壤中也能生长状态良好，耐修剪。

主要用途

全草入药，具有接骨、消肿的功效，用于治疗骨折。

用作林下地被植物和庭院观赏植物，可片植、丛植，也可与其他植物进行配置或石块旁边点缀。

27 长柄恋岩花

Echinacanthus longipes H.S.Lo et D.Fang, Acta Bot. Yunnan. 7: 138-139. 1985.

华南植物园栽培

自然分布

我国产广西、云南。生于海拔500~2000m石灰岩山林下。越南也有分布。

迁地栽培形态特点

多年生草本，高10~20cm。

茎 圆柱形，稍肉质，密被短柔毛，基部常匍匐。

叶 叶片卵形至卵状椭圆形，长3~4.5cm，宽1.8~2.6cm，顶端渐尖，稍具尾尖，全缘或稍波状，有时稍向下反卷，基部圆形至心形，不对称，侧脉每边5~6条，叶面被糙柔毛，背面密被短柔毛；叶柄长2~3.5cm，密被短柔毛。

花 花单生叶腋或聚伞花序腋生，花梗长1.5~2cm，被紫红色短柔毛；小苞片2枚，卵形至卵状披针形，长8~10mm，上面被糙柔毛，背面被短柔毛，脉上尤甚；花梗长2~4mm，密被紫红色短柔毛；花萼长1.1~1.4cm，5深裂，裂片线形，不等大，具1条中脉，两面密被短柔毛，花长3.5~4cm，花冠淡紫色至淡蓝色，外面无毛，冠檐裂片5枚，长圆形；雄蕊4枚，花丝长约4mm，花药2室，纵裂，基部各具一枚长距；子房长3~4mm，密被白色短柔毛，花柱长3~3.2cm，密被短柔毛，顶端不等2裂。

🔵 果　蒴果棒状圆柱形，长约2.5cm，外面密被短柔毛，花萼宿存，长约2.5cm，具种子16粒；种子卵圆形，凸透镜状，长2~2.2mm，宽1.5~1.8mm，棕褐色。

引种信息

华南植物园　登录号20170784，2016年引自云南文山西畴县；生长状态一般。

物候

华南植物园　棚内栽培，花期1~4月，花量少，盛花期不明显；果实3~5月。

迁地栽培要点

喜潮湿、稍荫蔽的环境。

主要用途

观赏性好，可推广用于林下地被植物和庭园美化。

喜花草属
Eranthemum L., Sp. Pl. 1: 9. 1753.

多年生草本或小灌木；具钟乳体。茎通常直立。叶对生，叶片椭圆形、卵形至披针形，边缘通常全缘、浅波状或具圆齿，具叶柄。穗状花序或多枝组成圆锥花序，顶生或近顶端腋生；苞片大，长于花萼，有时具绿白相间斑纹；小苞片小而狭，短于花萼；花萼5深裂，裂片狭，近等大；花冠高脚碟状，冠管细长；喉部短或不明显，冠檐5裂，裂片倒卵形或近圆形，近相等；雄蕊2枚，着生于喉部下方，花药2室，药室平行，花粉粒圆球形，3孔，具蜂窝状纹饰，纹孔中具小凸起；退化雄蕊2枚，棒状或丝状；子房2室，每室有2胚珠，花柱有毛或无毛，柱头不等2裂。蒴果具柄，最多具4粒种子，具珠柄钩；种子卵圆形或卵形，两侧压扁，通常被吸湿性贴伏短柔毛。

本属有15种，分布于亚洲热带至亚热带地区。我国植物园栽培有3种，其中2种为本土物种，产华南、西南等地，1种为我国特有物种；另1种为引入栽培。

喜花草属分种检索表

1a. 苞片、小苞片、花萼被头状腺毛··30. 云南可爱花 *E. tetragonum*
1b. 苞片、小苞片不被头状腺毛。
   2a. 苞片疏被短柔毛，边缘具缘毛··28. 华南可爱花 *E. austrosinense*
   2b. 苞片被微柔毛，边缘无缘毛··29. 喜花草 *E. pulchellum*

28
华南可爱花

Eranthemum austrosinense H. S. Lo, Acta Phytotax. Sin. 17(4): 85. 1979.

自然分布

我国特有，产广东、广西、贵州、云南。生于海拔100~700m的灌丛中或山谷林下。

迁地栽培形态特点

多年生草本，高40~70cm。

茎 四棱形，密被弯曲白色至淡棕色柔毛，棱上疏被长柔毛，后脱落，节稍膨大，稍带紫红色，老时具气孔状凸起，稍木质化。

叶 叶片长椭圆形至卵形，长5~11cm，宽2.3~5.5cm，顶端渐尖，有时具短尾尖，边缘稍浅波状或近全缘，基部楔形，稍下延，侧脉每边4~6条，叶面仅脉上被短柔毛，背面被短柔毛，脉上尤甚；叶脉长1~3cm，密被短柔毛。

花 穗状花序顶生和近枝顶腋生，长8~12cm，花序轴长4~7cm，四棱形，密被柔毛，棱上被长柔毛；总苞片、苞片具绿白相间的脉纹，疏被短柔毛，脉上被弯曲柔毛，边缘被长缘毛；总苞片卵形至卵形披针形，长2.5~4cm，宽1.1~1.5cm；苞片覆瓦状排成4列，排列稍疏，卵形至倒卵状披针形，长2~2.5cm，宽0.8~1.2cm，边缘被长缘毛；小苞片披针形至狭卵状披针形，长4~5mm，宽1.5~1.6mm，膜质，白色，被微柔毛，具1条浅绿色的脉；花萼筒状，长5.5~6mm，裂片5枚，裂至中部，上部披针形，长约3mm，等大，膜质，白色，具1条淡绿色的脉，外面密被微柔毛，内面毛疏；花长3.5~4cm，花冠蓝紫色，高脚碟状，冠管细筒状，长约2.5cm，外面中上部被柔毛，喉部一侧稍扩大呈斜漏斗状，外面密被柔毛，冠檐5深裂，裂片倒卵圆形，顶端钝圆、截平或微凹，长6~7mm，宽7~8mm，近等大，外面疏被微柔毛，内面无毛，具深蓝色或紫红色网脉纹；雄蕊2枚，生于近喉部处，稍伸出冠筒，花丝长3~3.5mm，花药狭倒卵形，花药纵裂，花药黄色；子房圆柱状，长2.2~2.4mm，绿色，中上部密被柔毛，花柱长3.8~4cm，伸出雄蕊之上，白色，疏被刺状微毛。

果 蒴果长倒卵状披针形，长1.1~1.5cm，宽3.5~4.2mm，顶端渐尖，具小尖头，基部具柄，外面密被细柔毛，具种子4粒；种子卵圆形，扁平，长3.1~3.5mm，宽3~3.2mm，具小尖头，棕褐色，表面被贴伏柔毛，遇水开展。

引种信息

西双版纳热带植物园 本地原生种；生长状态良好。

华南植物园 登录号19930173，1993年引自广东鼎湖山；生长状态良好。登录号20160207，2016年引自仙湖植物园，生长状态良好。

厦门市园林植物园 引种信息不详；生长状态良好。

物候

西双版纳热带植物园 花期1月上旬至3月下旬，其中盛花期1月下旬至3月上旬；果期2月至5月上旬。

华南植物园 10月中旬现蕾期,翌年1月下旬至4月下旬花期,盛花期为2月中旬至3月下旬;果期从2月中旬至6月中旬;4月下旬重新萌蘖,但仍有少数花开。

厦门市园林植物园 11月上旬现蕾期,翌年2月下旬至3月上旬始花期,3月中旬至4月上中旬盛花期,4月下旬至5月上旬末花期;果期3月下旬至5月中旬。

迁地栽培要点

喜温暖、湿润、半荫蔽的栽培环境,稍耐旱。

主要用途

用作林下地被植物,观赏性强,用于园林绿化、庭院观赏。

药用植物,根可入药,用于治疗风湿关节痛、骨痛。

29
喜花草

别名: 可爱花

Eranthemum pulchellum Andrews, Bot. Repos. 2: t. 88. 1800.

华南植物园栽培

自然分布

原产印度及热带喜马拉雅地区。我国华南、西南部分城市或植物园有栽培。

迁地栽培形态特点

多年生草本至灌木，高1~1.5m；幼茎、叶被微柔毛，后仅叶脉疏被微柔毛或近无毛。

🌱 四棱形，具狭翅，节稍膨大，老时近圆柱形或微具四棱，木质化，常具皮孔状凸起。

🍃 叶片卵形至卵状椭圆形，长12~20cm，宽5~8cm，顶端长渐尖，具尾尖，边缘近全缘或具不明显浅齿，基部楔形至阔楔形，下延成翅，侧脉每边9~12条，明显；叶柄长1.5~4cm，被微柔毛或无毛。

🌸 穗状花序顶生和近枝顶腋生，排成复圆锥花序；穗状花序长5~10cm，花序轴长1.5~6cm，密被微柔毛，下部具一对叶状总苞片，卵形，长1.5~4.2cm，宽1.3~2cm，被微柔毛；苞片覆瓦状排成4列，密集，卵形、卵状披针形至倒卵状披针形，长1.4~2.5cm，宽0.6~0.8cm，顶端渐尖，具长尖头，基部柄增宽、增厚，具绿、白色相间的脉纹，外面被微柔毛，内面毛疏，边缘无缘毛和腺毛，最下部一对苞片常叶状，顶端长渐尖，具尾尖；小苞片2枚，披针形，长6~7mm，宽1.3~1.5mm，膜质，白色，无毛；花萼筒状，长8~8.5mm，上部5裂，裂片卵状披针形，长2.3~2.5mm，近等大；花长3.2~4cm，花冠蓝色，高脚碟状，冠管细筒状，长2.2~2.5cm，外面被微柔毛或近无毛，喉部稍扩大，冠檐5深裂，裂片倒卵圆形，长7~8.5mm，宽6~7.5mm，等大，顶端圆形或微凹；雄蕊2枚，生于冠筒喉部，花丝长1~1.2cm，伸出冠筒，外露，花药狭卵形，长约3mm，2室，纵裂；子房狭卵状锥形，长2~2.2mm，黄绿色，无毛，花柱长约4cm，无毛，白色。

🍎 蒴果倒卵形，长1.3~1.6cm，顶端渐尖，具尖头，基部具柄，干时棕黄色，无毛，具4粒种子；种子卵圆形，长2.5~3mm，宽2~2.5mm，扁平，外面被贴伏微柔毛。

引种信息

西双版纳热带植物园　登录号38,2002,0053，2002年引自泰国曼谷；生长状态良好。

华南植物园　登录号19561239，来源地不详；生长状态良好。

厦门市园林植物园　来源地不详；生长状态良好。

桂林植物园　引种年份不详，引自广西桂林；生长状态良好。

物候

西双版纳热带植物园　10月上旬现蕾期，10月中旬至翌年5月上旬花期，盛花期为12月中旬至翌年3月下旬。

华南植物园　11月下旬至12月上旬现蕾期，12月下旬至翌年1月上旬始花期，2月上旬至3月下旬盛花期，4月上旬花末期；果期2~4月，但果实结实率低，种子常不育；4月中、下旬萌蘖期。

厦门市园林植物园　11~12月现蕾期，12月始花期，翌年1月下旬至4月中旬盛花期，4月下旬至5月下旬花末期；未见结果。

桂林植物园　10月中旬现蕾期，12月中旬始花期，12月下旬盛花期，翌年4月中旬花末期。

迁地栽培要点

喜温暖、湿润，但花期遇梅雨季节则花序长霉、花蕾脱落，全日照、半日照均可。

主要用途

观赏性强，用于园林绿化、美化和庭园观赏，适合片植、花境配置。

根、叶入药，具有清热解毒、散瘀消肿，用于治疗跌打损伤、风湿骨痛、肿痛、肿块等症。

厦门市园林植物园栽培　　桂林植物园栽培作林下地被

武汉植物园温室栽培　　上海辰山植物园温室栽培

始花期　　盛花期

30 云南可爱花

Eranthemum tetragonum Wall. ex Nees, Pl. Asiat. Rar. 3: 106. 1832.

西双版纳热带植物园栽培作林下地被植物

自然分布

我国产云南。生于海拔400～800m的林下或灌丛中。柬埔寨、老挝、缅甸、泰国、越南也有分布。

迁地栽培形态特点

多年生草本，高50～70cm。

🌿**茎** 直立或外倾，四棱形，幼时被柔毛，棱上被毛尤甚，后毛渐脱落，节膨大，常带紫红色。

🍃**叶** 叶片狭卵状披针形至披针形，长6～8cm，宽1.5～2.2cm，顶端长渐尖至尾尖，边缘近全缘或稍波状，基部狭楔形下延，侧脉每边4～6条，叶面疏被柔毛或无毛，背面被微柔毛，脉上尤甚；叶柄长1～2cm，被柔毛。

🌸**花** 穗状花序长5～10cm，顶生和近顶端腋生，组成聚伞状，花序轴、总苞片、苞片、小苞片、萼片和花冠外面均被柔毛和头状腺毛，总苞片、苞片均为绿色（无绿白相间的脉纹）；花序轴长0.5~1.5cm，不分枝，下方的一对总苞片叶状，狭卵状披针形，长1.5~2.5cm，宽4~6mm，常不等大，顶端长渐尖，具尾尖；苞片覆瓦状排成4列，排列紧密，卵形、卵状披针形至狭卵状披针形，长1.5~2cm，宽5~7mm，向上渐小，背面被柔毛和头状腺毛，边缘具缘毛和头状腺毛，内面被微柔毛或毛疏，脉纹明显，中脉稍粗，近基部增粗；小苞片2枚，条形至狭披针形，长7~8mm，宽1.2~1.5mm，等大，膜质，白色，具1条绿色的脉；花萼筒状，长6.5~7mm，裂片5枚，条形至线状披针形，长4.5~5mm，膜质，近等大，外面毛被稍密，白色，近两端带淡绿色，具1条透明的中脉；花长3.5~4cm，花冠蓝紫色，高脚碟状，外面中上部被柔毛和头状腺毛，内面无毛，冠管细筒状，长2.8~3cm，喉部稍扩大，弯曲，冠檐5深裂，裂片倒卵形，长7~8mm，宽7.5~8mm，顶端微凹，内面无毛；雄蕊2枚，生于冠管喉部，不伸出，花丝白色，无毛，离生部分长1.5~2mm，花药狭卵形，纵裂，长2.8~3mm；子房近圆柱状锥形，长约3mm，绿色，仅近顶端疏被微柔毛，花柱长3~3.5cm，伸出，被微柔毛，淡紫蓝色，柱头稍扁平、弯曲。

果 蒴果倒卵状披针形，长1~1.2cm，干时棕褐色，顶端渐尖，具小尖头，基部具柄，外面被头状柔毛，具种子4粒；种子卵形至卵圆形，长2.2~2.5mm，宽1.8~2mm，具小尖头，褐色，被贴伏长柔毛，遇水开展。

引种信息

西双版纳热带植物园 本地原生种；生长状态良好。

仙湖植物园 引种年份不详，引自西双版纳热带植物园；生长状态较差。

华南植物园 登录号20160208，2016年引自仙湖植物园；生长状态较差。

物候

西双版纳热带植物园 上一年12月中旬现蕾期，1月中旬至3月下旬为花期，盛花期1月下旬至3月中旬；果期2~4月。

华南植物园 上一年12月下旬开始抽出花序轴，2月中旬至3月上旬为花期（数量不多，盛花期与始花、末花期之间的区别不明显）；2月下旬至4月中旬为果期；4月下旬开始重新萌蘖、展叶。

迁地栽培要点

喜温暖、潮湿、半荫蔽的栽培环境。

主要用途

可用作林下地被植物，适应性好，但株形稍散乱。

茎

叶

中国迁地栽培植物志·爵床科·喜花草属

花 | 花结构 | 果实 | 种子 | 果序

花序和花

134

网纹草属

Fittonia Coem., J. Gén. Hort. 15: 185–186. 1862-1865 [1865].

多年生矮小草本，具钟乳体。茎柔弱，被短柔毛或茸毛，通常基部匍匐生出不定根，上部直立。叶对生，叶片卵形至心形，顶端圆或钝尖，基部心形，边缘通常全缘或稍波状，叶面沿脉常具明显白色、粉色、红色或紫红色的斑彩或脉纹；叶具短柄。穗状花序顶生，纤细、直立；苞片卵形或圆形，覆瓦状排列，重叠，每个苞片内具一朵花；花萼5裂，裂片披针形，被纤毛；冠管长而纤细，冠檐开展，二唇形，上唇全缘，弯曲向前，下唇3裂，裂片通常下垂，稍反折；雄蕊2枚，内藏，着生于近喉部，花药2室，等大，基部无距。蒴果，最多具4粒种子。

本属由于其叶面多具鲜艳、醒目的斑纹，在园艺上应用广泛。在栽培上，喜温暖、潮湿、荫蔽的栽培环境。繁殖通常以扦插为主，亦可以通过种子繁殖。

本属有2种，主要分布于南美洲。我国植物园栽培有1种，为引入栽培。

31
网纹草

Fittonia albivenis (Lindl. ex Veitch) Brummitt, Curtis's Bot. Mag., New Ed. 182(4): 165. 1979

西双版纳热带植物园栽培

自然分布

原产秘鲁。我国各地有栽培。

迁地栽培形态特点

多年生草本，高10~20cm。

🌿茎 圆柱形，被长柔毛。

🌿叶 叶片卵形至卵状椭圆形，长3~7cm，宽2~4.8cm，顶端短渐尖至急尖，全缘，基部阔楔形至圆形，侧脉每边5~8条，叶面无毛，背面被短柔毛或近无毛，沿脉常具白色、红色网纹；叶柄长0.5~1.5cm，被长柔毛。

🌿花 穗状花序顶生，长5~12cm，花序轴密被白色长柔毛；苞片对生，覆瓦状排成4列，阔倒卵形、卵形至狭卵形，长0.4~1.1cm，宽3~8mm，两面密被短柔毛，边缘疏被长缘毛，具3~5条基出脉；小苞片2枚，狭卵状披针形，长约3mm，宽0.8~1mm，被短柔毛；花萼5深裂，裂片狭卵状披针形，长约4mm，外面被短柔毛，内面无毛；花长1.2~1.5cm，花冠淡黄色、乳白色，外面密被短柔毛，内面无毛，冠檐二唇形，上唇长椭圆形至条形，长5~6mm，顶端2齿裂，下唇开展，3深裂，裂片卵圆形，内面中间常具浅红色至红棕色脉纹；雄蕊2枚，花丝长4~4.5mm，花丝基部与冠管合生处各被1列白色柔毛，花药淡黄色，2室，纵裂；子房狭卵状圆锥形，长1~1.3mm，黄绿色，仅近顶端被微柔毛，花柱长1~1.1cm，近基部疏被几根刺状微柔毛。

果 未能观察到果实。

本种的叶形、叶色及脉纹多变，有多个栽培品种。

引种信息

西双版纳热带植物园 登录号00,1999,0012，1999年引自广东广州。生长状态良好。

厦门市园林植物园 引种信息不详；生长状态良好。

南京中山植物园 登录号20151102，2015年购买于花卉市场；生长状态良好。

物候

西双版纳热带植物园 大棚内栽培，始花期4月下旬至5月上旬，盛花期5月中旬至6月上旬，花末期6月中、下旬，未能观察到果实。

厦门市园林植物园 尚未观察到开花结果。

南京中山植物园 温室栽培，8月下旬现蕾期，9月上旬始花期，9月中旬至10月中旬盛花期，10月下旬末花期，未能观察到果实。

迁地栽培要点

喜温暖、湿润、半荫蔽的栽培环境，以肥沃、排水性良好的砂质壤土或壤土为佳。

主要用途

本种观赏性强，为良好的地被植物，亦可用于花境配置，适于片植、丛植和盆栽。

仙湖植物园栽培

中国科学院植物研究所北京植物园温室栽培

紫叶属

Graptophyllum Nees, Pl. Asiat. Rar. 3: 76, 102. 1832.

通常为亚灌木或灌木，具钟乳体。茎直立或倾斜，圆柱形或稍具四棱。叶对生，叶片通常椭圆形、倒卵状椭圆形，边缘通常全缘或具锯齿，叶面通常散布彩色斑块或沿脉、边缘具彩色斑纹；叶具短柄。聚伞花序腋生、或数朵聚生于茎上，有时单花腋生；苞片三角状披针形至线状披针形，被毛或无毛；小苞片2枚，与苞片类似，较小；花萼筒状，裂片5枚，线形至披针形，等大，被毛或无毛；花冠管状，通常紫色、红色至白色，冠管短，喉部斜漏斗状，冠檐二唇形，上唇2浅裂，下唇3深裂，裂片椭圆形至长圆形，开花时通常强烈反折甚至卷曲；雄蕊2枚，着生于冠管喉部，与冠管壁合生，伸出，花药2室，药室不等大，基部无距，有时具退化雄蕊2枚；子房锥形，通常无毛，花柱丝状，伸出，等高或稍高于花药。果为蒴果。

本属有10种，主要分布于大洋洲以及非洲西部。我国植物园栽培有1种，为引入栽培。

32 彩叶木

Graptophyllum pictum (L.) Griff., Not. Pl. Asiat. 4: 139–140. 1854.

华南植物园栽培品种 *G. pictum* 'Tricolor'

自然分布

原产新几内亚。我国部分植物园有栽培。

迁地栽培形态特点

灌木，高1~1.5m。

🌿 茎 近圆柱形或幼时稍具棱，节处稍扁平，无毛，老时木质化，黄棕色至灰褐色，表皮纵裂，裂成不规则条状，近基部的节上常生出不定根。

🌿 叶 叶片纸质至厚纸质，卵形、卵状椭圆形至阔卵形，长9~15cm，宽4~7.5cm，顶端渐尖至钝尖，具尾尖，边缘近全缘或稍波状，基部楔形至阔楔形，侧脉每边6~9条，叶面绿色，常布黄、灰绿色、紫红色斑纹或斑块；叶柄长0.8~1.5cm，无毛。

🌸 花 聚伞圆锥花序顶生或近顶端叶腋，长5~10cm，小花序常具1~3朵花；苞片三角状披针形，长2.8~3mm，宽约1.2mm；小苞片狭卵状披针形，长1.2~1.5mm，宽0.8~1mm；花梗长0.8~1.1cm，花萼钟状，5深裂，裂片线状披针形，长3~3.5mm，宽约1mm；苞片、小苞片、萼裂片近顶端被微毛；

花长3.5~4cm，花冠淡紫红色，冠筒喉部斜展，冠檐二唇形，上唇卵形，长1.1~1.2cm，顶端2浅裂，裂片卵圆形，下唇3深裂，裂片狭卵状长椭圆形，长1.2~1.4cm，宽4~5mm，近等大，内面被头状腺毛，外面光滑无毛（一般一朵花开2天，第一天裂片平展，第二天裂片强烈反折、皱缩）；雄蕊2枚，花丝长1.4~1.5cm，无毛，紫红色，花药紫褐色，狭卵状披针形，长3.8~4mm，2室，纵裂，具退化雄蕊2枚，长约0.6cm，无毛；子房细锥形，长3~3.2mm，黄绿色，无毛；花柱长2.8~3cm，紫红色，无毛。

🟣 果 未能观察到果实。

本种叶形、叶色多变，具多个栽培品种。

引种信息

西双版纳热带植物园 登录号38,2002,0583，2002年引自泰国；生长状态良好。

华南植物园 登录号20042510，2004年引自西双版纳热带植物园；生长状态良好。

物候

西双版纳热带植物园 花期6月上旬始花期，6月下旬花末期，花量不大。

华南植物园 花期5~11月，花不多，盛花期不明显；未能观察到果实。

迁地栽培要点

本种喜温暖、湿润的栽培环境，不耐寒，全日照、半日照均可。

主要用途

本种四季常绿，叶片或具多彩变幻的斑块，为优良的园林绿化花卉和观叶植物。

叶片外用可以消炎，治疗伤口及溃疡、蝎子蜇和无名肿胀等。

上海辰山植物园温室栽培品种 *G. pictum* 'Alba Variegata'

裸柱草属
Gymnostachyum Nees, Pl. Asiat. Rar. 3: 76, 106. 1832.

多年生草本或矮小灌木，具钟乳体。叶对生于直立茎上或近基生，叶片通常全缘，具叶柄。花序顶生或腋生，总状或聚伞圆锥花序；苞片、小苞片小，通常短于花萼；花萼小，5深裂，裂片近等大，线形或线状披针形；花冠管圆筒状，通常长于冠檐，喉部肿大，多少远离冠管基部；冠檐二唇形，上唇2齿裂至2裂，下唇3裂，冠檐裂片在花蕾期覆瓦状排列；雄蕊2枚，着生于冠管中下部，内藏，花药2室，药室平行，基部具短尖头；无退化雄蕊；子房2室，每室有3至多粒胚珠；柱头2浅裂，裂片扁平。蒴果线形，具四棱，具种子多数，具珠柄钩；种子卵圆形，压扁，具吸湿性短柔毛。

本属约有30种，分布于亚洲热带地区。我国植物园栽培有2种，为本土物种，产广西，均为我国特有物种。

裸柱草属分种检索表

1a. 叶片顶端渐尖至钝尖；小聚伞花序具梗，梗长2~7mm；苞片、小苞片、花萼被粉状柔毛；花冠外面被微柔毛和头状腺毛；冠管长约为冠檐的2倍 ·················· 33. 广西裸柱草 *G. kwangsiense*
1b. 叶片顶端圆形或微凹；小聚伞花序近无梗；苞片、小苞片密被微柔毛，花萼被微柔毛和短腺毛；花冠外面密被短柔毛；冠管长约为冠檐的3倍 ·················· 34. 矮裸柱草 *G. subrosulatum*

33 广西裸柱草

Gymnostachyum kwangsiense H. S. Lo, Acta Phytotax. Sin. 17 (4): 86, pl. 4, f. 4. 1979.

自然分布

我国特有，产广西。生于海拔200～600m的石灰岩丘陵。

迁地栽培形态特点

多年生草本，高40～50cm。

🌱 **茎** 四棱形，被短柔毛，节间短缩，多结节，具叶痕。

🍃 **叶** 排列呈莲座状，叶片厚纸质，卵形、阔卵形至卵状椭圆形，长10～18cm，宽7～11cm，顶端渐尖至钝尖，边缘近全缘或呈不明浅波状，基部深心形至耳状重叠，侧脉每边6～8条，叶面疏被微柔毛，脉上被毛明显，背面被微柔毛，脉上尤甚；叶柄长4-10.5cm，被微柔毛。

🌸 **花** 聚伞圆锥花序顶生，总花梗长8～13cm，被短柔毛，具一对钻形的总苞片，长1.2～1.8mm，被微柔毛和腺毛；小花序具梗，密被短柔毛；苞片线形，长1～1.2mm；小苞片2枚，三角状披针形，长0.8～1mm；花萼筒状，长3.2～4mm，萼裂片5枚，线状披针形，等大，长2.5～2.8mm，染红褐色，苞片、小苞片、萼裂片被粉状柔毛；花长1.4～1.5cm，花冠淡黄绿色，外面被微柔毛和疏被腺毛，冠檐二唇形，上唇宽卵形，长约5mm，宽6～6.5mm，顶端2微裂，下唇中部凸起呈囊状，顶端3深裂，裂片条形，长约3mm，中间裂片稍宽，约1.5mm，两侧裂片宽1～1.1mm，带橘黄色；雄蕊2枚，生于冠管中部，花丝淡黄绿色，长约6mm，无毛，花药2室，线状狭椭圆形，乳白色，长约3mm，基部各具一枚距；子房长约2mm，密被微柔毛，花柱长约1.2cm，白色，被刺状微毛。

🍎 **果** 未能观察到果实。

引种信息

华南植物园 登录号20190074，2017年引自广西龙州；生长状态良好。

物候

华南植物园 棚内栽培，花期5月上旬至7月下旬，其中盛花期5月下旬至7月上旬；未见结果实。

迁地栽培要点

喜温暖、湿润，稍耐旱，以肥沃、疏松、排水性好的壤土和砂质壤土为宜。

主要用途

全草入药，用于治疗跌打损伤、风湿骨痛。

用作林下地被植物或庭园观赏植物，点缀在石块或路旁，宜丛植。

34 矮裸柱草

Gymnostachyum subrosulatum H. S. Lo, Acta Phytotax. Sin. 17 (4): 86, pl. 4, f. 3. 1979.

桂林植物园栽培　　叶和果序　　花序

自然分布

我国特有，产广西。生于海拔200~600m的石灰岩丘陵。

迁地栽培形态特点

多年生草本，高25~45cm。

茎　短缩，多结节，具分枝。

叶　排列呈莲座状，叶片纸质，阔卵形或近圆形，长7~15cm，宽4.2~10cm，顶端圆形至微凹，边缘稍波状，基部心形或圆形，侧脉每边5~7条，叶面无毛，背面疏被短柔毛或近无毛，脉上毛被稍明显；叶柄长3.5~12cm，被短柔毛。

花　聚伞圆锥花序顶生，长10~25cm，花序轴被短柔毛，小花序具3至10朵花；苞片、小苞片线状披针形，长1.5~2.5mm，密被微柔毛；花萼筒状，长2.5~3mm，被微柔毛和腺毛，萼裂片5枚，线状披针形，长2~2.5mm；花长1.1~1.3cm，花冠淡黄绿色，外面密被短柔毛，冠檐二唇形，上唇阔卵形，长3.5~4.5mm，宽4~5mm，内面密具紫色细斑点，顶端2齿裂，下唇阔卵形，与上唇近等大，反折，内面中部具2枚囊状凸起，顶端3浅裂，裂片卵圆形，中间裂片稍大；雄蕊2枚，花丝长4~5mm，无毛，花药线形，无毛，基部具一枚距；子房表面被微柔毛，花柱长约6.5mm，被刺状微柔毛。

果 蒴果线形，长1.3~1.5cm，稍弯曲，幼时表面密被短柔毛，后毛渐脱落，具种子8~10粒；种子不规则四边形至卵形，长0.8~1.1mm，宽0.6~0.8mm，黑褐色。

引种信息

桂林植物园 引种年份不详，引自广西龙州；生长状态良好。

物候

桂林植物园 3月下旬现蕾期，5月下旬始花期，6月下旬至9月上旬盛花期，9月中、下旬为花末期；果期7月下旬至10月下旬。

迁地栽培要点

喜温暖、湿润、半荫蔽的栽培环境，稍耐旱。

主要用途

可用作林下地被植物，亦可用于园林绿化、庭院观赏，适于丛植和石块旁边点缀。

水蓑衣属
Hygrophila R. Br. Prodr. 479. 1810.

一年生或多年生草本，水生或湿生；具钟乳体。叶对生，叶片通常全缘、波状或具不明显小齿。花无梗，顶生或2至多朵簇生于叶腋；花萼筒状，5裂，裂至中部，裂片等大或近等大；冠管筒状，喉部通常一侧膨大，冠檐二唇形，上唇直立，2浅裂或齿裂，下唇近直立或稍伸展，顶端3浅裂，中部具喉凸，裂片在花蕾期旋转状排列；雄蕊4枚，2长2短，着生于花冠喉部，两花丝基部常相连，花药2室，等大，中下部常分开，基部无附属物或有时具不明显短尖；子房2室，每室有4至多枚胚珠，花柱线状，柱头通常不等2裂或后裂片缺。蒴果圆筒状或长圆形，具种子8至多粒，具珠柄钩；种子宽卵形或近圆形，两侧压扁，被吸湿性贴伏长毛。

全属约100种，主要分布于热带和亚热带地区。我国植物园栽培4种，3种为本土物种，主要产华南、东南和西南等地，其中1种为我国特有物种；另有1种为引入栽培。

本属植物水蓑衣具有抗肿瘤和保肝作用。

水蓑衣属分种检索表

1a. 叶片异型；全株密被腺毛···35. 异叶水蓑衣 *H. difformis*
1b. 叶片非异型；植株不被腺毛。
  2a. 叶片两面被硬糙毛，脉上尤甚·····································36. 小叶水蓑衣 *H. erecta*
  2b. 叶片两面无毛、近无毛或仅幼时疏被柔毛。
    3a. 花常1~3朵聚生于叶腋处；花大，长2.5~3cm·······37. 大花水蓑衣 *H. megalantha*
    3b. 花常2~7朵聚生于叶腋处；花小，长1~1.3cm·················38. 水蓑衣 *H. ringens*

35 异叶水蓑衣

别名： 水罗兰

Hygrophila difformis Blume, Bijdr. 10: 803-804. 1826.

自然分布

原产印度及东南亚地区。我国部分植物园有栽培。

迁地栽培形态特点

多年生水生草本，高25~35cm。全株密被腺毛，沉水茎、羽状裂叶疏被毛至无毛。

茎 圆柱形，幼时稍具四棱，基部常匍匐，节上生不定根，常带紫红色。

叶 叶片纸质，卵圆形至倒卵圆形，长3~6cm，宽2~3.3cm，顶端钝尖或稍圆，边缘具锯齿或羽状5~7深裂（夏季叶常为羽状裂叶），基部阔楔形，稍下延，侧脉每边5~7条；叶柄长1~6mm，被柔毛。

花 花单生叶腋，具花梗，花梗常带紫红色，长2~10mm，具对生的叶状小苞片2枚，卵圆形或倒卵形，长8~11mm，宽5~8mm，边缘具锯齿；花萼筒状，长9~10mm，裂片5枚，披针形，长约7~8mm，近等大，仅下部联合；花长1.3~1.5cm，花冠淡蓝紫色至淡紫色，外面密被短柔毛，喉部漏斗形，冠檐二唇形，上唇三角状卵形，长7~8mm，宽约6mm，顶端2裂，裂片条形，下唇阔卵形，长8~9mm，宽约9mm，反折，内面具蓝紫色网纹状脉纹，中下部疏被棕黄色髯毛，顶端3浅裂，裂片圆形，中间裂片大；雄蕊4枚，2长2短，花丝分别长5~6mm和2.5~3mm，长的花丝仅中下部疏被短柔毛，短的无毛，花药2室，狭卵形，熟时纵裂；子房狭卵状锥形，长约3mm，黄绿色至绿色，密被短柔毛，花柱长8~10mm，白色，被柔毛。

果 未能观察到果实。

引种信息

华南植物园 登录号20082632，2008年引自武汉植物园；生长状态良好。

物候

华南植物园 10月中、下旬现蕾期，11月上旬至翌年2月上旬始花期，2月中旬至5月上旬盛花期，5月中旬至6月下旬花末期；未观察到果实。

迁地栽培要点

喜温暖、湿润的栽培环境，喜阳光充足，稍耐寒。

主要用途

观赏性好，可用于水体及水体边缘的绿化、美化。通过观察，该种生长较快，适应性好，不确定其在野外栽培时是否对本地水生环境有入侵影响，宜控制使用。

中国迁地栽培植物志·爵床科·水蓑衣属

36 小叶水蓑衣

Hygrophila erecta (Burm. f.) Hochr., Candollea. 5: 230. 1934.

自然分布

我国产广东、广西、海南、云南。生于海拔1000m以下的田野边、沟边等潮湿的地方。印度、老挝、缅甸、泰国、越南也有分布。

迁地栽培形态特点

多年生草本，高20~40cm。

🌿**茎** 四棱形，具沟槽，被硬糙毛，节上被睫毛状柔毛。

🌿**叶** 叶片纸质，椭圆形、长椭圆形、狭椭圆状披针形至披针形，长2~10cm，宽1.3~3.5cm，顶端渐尖至钝尖，边缘全缘或稍波状，基部狭楔形至楔形，下延几至基部，侧脉每边7~12条，两面被硬糙毛，脉上尤甚；叶柄长0~4mm，密被硬糙毛。

🌿**花** 花3~5（~7）朵簇生于叶腋处，花无梗；苞片狭卵状椭圆形至椭圆状披针形，长6~8mm，外面密被白色纤毛，内面无毛；小苞片线状披针形至线形，长4~5mm，外面被白色纤毛；花萼筒状，膜质，长5~7mm，果期增大至8~10mm，5深裂，裂片线状披针形，被白色糙毛和柔毛，边缘被缘毛；花长1~1.5cm，淡紫色，外面被短柔毛，冠管圆柱形，长3~4mm，喉部渐扩大；冠檐二唇形，上唇三角状卵形，顶端2浅裂，下唇长圆形，3中裂，中间裂片稍大；雄蕊4枚，2长2短，长的花丝长5~6mm，短的花丝细小，长约2mm，均无毛；子房无毛或近无毛，花柱长8~9mm，被刺状微毛。

🌿**果** 蒴果长1.2~1.5cm，向两端渐尖，无毛；种子长1.2~1.5mm，宽约1mm，黑褐色，被短柔毛。

引种信息

华南植物园 登录号20170989，2017年引自厦门市园林植物园；生长状态一般。

厦门市园林植物园 登录号20170406，2017年引自海南；生长状态良好。

物候

华南植物园 棚内栽培，全年零星有花开，其中盛花期4~5月、10~11月；果期近全年。

厦门市园林植物园 3月现蕾期，4月上旬始花期，4月中、下旬至5月、10~11月盛花期，12月花末期；果期5月至翌年1月。

迁地栽培要点

喜温暖、湿润、半荫蔽的栽培环境，以肥沃、疏松、排水性好的壤土和砂质壤土为宜。

主要用途

用于水边、石头旁边的绿化及点缀。

37
大花水蓑衣

Hygrophila megalantha Merr., Philipp. J. Sci. 12 (2): 110. 1917.

华南植物园栽培

自然分布

我国特有，产广东、香港、福建。生于江边的湿地上。

迁地栽培形态特点

多年生草本，高30～60cm。

🌿 茎 四棱形，幼时仅节处疏被柔毛，后毛渐脱落。

叶 叶片厚纸质至薄革质，倒卵形、倒卵状披针形至倒卵状椭圆形，长3～8cm，宽1.5～2.6cm，顶端钝尖至渐尖，边缘稍波状或全缘，基部楔形、狭楔形，下延，侧脉每边5～8条，两面仅幼时背面脉上疏被柔毛，后无毛；无柄。

花 花1～3（～5）生于叶腋，无柄；苞片狭卵状披针形，长0.5～1.2cm，宽1～4mm，顶端钝，疏被微柔毛；小苞片狭披针形至线形，长约5mm，花萼筒状，长0.9～1.1cm（果期增大至1.3～1.5cm），裂片线状披针形，裂至2/5至1/2处，不等大，被短柔毛；花长2.5～3cm，花冠淡紫色至蓝紫色，外面被柔毛，冠檐二唇形，上唇卵圆形，顶端2-3齿裂，下唇长卵圆形，具深紫色脉纹，喉凸具长柔毛，近顶端3中裂，反折；雄蕊4枚，2强，花丝长的约1cm，短的仅约4mm，无毛，花药长椭圆形；子房长3～3.2mm，无毛，花柱长约2.5cm，疏被刺状柔毛。

果 蒴果棒状，长1.8～2.2cm，向两端渐尖，无毛，具种子14～18粒；种子卵圆形，长约2mm，宽1.2～1.4mm，密被柔毛。

本种与水蓑衣相近，除了花、果大小不同，叶片形状、质地和一些具体的性状不同，病虫害防治及药用方面也不相同，因此建议保留该种。

引种信息

华南植物园 登录号20082634，2008年引自武汉植物园；生长状态良好。

物候

华南植物园 现蕾期8月下旬至9月上旬，花期9月中旬至12月中旬，其中盛花期10月中旬至11月中旬；果期10月至翌年1月上旬；翌年1～2月，地上部分渐枯萎，3月中旬开始重新萌蘖。

迁地栽培要点

喜温暖、潮湿的栽培环境，喜阳光充足，不耐寒、不耐旱。

主要用途

用于水边及潮湿处的绿化、美化。

茎、叶　　茎

38
水蓑衣

Hygrophila ringens (L.) R. Br. ex Spreng., Syst. Veg. [Sprengel] 2: 828. 1825.

自然分布

我国产东南、华南、西南等地。生于海拔1000m以下的溪沟边、洼地或潮湿的地方。南亚、东南亚、日本也有分布。

迁地栽培形态特点

多年生草本，高30~40cm。

🌱 茎 四棱形，幼时被柔毛，后无毛。

🍃 叶 叶片披针形、狭披针形、长椭圆形至线形，长3~7cm，宽1~1.8cm，顶端渐尖，边缘稍波状或近全缘，基部楔形，下延，侧脉每边9~11条，叶面仅幼时疏被微柔毛，背面脉上被毛稍明显，后无毛；无柄。

🌸 花 花单生叶腋或2~8朵簇生叶腋，无梗；苞片、小苞片外面被短柔毛；苞片卵形至狭卵状披针形，长2.5~3mm；小苞片线状披针形至线形，长3.5~4mm；花萼长6~7mm，裂片5枚，披针形，裂至约1/2处，稍不等大，被柔毛，边缘被缘毛；花长1~1.3cm，花冠蓝紫色至淡紫色，外面被柔毛，上唇卵状三角形，顶端2齿裂，下唇长圆形，喉凸具长柔毛，顶端3中裂，稍反折；雄蕊4枚，2强，长的花丝约为短的2倍，花丝无毛，花药长椭圆形；子房无毛，花柱长约1cm，被刺状柔毛。

🍎 果 蒴果狭长圆形，长0.9~1.1cm，干时褐色，无毛，具种子10~18粒；种子卵圆形至长圆形，长1~1.2mm，宽0.5~0.7mm，灰棕色，被短柔毛。

引种信息

西双版纳热带植物园 登录号00,2002,2686，2002年引自广西百色市；生长状态良好。

华南植物园 登录号20115676，2011年引自武汉植物园；生长状态良好。本地原生种，生长状态良好。

峨眉山生物站 登录号07-0419-EM，本地原生种；生长状态良好。

南京中山植物园 本地原生种；生长状态良好。

物候

西双版纳热带植物园 9月中旬现蕾期，花期9月中旬至翌年1月下旬，其中盛花期9月下旬至12月中旬；果期9月至翌年3月。

华南植物园 9月中、上旬现蕾期，花期9月下旬至11月上旬，其中盛花期10月；果期10~11月；12月至翌年2月，地上部分渐枯萎，3~4月重新萌蘖。

南京中山植物园 4月上旬开始展叶，4月下旬展叶末期，8月中旬现蕾期，9月上旬始花期，9月中、下旬盛花期，10月上、中旬花末期；果期9月中旬至11月中旬。

迁地栽培要点

喜温暖、湿润、半荫蔽的栽培环境。

主要用途

用于水边、石块的绿化、点缀。

根据《海南植物志》记载，本种全草入药，有健胃消食、清热消肿、化瘀止痛之功效，用于治疗咽喉炎、乳腺炎、百日咳、吐血、跌打损伤、骨折、毒蛇咬伤、无名肿痛、痈肿、恶疮等，本种具有抗肿瘤、保肝的作用。

枪刀药属

Hypoestes Sol. ex R. Br., Prodr. 474. 1810.

灌木或多年生草本，具钟乳体。茎倾斜或直立。叶对生，叶片通常全缘或具锯齿。穗状花序腋生，或由数个头状花序组成聚伞花序，头状花序通常无总花梗；小苞片通常4枚，合生成筒状或分离，内有1至数朵花，通常仅1朵发育，其余的小花退化，具残存的花萼和小苞片；花萼小，膜质，通常藏于总苞片内，5裂，裂片等大，通常线形或线状披针形；花冠粉红色、略带紫色或白色，冠管细柱状，扭转，喉部稍扩大，冠檐二唇形，上唇（位于下方）全缘或2浅裂，下唇（位于上方）阔，伸展或外弯，3浅裂或裂至中部，裂片在花蕾期覆瓦状排列；雄蕊2枚，着生于花冠喉部，伸出，通常较冠檐短，花药1室，基部无附属物；子房2室，每室具2粒胚珠，花柱丝状，柱头全缘或2裂。蒴果通常长圆形，具柄，最多具种子4粒，具珠柄钩；种子近圆形，两侧呈压扁状，光滑或表面具小疣点。

本属约150种，主要分布于旧世界的东半球热带地区，以马达加斯加分布最多，非洲南部、喜马拉雅山脉、大洋洲也有分布。我国植物园栽培有4种，3种为本土物种，产华南、西南和东南部分省区市；1种为引入栽培。

由马达加斯加引入的红点草 *H. phyllostachya*，可栽培观赏或作抗肿瘤药物。

枪刀药属分种检索表

1a. 小苞片不联合成筒状 ·· 39. 枪刀菜 *H. cumingiana*
1b. 小苞片多少联合成筒状。
  2a. 小苞片4枚，2轮，对生，仅外方的1对中下方合生成管状 ············· 42. 三花枪刀药 *H. triflora*
  2b. 小苞片4枚，2轮，合生成筒。
    3a. 叶面散布红色细斑点；复聚伞花序短缩，近头状；小苞片中下部联合成筒状，裂至中部以下
    ·· 40. 红点草 *H. phyllostachya*
    3b. 叶面无彩色斑点；多个聚伞花序排成穗状；小苞片中部以上联合成筒状，裂至中部以上 ······
    ·· 41. 枪刀药 *H. purpurea*

39 枪刀菜

Hypoestes cumingiana (Nees) Benth. et Hook. f., Gen. Pl. 2 (2): 1122. 1876.

厦门市园林植物园栽培

自然分布

我国产台湾。生于海拔100～500m的坡地、溪边。菲律宾也有分布。

迁地栽培形态特点

多年生草本，高0.5～0.8m。

🟣 茎 近圆柱形，具6条棱，被微柔毛，节稍膨大，基部匍匐，节上生不定根。

🟣 叶 叶片纸质，卵状长圆形、披针形至狭披针形，长2～6.5cm，宽0.7～2.2cm，顶端长渐尖至尾尖，全缘或稍波状，基部楔形至阔楔形，侧脉每边4~6条，两面无毛或被微柔毛；叶柄0.2~0.6cm，被微柔毛或无毛，常扭转。

🌸 **花** 复圆锥花序顶生或近顶端腋生，疏松，长25~40cm；每一节具一对总苞片，线状披针形，长2.5~3mm，被微柔毛；小花序具1~3朵花，一朵发育或依次发育；苞片、小苞片线形，被微柔毛和短腺毛，苞片长2~2.5mm，小苞片长约2.5mm，稍狭，花萼长约5mm，5深裂，裂片线形，被微柔毛和短腺毛；花长1.6~1.8cm，淡紫色至紫红色，外面被微柔毛，冠管扭转，冠檐二唇形，上唇倒卵状椭圆形，长1~1.1cm，宽5~5.5mm，顶端微2齿裂，下唇矩圆状椭圆形，长1~1.1cm，宽约4mm，顶端3齿裂，内面具紫棕色细斑纹；雄蕊2枚，长6~8mm，伸出，中下部被微柔毛，花药长卵形；子房长约1mm，被微毛，花柱长1.2~1.3cm，被刺状微毛，顶端2分叉。

🍎 **果** 未观察到结果实。

引种信息

华南植物园 登录号20190065，2019年引自厦门市园林植物园；生长状态良好。

厦门市园林植物园 登录号2012284，2012年引自台湾；生长状态良好。

物候

华南植物园 新引种，未能观察到开花结果实。

厦门市园林植物园 11月中、下旬现蕾期，12月中旬至翌年2月中旬为花期，其中盛花期为翌年1月上旬至2月上旬；未能观察到果实。

迁地栽培要点

喜温暖、湿润的栽培环境，生性强健，光照充足条件下和半荫蔽的地方均能生长良好，耐热、稍耐旱，亦耐贫瘠的栽培环境。

主要用途

作药用植物。可清热、解热、凉血、利湿、解毒、消炎、生津、利尿，可治感冒发热、热病发斑、暑热烦渴、吐衄、便血、尿血、肺热咳嗽、肺炎、咽喉肿痛、肝热目赤、眼结膜炎、小儿惊风、小便淋沥、带下、带状疱疹、痈疽疔疖、刀枪外伤、蛇犬咬伤。

40 红点草

别名：嫣红蔓

Hypoestes phyllostachya Baker, J. Linn. Soc., Bot. 22 (149): 511. 1887.

西双版纳热带植物园栽培

自然分布

原产马达加斯加。我国各地有栽培。

迁地栽培形态特点

多年生草本，高20~35cm。

茎 四棱形，具沟槽，疏被短糙毛或近无毛，节上被一圈睫毛状柔毛。

叶 叶片膜质，卵形，长3~8cm，宽1.9~5.3cm，顶端渐尖，全缘，基部截平至圆形，有时稍不对称，侧脉每边4~6条，幼时两面疏被短柔毛，两面脉上被短糙毛，后仅两面脉上被短柔毛，叶面常散布红色、粉色、白色的斑点；叶柄长1.5~5cm，被短柔毛。

花 穗状花序顶生或近顶端腋生，长4~8cm，花序轴、总苞片、小苞片、花冠外面密被柔毛；每一节上通常只有一侧有花；总苞片叶状，圆形、卵圆形或阔卵形，长0.8~1.6cm，宽0.6~1.3cm，边缘被长缘毛，通常只有一朵花发育；小苞片4枚，2轮，2长2短，长0.8~1.5cm，宽1~1.6mm，中下部合生呈筒状；花萼膜质，线形，长约6mm，边缘被长纤毛或无毛；花长1.5~2cm，花冠紫红色至浅红色，外面密被柔毛，内面无毛，花冠二唇形，冠管细管状，喉部扭转，上唇条形，长9~10mm，常反折，顶端2齿裂，下唇内面具白色脉纹，顶端3裂，两侧裂片长卵圆形，中间裂片卵圆形，顶端圆或截平；雄蕊2枚，花丝长9~10mm，花药卵圆形，纵裂，花药成熟时淡黄色至乳白色；子房狭卵状锥形，淡黄色，无毛，花柱长1.8~2cm，无毛，顶端带紫红色，柱头2裂。

果 蒴果长1.1~1.3cm，顶端具小尖头，基部具柄，无毛，具种子2~4粒；种子卵圆形至长圆形，长1.8~2mm，宽1.2~1.5mm，表面具瘤状凸起，棕褐色。

本种具多个栽培品种。

引种信息

西双版纳热带植物园 登录号C19075，引种记录不详；生长状态良好。

华南植物园 登录号20160742，2016年引自西双版纳热带植物园；生长状态良好。

昆明植物园 登录号81-75，1981年引自日本；生长状态良好。

中国科学院植物研究所北京植物园 登录号1986-w0755，1986年引种，引种地不详；生长状态良好。

物候

西双版纳热带植物园 9月上旬现蕾期，花期9月中旬至翌年1月上旬，其中盛花期9月下旬至12月上旬；果期10月下旬至翌年3月上旬。

华南植物园 室内栽培，现蕾期7月下旬至8月上旬，花期8月中旬至翌年1月中旬，其中盛花期10月上旬至12月上旬；果期10月至翌年4月。

中国科学院植物研究所北京植物园 温室栽培，11月中旬现蕾期，11月下旬始花期，12月上、中旬盛花期，12月下旬花末期；未见结果实。

迁地栽培要点

喜温暖、湿润、半荫蔽的栽培环境，土壤以疏松、排水性好的壤土和砂质壤土为宜。

主要用途

观赏性强，可用作地被植物。

本种入药，具有抗肿瘤的功效。

华南植物园栽培

仙湖植物园栽培

41
枪刀药

Hypoestes purpurea (L.) R. Br., Prodr. 474. 1810.

自然分布

生于海拔1200m以下的丛林、村边路旁及岩石旁。我国产广东、广西、海南、台湾。老挝、菲律宾也有分布。

迁地栽培形态特点

多年生草本或亚灌木，高0.5~0.8m。

🌿 **茎** 幼时四棱形，被微柔毛，后近圆柱形，毛渐脱落，节膨大，基部匍匐，节上生不定根。

🍃 **叶** 叶片膜质，卵形至卵状椭圆形，长4~6.5cm，宽2~2.8cm，顶端渐尖至尾尖，全缘，基部楔形，稍下延，侧面每边5~6条，两面被柔毛；叶柄0.5~2.5cm，被柔毛。

🌸 **花** 穗状花序近枝顶腋生，短缩近头状；总苞片叶状，长椭圆形，长1.5~2.1cm，被柔毛；小苞片4枚，2轮，近等长，中部以上合生呈筒形，被微柔毛；花萼筒状，长约5mm，裂片5枚，披针形，裂至1/3处，等大，被微柔毛；花长2.2~2.6cm，花冠紫红色，外面被柔毛，冠管扭转，上唇线状披针形，长1.2~1.3cm，反卷，下唇倒卵形，长1.5~1.6cm，顶端3浅裂；雄蕊2枚，长1.1~1.2cm，紫红色，被柔毛，花药长椭圆形；子房卵圆形，被一列微柔毛，其余无毛，花柱长约2cm，无毛，顶端2分叉。

🍎 **果** 蒴果长0.8~1cm，倒卵形，棒状，顶端有小尖头，表面具1列微柔毛，具种子1~2粒；种子椭圆形或卵圆形，2.5~2.9mm，宽1.8~2.1mm，表面具瘤状凸起。

引种信息

华南植物园 1980—1990年之间引种，引种信息不详；生长状态良好。

物候

华南植物园 9月上旬现蕾期，9月中旬至翌年2月中旬为花期，其中盛花期10月至12月上旬；果期10月至翌年4月。

迁地栽培要点

喜温暖、湿润的栽培环境，稍耐旱，全日照、半日照均可。

主要用途

作观赏植物，用于园林绿化、庭院观赏。

全草入药，有清热解毒、消炎散瘀、止血止咳之效，可治肺结核咳血、支气管炎、咳嗽、刀伤出血、尿血、崩漏、糖尿病等，外敷治跌打损伤。

42 三花枪刀药

Hypoestes triflora (Forssk.) Roem. et Schult., Syst. Veg. (ed. 15 bis) 1: 141. 1817.

自然分布

我国产云南。生于海拔300~2400m的路边或林下。不丹、印度、缅甸、尼泊尔和非洲也有分布。

迁地栽培形态特点

多年生草本，高20~50cm。

🌱 **茎** 具5~6条棱，具沟槽，被糙毛，基部常匍匐，节上生不定根。

🍃 **叶** 叶片薄纸质，卵形至卵状椭圆形，长3~9cm，宽1.6~1.8cm，顶端渐尖，边缘具浅锯齿，基部阔楔形，侧脉每边4~7条，两面疏被短柔毛，边缘毛被明显；叶柄长1~4cm，被短柔毛。

🌸 **花** 花序顶生和近枝顶腋生，由1~5个聚伞花序组成；外面一对小苞片倒卵形、倒卵状披针形和长椭圆形，长0.8~1.5cm，宽4~6mm，中部以下合生，内面一对小苞片线形至线状披针形，长5~10mm，被短柔毛，边缘具缘毛；花萼筒状，长3.5~5mm，5深裂，裂片线形，膜质，边缘具缘毛；花长1.4~1.6cm，花冠紫红色至淡蓝紫色，外面被短柔毛，冠管圆柱状，扭转，冠檐二唇形，上唇卵圆状长圆形，下唇长圆形，内面具深紫红色斑点，顶端3浅裂；雄蕊2枚，花丝长5~6mm，无毛；子房仅在近顶端被短柔毛，其余无毛，花柱长1.3~1.5cm，仅近顶端疏被刺状柔毛，柱头2裂，稍不等长。

🍐 **果** 蒴果倒卵形，长8~10mm，顶端具小尖头，被短柔毛，其余无毛，基部具柄，具种子4粒；种子卵圆形，长1.8~2.2mm，宽1.3~1.7mm，棕色至棕褐色，表面具小疣凸。

引种信息

昆明植物园 本地原生种；生长状态良好。

物候

昆明植物园 花期9月上旬至12月上旬，其中盛花期9月下旬至10月下旬；果期10月至翌年1月。

迁地栽培要点

喜湿润、稍凉爽、稍耐旱，不择土壤，以肥沃、疏松、排水性好的壤土和砂质壤土为佳。

主要用途

为林下地被植物。

全草入药，具有清热解毒、止咳化痰、止血生肌的功效，用于治疗肺结核咳血、咳嗽、消渴、刀伤出血、吐血、尿血、崩漏、黄疸、腹泻、跌打肿痛等，根入药，具有强腰健肾、祛风除湿、活血消肿功效，用于治疗风湿痹痛、腰膝酸软、劳伤疼痛、无名肿痛等。

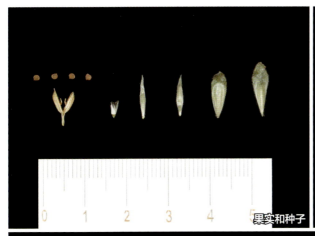
果实和种子

花局部

1cm

花结构

茎、叶和花序

叉序草属

Isoglossa Oerst., Vidensk. Meddel. Dansk Naturhist. Foren. Kjøbenhavn 1854: 155. 1854.

草本或灌木，具钟乳体。茎基部匍匐、斜伸，上部直立，四棱形。叶对生，叶片卵形、椭圆形、或披针形，边缘通常全缘或近全缘，具叶柄。花序顶生或有时腋生于上部叶腋，圆锥花序、聚伞圆锥花序或假总状花序；苞片小，短于花萼；小苞片小，与苞片类似；花萼5深裂，裂几至基部，裂片等大，狭长；花冠漏斗形，稍扁，冠檐长度通常远短于冠管长度，二唇形，扭转，上唇2浅裂或微凹，下唇3浅裂；雄蕊2枚，着生于花冠筒上，内藏，花药2室，药室不等高，基部无芒；花粉粒通常具2孔沟（少数几种具3孔沟或假6孔沟）；子房2室，每室具2粒胚珠，花柱丝状，柱头球状。蒴果通常长圆形或棍棒状，基部具柄，最多具种子4粒，具珠柄钩；种子圆形或近圆形，两侧压扁，表面通常粗糙。

本属约有50种，主要分布于热带非洲和亚洲地区。我国植物园栽培有1种，为本土物种，产华南、西南等地。

43 叉序草

Isoglossa collina (T. Anders.) B. Hansen, Nordic J. Bot. 5 (1): 12. 1985.

自然分布

我国产广东、广西、湖南、江西、西藏和云南。生于海拔300~2200m的常绿阔叶林下或溪边潮湿处。不丹、印度（锡金邦）、泰国也有分布。

迁地栽培形态特点

多年生草本，高20~45cm。

🌿 **茎** 圆柱形，幼时密被柔毛，后毛渐脱落，仅余两列白色柔毛，上部茎直立斜升或低垂，基部匍匐，节上常具不定根，暗绿色染棕紫色，节膨大。

🌿 **叶** 同一节上的叶近等大，叶片卵形，长4~5.5cm，宽2.4~3cm，顶端具尾尖，边缘近全缘，基部宽楔形至圆形，侧脉3~5对，在两面稍凸起，叶背面疏被短柔毛；叶柄长1.5~4cm，密被短柔毛。

🌸 **花** 花序顶生或近枝顶腋生，花序二歧聚伞花序，长5~12cm，常偏向一侧，苞片2枚，线形至线状披针形，长2.5~3mm，宽0.5~0.6mm；花萼钟状，萼裂片5枚，线形，等长，长3.5~4mm，开展，基部联合；花长2.8~3cm，花冠外面淡蓝紫色至淡紫红色，内面白色，冠筒下部细长，喉部扩大呈稍扁漏斗状，冠檐二唇形，上唇卵圆形，顶端2浅裂，下唇3深裂，中裂片近长方形，内面具紫色斑纹，两侧裂片狭卵形；雄蕊2枚，花丝中下部与冠筒中部合生，花丝离生部分长5.5~6.5mm，白色，花药淡黄色，2室，稍分离；子房黄绿色，狭卵形，长2~2.3mm，无毛，花柱白色，长2~2.2cm，柱头头状。

🍎 **果** 蒴果倒卵形，长1.3~1.6cm，顶端渐尖，具小尖头，基部具柄，淡黄棕色，无毛，具种子4粒；种子倒卵圆形，长1.9~2.1mm，宽1.8~2mm，稍扁平，棕黄色，被鳞片。

引种信息

西双版纳热带植物园 登录号38,2002,0194，2002年引自泰国；生长状态良好。

华南植物园 登录号20133788，2013年引自广东乳源瑶族自治县；生长状态良好。

物候

西双版纳热带植物园 11月中旬现蕾期，花期12月中旬至翌年5月下旬，其中盛花期1月中旬至3月下旬；果期1~6月。

华南植物园 温室栽培，3月中、下旬萌蘖期，6月上旬现蕾期，6月下旬至7月上旬始花期，7月中、下旬至12月上旬盛花期，12月中旬至翌年3月上旬花末期；果期8月至翌年3月。

迁地栽培要点

喜半荫蔽、潮湿的栽培环境。

主要用途

可作林下地被植物，亦可用于园林绿化和庭院观赏。

华南植物园高山温室栽培

果实

花结构

果实和种子

爵床属
Justicia L., Sp. Pl. 1: 15. 1753.

草本、亚灌木或灌木，具钟乳体。茎直立、匍匐或斜伸。叶对生，边缘通常全缘，有时波状或稍具锯齿；有叶柄或无柄。花序顶生或腋生，总状花序，聚伞花序（有时具1朵花），或多枝排成圆锥状；苞片形态多变，有时明显突出或色泽鲜艳；小苞片2枚，与苞片类似或较小；花萼4深裂或5深裂，裂片等长或近等长；花冠管状或漏斗形，冠檐明显二唇形，上唇2裂至全缘，中间具花柱沟，下唇3裂；裂片在花蕾期覆瓦状排列；雄蕊2枚，花药2室；药室等高或不等高，平行或药室一上一下，基部具1或2枚附属物；退化雄蕊缺。子房每室具2枚胚珠，柱头稍2裂。蒴果多少棍棒状，基部具柄，具2～4粒种子，具珠柄钩；种子压扁至球形，被毛或无毛。

本属约700种，主要分布于世界各地的热带和温带地区。我国植物园栽培有26种（含1变型），其中本土植物及归化物种20种，10种为我国特有物种，主要产华南、西南等地；引入栽培6种。

爵床属分种检索表

1a. 花萼4裂，裂片等大 ·· 63. **爵床 *J. procumbens***
1b. 花萼5裂，裂片等大或近等大。
  2a. 单花腋生或数朵花簇生叶腋，或有时生于腋生的短缩的小枝上，长不超过1cm，不伸长。
    3a. 叶片革质，无毛；苞片近圆形，无毛 ································ 58. **广西爵床 *J. kwangsiensis***
    3b. 叶片纸质，被短柔毛，至少背面中脉被短柔毛。
      4a. 叶两面疏被短柔毛；苞片匙形至倒卵圆形，被短柔毛 ·············· 64. **杜根藤 *J. quadrifaria***
      4b. 叶面仅幼时疏被短柔毛，很快光滑或仅背面中脉被短柔毛；苞片叶状，圆形、椭圆形或倒卵状匙形，无毛 ·· 55. **圆苞杜根藤 *J. championii***
  2b. 花序顶生或腋生，穗状、总状或圆锥状，花序伸长。
    5a. 花序穗状，顶生或腋生，有时多个聚生于叶腋，或顶生和近顶端腋生的多个穗状花序排成圆锥状。
      6a. 穗状花序腋生，或多个穗状花序聚生于上部叶腋处 ················· 52. **红唇花 *J. brasiliana***
      6b. 花序生于枝顶或侧枝顶端。
        7a. 花序上着花连续，苞片（至少下部苞片）长于花序轴上的节间距。
          8a. 苞片绿色，不具其他斑纹和色彩。
            9a. 灌木，高1～2.5m；苞片卵形至阔卵形，长1.8～3.5cm；花大，长3～3.5cm ·· 45. **鸭嘴花 *J. adhatoda***

9b. 草本，高10～20cm；苞片阔卵形至扇形，长5～6.5mm；花小，长约1cm
　　　　　　　　　　　　　　　　　　　　　　　　　　　　49. 华南爵床 J. austrosinensis
　　8b. 苞片具斑纹或其他色彩。
　　　10a. 苞片白色，沿脉具绿色网纹 ·· 50. 白苞爵床 J. betonica
　　　10b. 苞片黄色、黄绿色、紫褐色或染紫褐色，沿脉无斑彩。
　　　　11a. 花冠管状，花长3～6cm。
　　　　　12a. 苞片卵形、心形、卵状心形，长1～2cm；花长3～3.5cm。
　　　　　　13a. 小苞片斜卵形；花白色 ·· 51. 虾衣花 J. brandegeean
　　　　　　13b. 小苞片倒狭卵状披针形；花紫红色 ······························ 65. 巴西喷烟花 J. scheidweileri
　　　　　12b. 苞片狭卵形至狭卵状披针形，长0.5～2.5cm；花长5～6cm
　　　　　　　　　　　　　　　　　　　　　　　　　　　　46. 细管爵床 J. appendiculata
　　　　11b. 花冠稍扁漏斗状或钟状，花长1.2～1.8cm。
　　　　　14a. 苞片阔卵形至圆形，长1.2～1.8cm，边缘不具缘毛；花乳白色，长1.5～1.8cm
　　　　　　　　　　　　　　　　　　　　　　　　　　　　68. 黑叶小驳骨 J. ventricosa
　　　　　14b. 苞片卵形至卵圆形，长7～10mm，边缘具缘毛；花黄绿色，长1.2～1.4cm ···
　　　　　　　　　　　　　　　　　　　　　　　　　　　　59. 紫苞爵床 J. latiflora
7b. 花序上花间断，苞片长度小于花序轴上的节间距。
　　15a. 茎四棱形，棱上具狭翅。
　　　16a. 叶片倒卵形，最宽处在中部以上；花小，长7～8mm ··
　　　　　　　　　　　　　　　　　　　　　　　　　　　　62. 琴叶爵床 J. panduriformis
　　　16b. 叶片卵圆形至椭圆形，最宽处在中部以下；花长2～2.2cm ································
　　　　　　　　　　　　　　　　　　　　　　　　　　　　44. 棱茎爵床 J. acutangula
　　15b. 茎圆柱形，稍具四棱，或四棱形、棱上无翅。
　　　17a. 茎短缩，叶排成莲座状。
　　　　18a. 叶片绿色至深绿色，叶面沿脉不具白色或灰白色斑纹 ·····································
　　　　　　　　　　　　　　　　　　　　　　　　　　　　47. 桂南爵床 J. austroguangxiensis
　　　　18b. 叶片沿脉具白色或灰白色斑纹，干后多少变紫色 ··
　　　　　　　　　　　　　　　　　　48. 白脉桂南爵床 J. austroguangxiensis f. albinervia
　　　17b. 茎伸长，叶片对生于茎上。
　　　　19a. 叶片心形，基部心形或截平 ·· 53. 心叶爵床 J. cardiophylla
　　　　19b. 叶片不为心形，卵形、卵状椭圆形或披针形，基部楔形、狭楔形。
　　　　　20a. 叶片狭，披针形，宽一般不超过2cm，两面无毛 ·············· 56. 小驳骨 J. gendarussa
　　　　　20b. 叶片卵形、卵状长圆形，宽在2cm以上，叶片被短柔毛或幼时疏被短柔毛，
　　　　　　　后仅背面脉上被短柔毛。
　　　　　　21a. 多个穗状花序排成圆锥状；苞片边缘膜质，具缘毛 ··
　　　　　　　　　　　　　　　　　　　　　　　　　　　　67. 滇野靛棵 J. vasculosa
　　　　　　21b. 穗状花序，常不分枝或仅基部具1～2个分枝；苞片不具缘毛。
　　　　　　　22a. 植株高40～70cm；茎直立；花萼密被微柔毛，无腺状短柔毛···············
　　　　　　　　　　　　　　　　　　　　　　　　　　　　60. 南岭爵床 J. leptostachya
　　　　　　　22b. 植株高20～30cm；茎基部匍匐，上部直立；花萼被微柔毛和腺状短柔毛
　　　　　　　　　　　　　　　　　　　　　　　　　　　　61. 广东爵床 J. lianshanica
5b. 花序聚伞状或聚伞圆锥状，顶生或腋生。
　　23a. 聚伞花序腋生上部叶腋；种子表面具刺状毛 ···························· 66. 针子草 J. vagabunda
　　23b. 聚伞圆锥花序顶生枝顶和侧枝顶端；种子表面不具刺状毛。
　　　24a. 花序伸长，长8～22cm；苞片狭卵形至狭卵状披针形，长3～8mm，无缘毛；花黄绿色，
　　　　　长1.5～1.8cm。·· 57. 大爵床 J. grossa
　　　24b. 花序短缩，长6～8cm；苞片披针形至线形，长1.1～1.6cm，边缘具缘毛；花粉红色，
　　　　　长5～6cm ··· 54. 珊瑚花 J. carnea

44
棱茎爵床

Justicia acutangula H. S. Lo et D. Fang, Guihaia 17 (1): 56. 1997.

自然分布

我国特有，产广西、贵州。生于海拔500~700m的石灰岩山林下。

迁地栽培形态特点

多年生草本至亚灌木，高50~80cm。

茎 四方形，具翅，叶痕明显，仅幼时被毛或节上疏被柔毛。

叶 叶片卵圆形至椭圆形，长15~20cm，宽6.5~9cm，顶端渐尖，边缘近全缘或稍波状，基部阔楔形至圆形，下延几至叶柄基部，侧脉每边10~14条，幼时叶面疏被短柔毛，后仅脉上及边缘疏被短柔毛；叶柄长1~5mm，被短柔毛或无毛。

花 穗状花序顶生或近顶端腋生，长5~18cm；苞片三角状卵形，长2~3mm，无毛，边缘具缘毛；小苞片2枚，卵形，长1~2mm，边缘具微锯齿；花萼长4~5mm，裂片5枚，裂几至基部，披针形，等大，外面疏被微柔毛，内面密被细柔毛，边缘具缘毛；花长2~2.2cm，花冠淡黄色至黄绿色，外面密被短柔毛，内面无毛；冠檐二唇形，上唇卵圆形，长8~9mm，下唇内面密具深紫色细斑点，顶端3深裂，裂片条形，长5~6mm，宽约3mm；雄蕊2枚，外露，花丝长8~9mm，无毛，花药2室，不等高；子房卵状锥形，长2~2.2mm，淡绿色，疏被微柔毛，花柱长1.8~2cm，仅基部疏被微柔毛。

果 蒴果长1.8~2.4cm，外面无毛，基部具长柄，具种子4粒；种子卵圆形或近圆形，长3.8~5mm，宽4~4.8mm，棕色。

引种信息

桂林植物园 引种年份不详，引自广西南宁马山县；生长状态良好。

物候

桂林植物园 8月下旬至9上旬现蕾期，翌年1月上旬盛花期，1月中旬至2月中旬盛花期，2月下旬至3月下旬花末期；果期3月下旬至4月下旬。

迁地栽培要点

喜温暖、湿润、半荫蔽的生长环境，原为石灰岩地区物种，但栽培过程中发现，它适应性强，不择土壤，在酸性土壤中也能生长状态良好；种子繁殖能力强，可自行扩散形成种群；耐修剪。

主要用途

观赏性强，稍耐阴，可用作林下地被植物，亦可用于园林绿化和庭院观赏，可片植、丛植，也可与其他植物进行配置。

45 鸭嘴花

别名： 野靛叶、鸭子花

Justicia adhatoda L., Sp. Pl. 1: 15. 1753.

西双版纳热带植物园栽培

自然分布

原产地不明，可能原产南亚、东南亚，但广泛栽培和归化于热带地区。我国栽培或归化于广东、广西、海南、香港、云南、台湾。生于海拔800~1500m的灌丛或路边。

迁地栽培形态特点

灌木，高1~2.5m。

茎 稍具四棱或近圆柱形，幼时被短柔毛，后渐脱落。

叶 叶片长卵形、长卵状椭圆形至长椭圆形，长8~20cm，宽3~7.5cm，顶端渐尖至长渐尖，有时具短尾尖，全缘或边缘稍波状，基部楔形至阔楔形，稍下延，侧脉每边9~12条，幼时两面密被微柔毛，后毛渐脱落，仅余背面被微柔毛；叶柄长1.2~3cm，被微柔毛。

花 穗状花序顶生和近枝顶腋生，常排成圆锥状，花序长5~10cm，卵形至卵状长圆形，花序轴、苞片、小苞片、萼裂片被微柔毛；苞片卵形至阔卵形，长1.8~3.5cm，宽1.2~2.4cm，覆瓦状排成4列，向上渐小，具5~7条脉；小苞片2枚，狭卵形，长1.4~1.5cm，宽0.5~0.6cm，稍偏斜；花萼裂片5枚，狭卵状披针形，长9~10mm；花长3~3.5cm，花冠白色，外面密被柔毛，内面具紫色脉纹；冠檐二唇形，上唇卵圆形，长1.5~2cm，宽1.6~2.1cm，斜展，顶端2浅裂，下唇3深裂，稍反折，裂片卵圆形，中间裂片稍大；雄蕊2枚，外露，花丝长1.5~1.8cm，无毛或仅基部疏被微柔毛，花药2室，不等高，下方一室基部具短距；子房卵状锥形，长3~3.5mm，密被短柔毛，花柱长2.5cm，白色，稍弯曲，中下部被短柔毛。

果 未能观察到果实。

引种信息

西双版纳热带植物园 登录号00,2001,3362，2001年引自云南勐腊县勐仑镇天生桥；生长状态良好。

华南植物园 登录号20011952，2001年引自台湾珍珠兰园；生长状态良好。

厦门市园林植物园 登录号20170024，2017年引自仙湖植物园；生长状态良好。

昆明植物园 登录号CN.2015.0344，2015年引自版西双版纳热带植物园；生长状态良好。

桂林植物园 引种信息不详；生长状态良好。

上海辰山植物园 登录号20100630，2010年引自云南；温室栽培，生长状态良好。

南京中山植物园 登录号2007I-0703，2007年引自西双版纳热带植物园；生长状态良好。

中国科学院植物研究所北京植物园 登录号1974-w0523，1974年引种，引种地不详；温室栽培，生长状态良好。

物候

西双版纳热带植物园 1月上旬现蕾期，花期2月中旬至4月下旬，其中盛花期2月下旬至3月下旬；果期3~4月，结实量少。

华南植物园 12月下旬现蕾期，翌年1月中、下旬始花期，2月中旬至3月下旬盛花期，4月上旬、中旬花末期；未能观察到果实。

厦门市园林植物园 1月现蕾期，2月始花期，3月至4月中旬盛花期，4月下旬至5月上旬末花期；5月中旬有观察到少量未成熟果实。

昆明植物园 温室栽培，未见开花结果。

桂林植物园 11月中旬现蕾期，翌年3月下旬始花期，4月上旬至中旬盛花期，4月下旬花末期；未见结果实。

上海辰山植物园 温室栽培，11月上旬现蕾期，11月下旬至12月下旬始花期，翌年1月至4月中旬盛花期，4月下旬至5月中旬末花期；未能观察到果实。

南京中山植物园 温室栽培，2月下旬至3月上旬现蕾期，3月下旬至4月上旬始花期，4月中旬至5月上旬盛花期，5月中旬花末期；未见结果实。

中国科学院植物研究所北京植物园 温室栽培，3月中旬现蕾期，4月上旬始花期，4月中旬至5月上旬盛花期，5月中旬花末期；未见结果实。

迁地栽培要点

喜温暖、潮湿、阳光充足的栽培环境，稍耐旱，不择土壤，但以肥沃、疏松、排水性好的壤土为佳。

主要用途

作药用植物，具有续筋接骨、祛风止痛、祛瘀的功效，用于治疗骨折、扭伤、风湿关节痛、腰痛、扭伤等；亦可用于园林绿化和庭园观赏。

46
细管爵床

Justicia appendiculata (Ruiz et Pav.) Vahl, Enum. Pl. 1: 59. 1805.

华南植物园温室栽培

自然分布

原产秘鲁。我国部分植物园有栽培。

迁地栽培形态特点

灌木，高80~150cm。

🟣 茎 粗壮，幼时具四棱，被紫红色粉状微茸毛，后毛渐脱落，呈圆柱形，节膨大。

🟣 叶 叶片卵状椭圆形至椭圆形，长12~28cm，宽4.5~13.5cm，顶端渐尖，具尾尖，边缘近全缘或具波状浅圆齿，基部楔形下延，侧脉每边15~24条，中脉明显，叶两面及叶柄幼时被紫红色粉状微茸毛，后无毛；叶柄粗壮，长1~7cm。

花 穗状花序顶生或近枝顶腋生,长5~10cm,多枝组成大型复圆锥花序,基部常具一对叶状总苞片,卵形、狭卵状披针形至披针形,长1.2~4.5cm,宽0.6~1.8cm,黄绿色,两面被短柔毛;小花排成3-4列,稍密集,花梗长1~5mm,花梗、花序轴被粉状微茸毛;苞片1枚,狭卵形至狭卵状披针形,长0.5~2.5cm,宽2~8mm,黄绿色至金黄色;小苞片2枚,狭披针形,长2.5~10mm,宽1~2mm;花萼长6~9mm,裂片5枚,线状披针形,长5~8mm,宽0.9~1.1mm,等大或近等大,仅基部联合;苞片、小苞片、花萼被微柔毛,中上部边缘具缘毛;花长4.5~6cm,花冠管状,淡红色至橘红色,外面密被腺状微柔毛,内面无毛,冠檐2唇形,上唇狭卵形,1.5~2.1cm,顶端2齿裂,下唇条形,长2~2.4cm,宽5~5.6mm,稍反折,内面具黄、红色脉纹,顶端3中裂,裂片细条形,中间裂片稍大;雄蕊2枚,伸出,花丝长1.4~1.8cm,无毛,花药斜卵形,2室,不等高,较低的1室具钩状附属物;子房狭卵状锥形,长1.7~2mm,绿色,无毛,花柱长4~5cm,白色,中下部被刺状微柔毛。

果 蒴果长2~2.2cm,上部卵形,基部具长柄,外面密被细柔毛,干时棕褐色,具种子2~4粒;种子卵圆形或近圆形,长4.5~5mm,宽4~4.2mm,黑褐色,表面具瘤状凸起。

引种信息

华南植物园 登录号20102548,2010年引自秘鲁;生长状态良好。

物候

华南植物园 温室栽培,1月下旬现蕾期,2月中、下旬至3月中旬始花期,3月下旬至6月中旬盛花期,6月下旬至7月下旬花末期;果期2~7月。

迁地栽培要点

喜温暖、湿润、排水良好的栽培环境,在室内栽培不通风时易得灰霉病、疫病及受白粉虱危害。

主要用途

园林绿化和庭园观赏。

小枝、叶

花序及苞片

47
桂南爵床

Justicia austroguangxiensis H. S. Lo et D. Fang, Guihaia 17 (1): 54. 1997.

自然分布

我国特有，产广西。生于海拔300~500m的密林下或岩石旁。

迁地栽培形态特点

多年生草本，高15~45cm。

茎 短缩，不分枝，具结节和明显的叶痕，基部常生出不定根，老时稍木质化。

叶 排列呈莲座状，叶片倒卵形至倒卵状椭圆形，长10~18cm，宽4.8~8.5cm，顶端钝尖，全缘、稍波状，基部楔形至狭楔形，下延，中脉粗壮，侧脉每边8~9条，无毛；叶柄粗壮，长2~6cm。

花 花序顶生和近枝顶腋生，长10~40cm，间断，常具分枝；花序轴、苞片、小苞片、萼裂片被微柔毛；小聚伞花序短缩，成对着生，常具1~3（~5）朵花；苞片、小苞片三角状披针形，长1~1.2mm，宽0.6~0.8mm；花萼长2~2.5mm，裂片5枚，线状披针形，长约1.4~1.7mm，等大，仅基部联合；花长7~9mm，花冠淡黄绿色，外面密被短柔毛，冠檐二唇形，上唇卵形，长4~5mm，有时外面染紫红色，顶端微2齿裂，下唇阔卵形，长4~4.5mm，宽4.5~5mm，内面具紫红色斑纹，顶端3中裂，裂片圆形，近等大，反折；雄蕊2枚，花丝长2.5~3mm，无毛，花药2室，下面一室基部具距；子房长约1mm，黄绿色，近顶端被微柔毛，花柱长4~4.5mm，被刺状微柔毛。

果 蒴果长1.2~1.5cm，上部狭卵形，顶端渐尖，具小尖头，基部具柄，干时棕褐色，具种子4粒；种子卵形，长2~2.2mm，宽1.5~1.8mm，顶端具小尖头，表面具瘤状凸起，棕色。

引种信息

华南植物园 登录号20160178，2016年引自桂林植物园；生长状态良好。

桂林植物园 引种年份不详，引自自广西大新县；生长状态良好。

南京中山植物园 引种信息不详；温室栽培，生长状态良好。

物候

华南植物园 棚内栽培，11月中旬抽出花序轴，12月下旬至翌年2月中旬始花期，2月下旬至5月中旬盛花期，5月下旬至7月下旬花末期；果期4月至8月下旬。

桂林植物园 3月中、下旬现蕾期，4月上旬始花期，4月中旬至10月上旬盛花期，10月中旬至11月中旬花末期；果期5月上旬至11月下旬。

南京中山植物园 温室栽培，3月上旬现蕾期，3月中旬、下旬始花期，4月上旬、中旬盛花期，4月下旬花末期；未见结果实。

迁地栽培要点

喜稍荫蔽至半荫蔽、潮湿的生长环境。

主要用途

观赏植物。用于庭院绿化、花境点缀。

48 白脉桂南爵床

Justicia austroguangxiensis f. *albinervia* (D. Fang et H. S. Lo) C. Y. Wu et C. C. Hu.

花

自然分布

我国特有，产广西。生于海拔300~500m的密林下或岩石旁。

迁地栽培形态特点

本变型的花、果结构与桂南爵床基本相同，花期物候表现一致，区别主要为叶片沿中脉和侧脉具灰绿色或白色斑块，干时两面多少变紫色。

引种信息

华南植物园 登录号20160179，2016年引自广西壮族自治区中国科学院广西植物研究所；生长状态良好。

桂林植物园 引自广西大新县；生长状态良好。

迁地栽培要点

喜稍荫蔽至半荫蔽、潮湿的生长环境。在荫蔽处或环境变化时，植株的叶片色斑有时色稍浅，但不会消失。

主要用途

由于株型莲座状、叶片具色斑，具有一定的观赏性，可作为地被植物，亦可作为绿化植物和庭院观赏植物，用于稍荫蔽环境下的路旁和石块旁的绿化、美化。

49 华南爵床

Justicia austrosinensis H. S. Lo et D. Fang, Guihaia 17 (1): 52–53. 1997.

花

自然分布

我国特有，产广西、江西、贵州、云南。生于低海拔至1250m的山谷林下或溪沟边。

迁地栽培形态特点

多年生草本，高10~15cm。

🌱 近圆柱形，具2列白色柔毛，基部常匍匐，节上生不定根。

🍃 叶片纸质，卵形或近椭圆形，长3.5~5.5cm，宽1.8~3.2cm，顶端渐尖，边缘近全缘或具波状齿，基部圆形至心形，侧脉每边4~5条，两面疏被短柔毛，脉上及背面被毛稍明显；叶柄长0.3~1cm，被短柔毛。

🌸 穗状花序顶生，长1~2.5cm；花序梗长0.5~1cm，被短柔毛；苞片阔卵形至扇形，长5~6.5mm，宽6.5~9mm（有时最下部一对苞片叶状卵形，长7~10mm，宽3.5~4.2mm），顶端具1~3个短尖头，两面被短柔毛，边缘被缘毛，内具1~2朵花；小苞片2枚，线形，长1.5~3mm，被微柔毛；花萼筒状，5深裂，裂片线形，长3.5~4.5mm，被微柔毛，边缘被缘毛；花长约1cm，花冠淡黄色至黄绿色，外面被短柔毛，上唇卵形，顶端微凹，下唇具喉凸，内面具紫色至深紫色斑纹及斑点，顶端3中裂，裂片不等大；雄蕊2枚，花丝长1.5~1.8mm，无毛，花药2室，不等高；子房卵形，无毛，花柱长6~6.5mm，疏被刺状微毛。

🍎 未能观察到果实。

引种信息

华南植物园 登录号20020353，2002年引自广东大埔县；生长状态一般。

物候

华南植物园 棚内栽培，4月中、下旬现蕾期，5月上旬至6月上旬花期，盛花期不明显；未能观察到果实。

迁地栽培要点

喜温暖、湿润、半荫蔽的环境。

桂林植物园栽培作林下地被植物

中国迁地栽培植物志·爵床科·爵床属

华南植物园栽培 | 叶

现蕾期 | 花序

茎

花结构

果实和种子 | 花

50 白苞爵床

Justicia betonica L., Sp. Pl. 15. 1753.

仙湖植物园栽培

自然分布

原产非洲东部、南部和印度、斯里兰卡。我国部分植物园有栽培。

迁地栽培形态特点

多年生草本至亚灌木，高60～90cm。

茎 近圆柱形，有时具深绿色细纵纹或细棱，无毛，节稍膨大，老时基部木质化。

叶 叶片薄纸质，卵形至卵状椭圆形，长5～10cm，宽2～4.8cm，顶端渐尖至长渐尖，边缘近全缘或稍波状，基部楔形至阔楔形，稍下延，侧脉每边5～6条，两面无毛；叶柄长0.4～1.5cm，向上渐短，无毛，叶面中脉中下部至叶柄的中间常具1条浅沟纹。

花 穗状花序顶生，花序长6～20cm，花序梗长1～6cm，花序轴、花序梗被白色柔毛；苞片覆瓦状排成4列，卵状心形，长1.2～1.5cm，宽0.8～1cm，顶端渐尖；小苞片2枚，狭卵状心形，长1.5～1.6cm，宽约0.5cm，顶端长渐尖，苞片、小苞片膜质，白色，具绿色网状脉纹，中下部边缘具缘毛；花萼钟状，长约5mm，裂片5枚，狭卵状披针形，长4～4.5mm，等大，仅基部联合，绿色，密被微毛；花长1.6~1.8cm，花冠白色，外面密被微柔毛，喉部稍扩展，内面密被柔毛，具紫色斑纹和斑块，冠檐2唇形，上唇卵形，长6.5~7mm，宽4~4.2mm，直立或斜展，略呈舟状，顶端2齿裂，下唇倒卵形，长6~6.5mm，宽5.5~6mm，反折，顶端3深裂，裂片长条形，中间裂片稍宽；雄蕊2枚，花丝长5~6mm，无毛，花药2室，淡黄绿色，较低的一室基部具距；子房狭卵状锥形，长约2mm，黄绿色，仅顶端密被微毛，其余光滑，花柱长1~1.1cm，密被白色刺状柔毛。

果 蒴果倒卵形，长1.2~1.4cm，外面密被短柔毛，干时黄褐色，具4粒种子；种子卵圆形或近圆形，长1.6~1.8mm，宽1.6~2mm，扁平，黄棕色，具瘤状凸起。

引种信息

西双版纳热带植物园 登录号00,2001,1359，2001年引自广东广州市；生长状态良好。

华南植物园 登录号20160190，2016年引自广西药用植物园；生长状态良好。

厦门市园林植物园 引种信息不详；生长状态良好。

上海辰山植物园 登录号20133032，2013年引自仙湖植物园；生长状态良好。

物候

西双版纳热带植物园 3月上旬现蕾期，3月下旬始花期，4月下旬至5月上旬盛花期，6月中旬至10月花末期。

华南植物园 3月中旬现蕾期，4月上、中旬始花期，4月下旬至12月上旬盛花期，12月中旬至翌年1月花末期；未能观察到果实。

厦门市园林植物园 3月下旬现蕾期，4月中旬始花期，5~10月盛花期，11月上旬至翌年1月花末期；果期7月至翌年2月。

上海辰山植物园 栽培于温室，2月上旬现蕾期，4月上旬始花期，4月下旬至12月盛花期，花序枯萎后宿存，未能观察到结实。

迁地栽培要点

喜温暖，稍耐旱，稍耐寒，喜阳光充足的栽培环境。

主要用途

花期长，观赏性强，用于园林绿化、庭院观赏，适于片植、丛植、花坛布置。

华南植物园栽培

厦门市园林植物园栽培

西双版纳热带植物园栽培　上海辰山植物园温室栽培　华侨引种园栽培　花序和花　茎　花　果实　花结构　种子

51 虾衣花

别名：麒麟吐珠

Justicia brandegeeana Wassh. et L. B. Smith, Fl. Ilustr. Catar. 1 (Acantac.): 102. 1969.

西双版纳热带植物园栽培

自然分布

原产墨西哥。我国南方城市广为栽培。

迁地栽培形态特点

多年生草本，高30~70cm。

茎 圆柱形，被柔毛，节基部常膨大呈膝曲状。

叶 叶片纸质，卵形，长2.5~8cm，宽2~4cm，顶端短渐尖，边缘全缘或稍波状，基部阔楔形，稍下延，有时稍不对称，侧脉每边5~6条，两面被短柔毛；叶柄长0.5~1.7cm，被短柔毛。

花 穗状花序顶生和近枝顶腋生，长5~9cm，稍弯垂，花紧密；苞片覆瓦状排成4列，心形至卵状心形，长1.5~2cm，宽1.2~1.6cm，红色至紫红色；小苞片2枚，斜卵形，长1.1~1.3cm，宽0.5~0.7cm，黄绿色或带淡红色；苞片、小苞片两面被短柔毛；花萼筒状，长6~6.5mm，萼裂片狭卵状披针形，4.5~5mm，白色，近等大，被柔毛；花长3.2~3.5cm，花冠白色，外面被柔毛，冠管管状，冠檐二唇形，裂至中部，上唇长卵圆形，直立，下唇倒卵形，内面具紫红色斑纹，顶端3中裂，裂片稍不等大；雄蕊2枚，外露，花丝长1.5~1.8cm，被微柔毛，花药2室，不等大；子房无毛，花柱长3.2~3.5cm，外露，中、下部被刺状柔毛。

🔵 果 蒴果长1.5~1.7cm，基部具柄，顶端具尖头，外面被短柔毛，具2~4粒种子；种子卵圆形至近圆形，长约3mm，宽2.6~3mm，表面稍粗糙，无毛，黑褐色。

引种信息

西双版纳热带植物园 登录号00,2001,1479，2001年引自广东广州市；生长状态良好。

华南植物园 引种信息不详；生长状态良好。

厦门市园林植物园 引种信息不详；生长状态良好。

昆明植物园 登录号73-420，1973年引自广西南宁；生长状态良好。

桂林植物园 引种信息不详；生长状态良好。

庐山植物园 登录号LSBG1984-2，1984年引自华南植物园；生长状态良好。

上海辰山植物园 登录号20123221，2012年引自仙湖植物园；生长状态良好。

南京中山植物园 登录号2007I-0706，2007年引自西双版纳热带植物园；生长状态良好。

中国科学院植物研究所北京植物园 登录号2001-w0245，2001年引种，引种地不详；生长状态良好。

物候

西双版纳热带植物园 花期全年，盛花期1~8月和11~12月；果期全年。

华南植物园 花期3月上旬至7月，盛花期3月中旬至6月上旬；未见结果实。

厦门市园林植物园 花期近全年，1月开始现蕾期，2月始花期，3~5月盛花期，9~12月末花期；12月上旬有观察到少量未成熟的果实。

昆明植物园 花期近全年，盛花期6月至翌年3月；未见结果。

桂林植物园 12月下旬现蕾期，翌年4月上旬始花期、盛花期，6月下旬花末期；果期6月上旬至7月上旬。

庐山植物园 温室栽培，花期5~10月，其中盛花期6~9月。

上海辰山植物园 温室栽培，花期近全年。

南京中山植物园 温室栽培，9月上旬现蕾期，9月中下旬始花期，11月下旬盛花期，翌年1月中旬花末期，未见结果实。

中国科学院植物研究所北京植物园 温室栽培，3月上旬现蕾期，3月下旬始花期，4月盛花期，5月上旬花末期，夏季高温少花，9~10月再次盛花；未见结果实。

迁地栽培要点

生性强健，喜温暖、湿润，不择土壤，以肥沃、疏松、排水良好的壤土为佳，全日照或半日照。

主要用途

花期长，观赏性强，用于庭园观赏和园林绿化、美化，适于丛植、片植、花坛布置、花境配置和盆栽。

茎、叶可入药，具有散瘀消肿的功效，用于治疗跌打损伤、瘀肿。

昆明植物园栽培　上海辰山植物园温室栽培

茎、叶　花序和花

苞片　花

花结构　果实和种子

52 红唇花

Justicia brasiliana Roth, Nov. Pl. Sp. 17. 1821.

西双版纳热带植物园栽培

自然分布

原产巴西。我国部分植物园有栽培。

迁地栽培形态特点

灌木或亚灌木状，高50~120cm。

🌿 茎 直立或蔓性，四棱形，绿色，节膨大，老茎圆柱形，具皮孔状凸起，灰色至灰褐色。

🍃 叶 叶片薄纸质至纸质，卵状披针形至狭卵状披针形，长3~9cm，宽1.1~3.5cm，顶端渐尖、长渐尖至尾尖，边缘近全缘或波状，基部阔楔形或圆形，侧脉每边4~6条，两面无毛；叶柄长4~6mm，具关节，常扭转使叶排列成2列或近同一个平面。

🌸 花 花单生叶腋或穗状花序、短缩的聚伞圆锥花序腋生，花序长1~3.5cm，每一个节上具2枚苞片，但仅具一朵花，花交互着生，苞片线形，不等大，短的长1~1.5mm，宽0.2~0.3mm，具花的苞片长5~7mm，宽0.4~0.5mm；小苞片2枚，线形，长5~7mm，宽0.4~0.5mm，开展呈弧形，苞片、小苞片疏被微柔毛；花萼钟状，裂片5枚，狭卵状披针形，长5.5~7mm，宽2~2.3mm，等大，疏被微柔毛；花长3.6~4.2cm，花冠粉红色至淡紫红色，管状，喉部渐扩大，外面密被柔毛，内面无毛，冠檐二唇形，上唇狭卵状披针形，顶端2微裂，裂片卵圆形，下唇轮廓倒三角形，3中裂，裂片条形，长9~10mm，宽3~5mm，中间裂片稍阔，内面具白色脉纹；雄蕊2枚，花丝白色，花丝长1.1~1.2cm，无毛，花药狭卵形，2室，不等高；子房卵状锥形，长1.4~1.5mm，稍扁片，黄绿色，光滑无毛，花柱长3.3~3.5cm，光滑。

果 蒴果长1.2~1.4cm，上部卵形，顶端渐尖，具小尖头，基部具柄，无毛，干时棕褐色，具种子4粒；种子卵圆形或近圆形，长2.5~3mm，宽2.3~2.8mm，扁平，淡黄色至乳白色，无毛。

引种信息

华南植物园 登录号20060984，2006年引自西双版纳热带植物园；生长状态良好。

厦门市园林植物园 登录号20170020，2017年引自仙湖植物园；生长状态良好。

昆明植物园 引种信息不详；温室栽培，生长状态良好。

物候

华南植物园 花期近全年，盛花期5~7和10月至翌年1月；果期，全年。

厦门市园林植物园 花期6~11月，其中7~10月为盛花期；果期11月下旬至翌年1月。

昆明植物园 温室栽培，花期6~11月，其中盛花期7月上旬至10月下旬；未见结果。

迁地栽培要点

喜温暖、湿润、喜阳光，稍耐旱，不耐寒，喜肥沃、疏松、排水性好的壤土、砂质壤土。

主要用途

观赏性强，用于园林绿化、庭院观赏，适于花境布置、花坛点缀、悬垂美化、盆栽。

华南植物园栽培

华南植物园温室栽培

厦门市园林植物园栽培 | 中国科学院植物研究所北京植物园温室栽培

茎、叶、花序和花 | 发育的花序

花 | 果序

花结构 | 果实和种子

53
心叶爵床

Justicia cardiophylla D. Fang et H. S. Lo, Guihaia 17 (1): 57. 1997.

自然分布

我国产广西。生于海拔400~600m的石灰岩山陵或林下。越南也有分布。

迁地栽培形态特点

多年生草本至亚灌木，高25~45cm。

茎 近圆柱形，幼时稍具四棱，无毛，节稍肿胀，带深紫色至红棕色。

叶 叶片纸质至厚纸质，心形，长5~10cm，宽4.2~8.5cm，顶端渐尖，具短尖头，边近全缘或波状皱曲，基部心形至截平，侧脉每边5~6条，两面无毛；叶柄长1.5~3.5cm，无毛。

花 聚伞圆锥花序顶生，长4~10cm，基部常具一对总苞片，线形至披针形，长1.2~2mm，聚伞花序短缩，具2~9朵花，花序轴、总苞片、苞片、小苞片、萼裂片、花冠外面被微柔毛；苞片三角形，长1.2~1.5mm；小苞片三角状披针形，长1.1~1.5mm；花萼长1.5~2mm，裂片5枚，三角状披针形，长1.1~1.5mm等大，果期稍增大，长1.5~1.8mm；花长6~7mm，花冠黄绿色，外面密被短柔毛，冠檐二唇形，上唇三角状狭卵形，长3~3.5mm，宽约2mm，顶端稍平，下唇阔卵形，长4.2~4.5mm，宽约4mm，内面具2列紫棕色的细斑点，顶端3浅裂，裂片圆形，中间裂片稍大；雄蕊2枚，长约2mm，花药2室，不等高，下方一枚具距；子房卵形，长约1mm，黄绿色，被微柔毛，花柱常约3.5mm，仅基部疏被刺状微毛。

果 蒴果狭倒卵状，长1.3~1.6cm，黄绿色，顶端长渐尖，具小尖头，基部具柄，外面密被短柔毛，具种子4粒；种子卵形或近卵形，长1.3~1.6mm，宽1.1~1.3mm，棕色，表面具疣状凸起。

引种信息

西双版纳热带植物园 本地原生种；生长状态良好。

华南植物园 登录号20160734，2016年引自西双版纳热带植物园；生长状态良好。

桂林植物园 引种年份不详，引自广西大新县；生长状态良好。

物候

西双版纳热带植物园 花期2月下旬至5月中旬，盛花期3月下旬至4月下旬；果期4~6月。

华南植物园 栽培于棚内，2月下旬现蕾期，3~5月花期，花量不大，盛花期不明显。

桂林植物园 8月下旬现蕾期，9月中旬始花期，翌年3月下旬至5月中旬盛花期，5月下旬花末期；果期3~5月中旬。

迁地栽培要点

喜温暖、湿润、半荫蔽的栽培环境。

主要用途

叶形奇特，具有一定的观赏性，可推广作林下地被植物。

54 珊瑚花

别名: 串心花

Justicia carnea Lindl., Edwards's Bot. Reg. 17: , pl. 1397. 1831.

西双版纳热带植物园栽培

自然分布

原产巴西。我国部分植物园有栽培。

迁地栽培形态特点

多年生草本至亚灌木,高25~45cm。

🌱 **茎** 稍具四棱,密被淡棕色卷曲柔毛,节稍膨大,基部稍木质化。

🍃 **叶** 叶片膜质,卵状长圆形至卵状披针形,长10~15cm,宽5~6.8cm,顶端长渐尖至尾尖,边缘具不规则浅齿或稍波状,基部阔楔形至圆形,稍下延,侧脉每边6~7条,在叶面平坦或稍凹,在背面凸起,叶面深绿色,叶片仅脉上疏被微柔毛,叶片背面疏被微柔毛,背面脉上背微柔毛;叶柄长2~4cm,被微柔毛,茎、叶柄及中脉常带红棕色至紫褐色。

🌸 花序顶生，由多枝穗状花序排成圆锥状，卵圆形至卵状椭圆形，总花序轴短，长3~6mm，被微柔毛；每个穗状花序的下面具一枚匙形至卵形的总苞片，长1.7~2.3cm，宽6.5~10mm，顶端渐尖至圆形，基部宽柄状，两面疏被微柔毛，边缘具长缘毛；苞片1枚，线形至狭披针形，长1.1~1.6cm，边缘具缘毛；小苞片2枚，线形至条形，长1~1.4cm，边缘缘毛；花萼长6~7mm，裂片5枚，狭披针形，长5~6mm，等大或近等大，仅基部联合，被微柔毛；花长5~6cm，花冠淡红色至淡紫红色，管状，外面密被头状腺毛，内面无毛，冠檐二唇形，上唇条形，长2.5~3cm，宽5.5~6.5mm，顶端渐尖，中央具1条纵沟槽（包被着花柱），下唇倒狭卵状条形，长2.2~2.5cm，宽6~7mm，近顶端3浅裂，中间裂片大，卵圆形，两侧裂片斜卵形，向内弯靠；雄蕊2枚，伸出，花丝长2.3~2.6cm，无毛，花药狭卵状椭圆形，紫红色，2室，纵裂，不等高；子房锥形，长1.8~2mm，淡绿色，无毛，花柱长4.5~5cm，无毛。

🍎 未能观察到果实。

引种信息

　　华南植物园　引种信息不详；生长状态一般。

　　昆明植物园　登录号CN.2015.0776，2015年引种，原温室植物，引种信息不详；温室栽培，生长状态良好。

　　庐山植物园　登录号LSBG1984-3，1984年引自华南植物园；温室栽培，生长状态良好。

　　中国科学院植物研究所北京植物园　登录号1974-w0525，1974年引种，引种地不详；生长状态良好。

物候

　　华南植物园　花期5月中旬至11月下旬，其中盛花期5月下旬至6月下旬、8月下旬至10月下旬；未能观察到果实。

　　昆明植物园　温室栽培，花期6月下旬至10月，其中盛花期7月下旬至9月上旬，9月下旬至10月上旬花末期；未见结果。

　　庐山植物园　温室栽培，花期5~9月，其中盛花期6月。

　　中国科学院植物研究所北京植物园　温室栽培，花期近全年，其中盛花期4月、9月；未见结果实。

迁地栽培要点

　　喜温暖、潮湿的栽培环境，稍耐旱，喜肥沃、疏松、排水性好的土壤，全日照、半日照均可。

主要用途

　　观赏性强，用于庭院观赏和园林绿化、美化，适合花坛布置、花境配置和盆栽。

华南植物园栽培

昆明植物园温室栽培

55
圆苞杜根藤

Justicia championii T.Anderson ex Benth., Fl. Hongk. 264. 1861.

华南植物园栽培

自然分布

我国特有，产海南。生于海拔200~600m的溪流或潮湿的地方。

迁地栽培形态特点

多年生草本，高30~45cm。

🌱 茎 四棱形，具沟槽，被短柔毛，老时毛渐脱落，直立或外倾，基部稍下垂。

🍃 叶 叶片纸质，卵形至卵状椭圆形，长3~7cm，宽1.7~4cm，顶端渐尖，边全缘，基部楔形、阔楔形或近圆形，侧脉每边4~5条，幼时叶面疏被短柔毛，后仅背面被短柔毛；叶柄长0.5~1cm，被短柔毛。

🌸 花 聚伞花序腋生，具（1~）3~5朵花，苞片叶状，圆形、椭圆形或倒卵状匙形，长4~10mm，宽1.8~5.5mm，具柄；未能观察到小苞片；花萼长5~6mm，5深裂，几裂至基部，裂片线状披针形，中脉被短柔毛；花长0.8~1cm，花冠乳白色略带淡黄色，外面被短柔毛，冠檐二唇形，上唇狭长，近三角形，内面基部布几枚紫色斑点，顶端2齿裂，下唇3裂，内面中部具淡紫色斑点，裂片卵形；雄蕊2枚，花丝长3～3.5mm，无毛，花药2室，纵裂，基部具距；子房光滑无毛，狭卵形，花柱长5～5.5mm，疏被刺状微柔毛，柱头稍弯曲。

🔵 **果** 蒴果长0.8～1cm，顶端具小尖头，仅顶端疏被几根短柔毛，其余无毛，基部具柄，具种子4粒；种子卵圆形，长约2mm，宽1.6～1.8mm，淡黄色。

引种信息
华南植物园 登录号20112925，2011年引自海南；生长状态良好。

物候
华南植物园 花期9月至翌年3月中旬，其中盛花期10～11月；果期10月至翌年3月下旬。

迁地栽培要点
喜温暖湿润的半荫蔽栽培环境。

主要用途
全草入药，微咸，温，具有清热解毒、散瘀消肿、活血通络的功效，用于治疗蛇咬伤、肿毒。

56 小驳骨

别名： 接骨草

Justicia gendarussa Burm. f., Fl. Indica 10. 1768.

西双版纳热带植物园栽培　　华南植物园栽培

自然分布

我国产广东、广西、海南、台湾、云南等地。生于海拔700m以下的村旁、路边或灌丛。野生或栽培。南亚、东南亚和巴布亚新几内亚也有分布或归化。

迁地栽培形态特点

多年生草本至亚灌木，高70～110cm。

茎 近圆柱形或稍具四棱，多分枝，无毛，节膨大。

叶 叶片狭披针形，长5～10cm，宽1～2cm，顶端渐尖，全缘，基部狭楔形，稍下延，中脉粗大，侧脉每边5～8条，两面无毛或仅幼时疏被微柔毛；叶柄长0.5～1.5cm，无毛。

花 穗状花序顶生，长3～10cm，下部常间断；苞片、小苞片被微柔毛，边缘被缘毛；苞片三角状披针形至线状披针形，长2～7mm，向上渐小；小苞片线状披针形，长2.8～3mm；花萼长约5mm，裂片5枚，线状披针形，长约3.5mm，等大，疏被微柔毛；花长1.2～1.5cm，花冠乳白色或淡黄色，有时染紫红色，冠檐二唇形，上唇卵状长圆形，长约6mm，顶端2齿裂，下唇倒卵形，长约1cm，内面具紫红色斑点，顶端3浅裂，中间裂片稍大；雄蕊2枚，外露，花丝长5～6mm，无毛，花药2室，较低的1室基部具距；子房无毛，染紫红色斑纹，花柱长1～1.1cm，仅近基部疏被微柔毛或近无毛。

果 蒴果紫红色，长1～1.2cm，无毛。

引种信息

西双版纳热带植物园　登录号00,2001,0714，2001年引自云南普洱市；生长状态良好。

华南植物园　登录号19750108，1975年引自厦门园林处（现厦门市园林植物园）；生长状态良好。

厦门市园林植物园　引种信息不详；生长状态良好。

物候

西双版纳热带植物园　1月中旬现蕾期，1月下旬至4月下旬花期，其中盛花期2月中旬至3月下旬。

华南植物园　2月中、下旬至5月上旬花期，其中盛花期3月中旬至4月中旬；果期3~5月；4月下旬至5月上旬萌蘖期。

厦门市园林植物园　12月上、中旬现蕾期，12月下旬始花期，冬季遇低温时花苞或花序会冻死，所以花量少，翌年3~4月盛花期，5月中、下旬末花期，未观察到果实。

迁地栽培要点

喜温暖潮湿的栽培环境，不择土壤，但以肥沃、排水性好的壤土为宜。

主要用途

本种入药，具有治风邪、理跌打和舒筋活络之效，用于治疗骨折、跌打肿痛、扭挫伤、风湿痹痛、月经不调等。

园林绿化上常用于做绿篱或边缘地带的绿化、美化。

57 大爵床

Justicia grossa C. B. Clarke, Fl. Brit. India 4: 535. 1885.

自然分布
我国产海南。生于海拔400～800m的林下。老挝、马来西亚、缅甸、泰国、越南也有分布。

迁地栽培形态特点
灌木，高60～100cm。

🌿 茎 四棱形，具沟槽，棱上常具皮孔状凸起，仅幼时疏被微柔毛，后无毛。

🍃 叶 叶片纸质至厚纸质，长椭圆形至卵状椭圆形，长6～20cm，宽3～9cm，顶端渐尖至钝尖，边缘近全缘，基部阔楔形，侧脉每边6～10条，两面无毛或仅幼时背面疏被微柔毛；叶柄长1～5cm，无毛或幼时被微柔毛。

🌸 花 聚伞圆锥花序顶生和近枝顶腋生，长8～22cm，小花序具1～3朵花；苞片卵形、狭卵形至狭卵状披针形，长3～8mm，被微柔毛；小苞片三角状披针形，长3～5mm，被微柔毛；小花具短梗，被微柔毛；花萼长5～6mm，5深裂，裂片披针形，被微柔毛，近等大；花长1.5～1.8cm，花冠淡黄色至淡黄绿色，外面疏被微柔毛，冠檐二唇形，上唇卵圆形，舟状，顶端2齿裂，下唇阔卵形，稍反折，顶端3裂，中裂片稍大；雄蕊2枚，花丝长5～6mm，仅基部被短柔毛，花药2室，不等高，药室基部每个基部具短距；子房长2.5～2.8mm，密被微柔毛，花柱长1～1.1cm，中下部被刺状柔毛。

🍎 果 蒴果倒卵形，棒状，长1.8～2.2cm，顶端渐尖，具钝尖头，基部具长柄，表面密被微毛，具种子4粒；种子卵圆形至近圆形，长3.2～3.5mm，宽3～3.4mm，黄褐色，表面具凸起。

引种信息
华南植物园 登录号20030651，2003年引自海南；生长状态良好。

物候
华南植物园 上一年12月中旬现蕾期，1月中旬至5月上旬为花期，其中盛花期2月中旬至4月上旬；果期2～5月。

迁地栽培要点
喜温暖、湿润的栽培环境，稍耐阳，不择土壤，但以肥沃、排水良好的壤土为佳。

主要用途
用于园林绿化和庭院观赏，适于丛植和花境点缀。

58 广西爵床

Justicia kwangsiensis (H. S. Lo) H. S. Lo, Guihaia 17 (1): 50. 1997.

自然分布

我国特有，产广东、广西、海南。分布于海拔700m以下的石灰岩、山丘的坡地。

迁地栽培形态特点

多年生草本至亚灌木，高30~45cm。

茎 圆柱形，疏被微柔毛，具2列短柔毛，节处稍扁平，老时基部木质化，灰褐色，表皮斑驳或不规则脱落。

叶 叶片革质，卵形、狭卵状披针形至披针形，长2~7cm，宽1~2.3cm，顶端渐尖、长渐尖至尾尖，边缘近全缘或稍波状，基部楔形，侧脉每边4~5条，幼时仅叶脉疏被微柔毛，后很快两面无毛；叶柄长2~10mm，被微柔毛或无毛。

花 聚伞花序花序腋生，常具1~3朵花，或有时生于短缩的腋生的穗状花序上（长不超过1cm）；苞片近圆形，径3~4mm，无毛；小苞片近钻形，长1.6~2mm，宽0.8~0.9mm，无毛；花萼长5~6mm，裂片5枚，狭披针形，长4~5mm，疏被微柔毛；花长8~9mm，花冠乳白色，喉部向上稍扩大，冠檐二唇形，上唇狭卵形，长约4.5mm，宽2~2.2mm，淡绿色至黄绿色，基部具2枚深紫色斑块，顶端2齿裂，下唇卵圆形，长4~5mm，宽约4mm，反折，内面具紫红色斑纹或斑块，顶端3浅裂，裂片圆形，中间裂片稍大；雄蕊2枚，伸出冠筒，花丝长约2mm，无毛，花药狭卵形，2室，纵裂，较低的一室基部具距；子房狭卵状锥形，长约1.2mm，淡绿色，无毛，花柱长约5mm，疏被刺状微柔毛。

果 蒴果长约8mm，上部稍倒卵形，顶端渐尖至钝圆，具小尖头，基部具短柄，无毛，具种子4粒；种子卵圆形或三角状卵形，长2~2.2mm，宽1.4~1.6mm，扁平，棕色至棕褐色，表面具瘤状凸起。

引种信息

华南植物园 登录号20060633，2006年引自广东新丰县；生长状态良好。

物候

华南植物园 棚内栽培，花期近全年，盛花期5~11月；果期近全年。

迁地栽培要点

喜温暖湿润、半荫蔽的环境，稍耐寒，稍耐旱。

主要用途

可用于水边、石块边缘的美化、点缀。

全草入药，具有清热解毒的功效，用于治疗流行性感冒、阴挺、子宫脱垂等。

59
紫苞爵床

Justicia latiflora Hemsl., J. Linn. Soc., Bot. 26 (175): 245. 1890.

武汉植物园栽培

自然分布

我国特有，产湖北、湖南、重庆、贵州等地。生于海拔600～1800m的山谷、林下或溪边。

迁地栽培形态特点

多年生草本至灌木，高60～110cm。

茎 四棱形，疏被短柔毛，节稍膨大，常紫褐色。

叶 叶片卵形至卵形椭圆形，长12～18cm，宽6～8.5cm，顶端长渐尖，具尾尖，全缘或边缘稍波状，基部楔形，下延几至基部，侧脉每边8～10条，两面疏被短硬糙毛；叶柄长3～5cm，具翅，疏被短柔毛。

花 穗状花序顶生，长5～10m，花密集，花序轴被短柔毛；苞片覆瓦状排成4列，卵形至卵圆

213

形，长7~10mm，宽6~8mm，顶端钝尖，具小尖头，边缘膜质，被流苏状缘毛，下部绿色至黄绿色，中上部紫棕色；小苞片2枚，线形，长1~2mm；花萼长3.5~4mm，裂片5枚，线状披针形，长2.5~2.8mm，近等大，外面被微柔毛，内面无毛；花长1.2~1.4cm，花冠黄绿色，外面被短柔毛，内面染紫红色或具紫红色斑纹，冠檐二唇形，上唇阔卵形，长约5mm，宽5.5~6.5mm，稍弯曲，下唇阔卵圆形，顶端3裂，裂片卵圆形至圆形，中间裂片稍宽，两侧裂片稍长；雄蕊2枚，稍外露，花丝长2.5~3mm，无毛，花药2室，下方一室基部具短距；子房狭卵状锥形，长约1.5mm，黄绿色，光滑无毛，花柱长1~1.1cm，顶端弯曲，无毛。

果 蒴果长1.5~1.8cm，上部卵形，顶端渐尖，具小尖头，基部具长柄，无毛，干时棕褐色，具种子4粒；种子卵圆形至近圆形，稍扁平，长2~2.5mm，宽1.8~2.3mm，棕色，表面具皱。

引种信息
华南植物园 登录号20160184，2016年引自桂林植物园；生长状态良好。
桂林植物园 引种信息不详；生长状态良好。
武汉植物园 登录号20113232，2011年引自湖南湘西土家族苗族自治州永顺县；生长状态良好。

物候
华南植物园 棚内栽培，未见开花、结果。
桂林植物园 2月中旬始花期，2月中旬至4月上旬盛花期，4月中、下旬花末期；果期4~5月。
武汉植物园 3月下旬现蕾期，4月上旬至下旬花期，花量少，盛花期不明显；未能观察到果实。

迁地栽培要点
不择土壤，但以肥沃、疏松的壤土为佳，喜半荫蔽的栽培环境。

主要用途
花奇趣可爱，具有一定的观赏价值，用于林下地被和园林观赏、绿化，适于片植、丛植和花境配置。

叶

花序

60 南岭爵床

Justicia leptostachya Hemsl., J. Linn. Soc., Bot. 26 (175): 245. 1890.

桂林植物园栽培作林下地被植物

自然分布

我国特有,产广东、广西、湖南。生林下或岩石旁。

迁地栽培形态特点

多年生草本,高40~70cm。

茎 近圆柱形或稍具四棱,两面被短柔毛,节膨大,节上被一圈短柔毛。

叶 叶片卵形至卵状椭圆形,长7~12cm,宽4~6.8cm,顶端渐尖,边缘稍波状或全缘,基部阔楔形,稍下延,侧脉每边5~7条,两面被短柔毛,背面脉上尤甚;叶柄长0.6~1.5cm,被短柔毛。

🌸 花序顶生，长20~35cm，常具分枝；花序轴被短柔毛，苞片、小苞片密被微柔毛；小花序对生，具1-3（-6）朵花；苞片狭三角状披针形，长1.5~2.4mm，宽约0.8mm；小苞片稍小，长1.2~2mm，宽0.5~0.6mm，花萼长3~4mm，裂片5枚，狭披针形，长2.2~3.2mm，宽0.8~0.9mm，仅基部联合，被微柔毛和腺毛；花长9~10mm，花冠乳白色至淡黄绿色，外面被短柔毛，冠檐二唇形，上唇狭卵形，长3.5~4mm，顶端微凹，下唇阔卵圆形，长4.5~4.8mm，宽约5mm，反折，具紫红色细斑纹，顶端3浅裂，裂片圆形，中间稍大；雄蕊2枚，花丝长约3mm，无毛，花药2室，较低的一室基部具距；子房长约1mm，绿色，无毛，花柱长5~6mm，疏被刺状柔毛。

🍎 蒴果长1.7~2cm，顶端渐尖，具小尖头，基部具长柄，外面密被短柔毛，具种子4粒；种子卵圆形，长1.8~2.2mm，宽1.6~2mm，棕色至棕褐色，表面具皱。

引种信息

西双版纳热带植物园 登录号00,2002,2992，2002年引自广西靖西县湖润镇通灵大峡谷；生长状态良好。

华南植物园 登录号20170787，2017年引自广东清远清新县（现清新区）；生长状态良好。

桂林植物园 引种年份不详，引自广西龙州县；生长状态良好。

物候

西双版纳热带植物园 12月下旬至翌年1月上旬现蕾期，花期1月中旬至7月中旬，其中盛花期2月中旬至5月中旬；果期3~7月。

华南植物园 棚内栽培，5月下旬至7月上旬始花期，7月中旬至10月中旬盛花期，10月下旬至12月上旬花末期；未能观察到果实。

桂林植物园 12月上旬现蕾期，翌年5月上旬始花期，5月中旬至6月上旬盛花期，6月中旬至7月上旬花末期；果期7月下旬至8月中旬。

迁地栽培要点

喜半荫蔽、稍潮湿的生长环境。

主要用途

全草入药，具有散瘀止血、止痛、接骨的功效，用于治疗跌打损伤、骨折。

茎

花序

61 广东爵床

别名： 连山爵床、广东野靛棵

Justicia lianshanica (H. S. Lo) H. S. Lo, Guihaia 17 (1): 50. 1997.

自然分布

我国特有，产广东、广西。生于海拔300~800m的林下和岩石边。

迁地栽培形态特点

多年生草本，高25~35cm。

茎 近圆柱形或稍具四棱，具2列柔毛，节上具柔毛，节处稍扁平，基部常匍匐，节上生不定根。

叶 叶片纸质，卵形，长5~7.5cm，宽2.7~5cm，顶端渐尖或钝尖，有时具短尾尖，边缘近全缘或稍波状，基部阔楔形至圆形，稍下延，侧脉每边5~7条，幼时叶面疏被微柔毛或无毛，背面被微柔毛；叶柄长0.8~1.5cm，具狭翅，疏被短柔毛。

花 聚伞圆锥花序顶生，长8~13cm，分枝或不分枝，下面具一对总苞片，花序轴长5~10cm，具2列柔毛；总苞片线形至披针形，长3~10mm，宽1~3.5mm，背面疏被微柔毛；小花序具1~5朵花，苞片、小苞片三角状披针形至线状披针形，长1~2mm，被短柔毛；花萼长3.2~4mm，5深裂，裂片披针形，长2.5~3.2mm，外面被柔毛和疏被头状腺毛；花长约8mm，花冠淡黄色，冠管喉部稍扩大，内外均密被白色微柔毛，冠檐二唇形，上唇三角状卵形，长约3mm，染紫红色，具紫红色脉纹，下唇倒卵形，长4~4.5mm，宽5~5.5mm，稍反折，中部囊状凸起，具紫红色细斑纹，顶端3裂，裂片卵圆形至圆形，中间裂片稍宽；雄蕊2枚，花丝被长约3mm，疏被微柔毛或无毛，花药斜狭卵形，2室，不等高；子房卵形，长约1mm，无毛，花柱长4.5~5mm，染紫红色，疏被几根刺状微毛。

果 未能观察到果实。

引种信息

华南植物园 登录号20100913，2010年引自广西；生长状态良好。

物候

华南植物园 4月中旬现蕾期，5月上旬始花期，5月中旬至7月中旬盛花期，7月下旬至8月中旬花末期；未能观察到果实。

迁地栽培要点

喜湿润、温暖、稍荫蔽的环境。

主要用途

植株低矮，可推广作为林下地被植物，亦可做园林绿化和庭园观赏植物，用于石块旁的点缀和阴地花境前景点缀。

62 琴叶爵床

Justicia panduriformis Benoist, Notul. Syst. (Paris) 5 (2): 116. 1936.

自然分布

我国产广西、云南。生于石灰岩山林下。越南也有分布。

迁地栽培形态特点

亚灌木至灌木，高70～120cm。

茎 四棱形，具狭翅，具沟槽，无毛。

叶 叶片倒卵形，长12～25cm，宽6.5～14.5cm，顶端急尖，边缘全缘或稍波状，基部阔楔形至圆形，下延，多少呈琴形，侧脉每边7～11条，两面无毛；无叶柄。

花 花序顶生，长15～28cm，花序轴密被短柔毛，苞片、小苞片、萼裂片三角状披针形，被微柔毛；花无梗，常1～5朵聚生于增粗的花序轴上；苞片、小苞片长1.5～2.2mm；花萼长2.2～3mm，裂片5枚，等大；花长7～8mm，花冠黄绿色，外面被微柔毛，冠管约与冠檐等长，喉部内面密被柔毛，冠檐二唇形，上唇卵形，长2.8～3mm，宽约2.5mm，下唇卵圆形，长4～4.2mm，宽约4.5mm，内面具紫色斑点，顶端3裂，裂片卵圆形，中间裂片稍大；雄蕊2枚，外露，花丝长2～2.2mm，无毛，花药2室，不等高，较低的一室基部具距；子房仅顶端疏被微柔毛，其余无毛，花柱长5～5.2mm，疏被刺状微毛。

果 蒴果倒卵形，长9～11mm，顶端钝尖，具小尖头，基部具柄，内具种子4粒；种子卵圆形或近圆形，长1.8～2.5mm，宽1.6～2.5mm，棕褐色。

引种信息

桂林植物园 引种年份不详，引自广西龙州县弄岗国家级自然保护区；生长状态良好。

物候

桂林植物园 3月中旬始花期，3月下旬至7月中旬盛花期，7月下旬花末期；果期6～9月。

迁地栽培要点

喜湿润、半荫蔽的栽培环境。

主要用途

可推广作为林下地被植物。

63 爵床

Justicia procumbens L., Sp. Pl. 1: 15. 1753.

西双版纳热带植物园栽培（本地原生种）

自然分布

我国产华中、华南、西南及东南等地。生于海拔1500m以下的山坡、草地及路边开阔地带。孟加拉国、不丹、柬埔寨、印度、印度尼西亚、日本、老挝、马来西亚、缅甸、尼泊尔、菲律宾、斯里兰卡、泰国、越南也有分布。

迁地栽培形态特点

多年生草本，高20~40cm。

🌱 茎 四棱形，具沟槽，被短硬毛，基部常匍匐。

🍃 叶片椭圆形至长圆状椭圆形，长1.5~4cm，宽0.8~1.8cm，顶端锐尖或钝，全缘或稍波状，基部阔楔形或近圆形，稍下延，侧脉每边4~6条，两面疏被短硬毛或近无毛；叶柄长0.5~0.8cm，被短硬毛。

🌸 穗状花序顶生或近枝顶腋生，长1.5~3.5cm；苞片、小苞片、萼裂片被柔毛和缘毛；苞片狭披针形，长5~7mm；小苞片2枚，狭披针形至线状披针形，长4~5mm；花萼裂片4枚，长3~6mm，等长或近等大；花长5~7mm，花冠淡紫色、粉红色或白色，冠檐二唇形，上唇较下唇稍短，顶端2齿裂，下唇阔卵形，内面具紫色脉纹，顶端3浅裂，中间裂片稍大；雄蕊2枚，花丝长约3mm，无毛，与冠筒壁合生部分基部被微柔毛，药室不等高，较低一室基部具距；子房狭卵形，黄绿色，长约3mm，仅近顶端被微柔毛，花柱长4~5mm，疏被刺状微毛。

🍎 蒴果长约5mm，基部具柄，仅近顶端被微柔毛，具种子4粒；种子卵圆形，长0.8~1mm，宽0.7~0.8mm，黑褐色，表面具皱纹。

引种信息

华南植物园 本地原生种；生长状态良好。
昆明植物园 本地原生种；生长状态良好。
峨眉山生物站 登录号84-0656-01-EMS，本地原生种；生长状态良好。
上海辰山植物园 本地原生种；生长状态良好。
南京中山植物园 本地原生种；生长状态良好。

物候

华南植物园 花期3~12月，其中盛花期8~10月；果期近全年。
昆明植物园 花期7月下旬至9月下旬，其中盛花期8月中、下旬。
南京中山植物园 4月中旬开始展叶，4月下旬展叶末期，8月上旬现蕾期，8月中、下旬始花期，9月上、中旬盛花期，9月下旬花末期；果期9月上旬至10月下旬。

迁地栽培要点

本种生性强健，适应性广。

主要用途

全草入药，具有清热解毒、利尿消肿、活血止痛的功效，用于治疗感冒发烧、疟疾、咽喉肿痛、小儿疳积、痢疾、黄疸肝炎、水肿、小便淋痛、痈疮疔肿、跌打损伤等症。

仙湖植物园栽培

华南植物园栽培（本地原生种）

64 杜根藤

Justicia quadrifaria (Nees) T. Anderson, J. Linn. Soc., Bot. 9: 514. 1867.

自然分布

我国产广东、广西、海南、湖南、湖北、四川、云南等地。生于海拔800～1600m林下、山谷的岩石旁。印度、印度尼西亚、老挝、缅甸、泰国、越南也有分布。

迁地栽培形态特点

草本，高20～45cm。

🟢 **茎** 四棱形，稍具沟槽，被短柔毛，基部常匍匐，节上生不定根。

🟢 **叶** 叶片披针形、长圆形、狭卵状披针形，长5～8cm，宽1.8～3.5cm，顶端渐尖、长渐尖或稍具尾尖，全缘或边缘具不明显浅齿，基部楔形，稍下延，侧脉每边3～5条，叶两面疏被短柔毛，叶脉、边缘被毛明显；叶柄长0.5～1.5cm，被短柔毛。

🟢 **花** 花单生叶腋或2～4朵簇生叶腋；苞片匙状至倒卵圆形，长5～8mm，宽4～5mm，被短柔毛，边缘被毛明显，基部具柄；小苞片2枚，钻形，长1～1.5mm，被短柔毛；花萼长8～9mm，裂片5枚，线状披针形，长6～7mm，裂几至基部，外面被微柔毛，边缘膜质，内面无毛；花长1.2～1.4cm，花冠白色至淡黄色，外面被短柔毛，冠檐二唇形，上唇狭卵形，长6～7mm，宽3～3.5mm，顶端2微裂，下唇卵圆形或近圆形，长7～8mm，宽约7mm，内面中部具紫色斑纹，顶端3浅裂，中间裂片稍大；雄蕊2枚，外露，花丝长5～6mm，无毛，花药稍叠生，2室，下方一室基部具距；子房狭卵状锥形，长1.5～1.6mm，黄绿色，无毛，花柱长7～9mm，白色，疏被刺状柔毛。

🟢 **果** 蒴果长8～9mm，顶端长渐尖，具小尖头，基部具柄，无毛，具种子1～4粒；种子卵形至三角状卵形，长1.5～2.2mm，宽1.1～1.4mm，棕褐色，表面具疣状凸起。

引种信息

华南植物园 登录号20130742，2013年引自广西龙胜各族自治县；生长状态一般。

庐山植物园 本地原生种；生长状态良好。

物候

华南植物园 棚内栽培，3～4月开始萌发新叶，6月中旬至7月上旬始花期，7月中旬至10月上旬盛花期，10月中旬至12月上旬花末期；果期8～12月；12月下旬至翌年2月地上部分渐枯萎。

迁地栽培要点

喜湿润、半荫蔽的栽培环境，不择土壤，以肥沃、排水性好的砂质壤土为佳。

主要用途

全草入药，具有清热解毒的功效，用于治疗热毒、口舌生疮、丹毒、黄疸等症。

65 巴西喷烟花

Justicia scheidweileri V. A. W. Graham, Kew Bull. 43: 617. 1988.

西双版纳热带植物园栽培

自然分布

原产巴西。我国部分植物园有栽培。

迁地栽培形态特点

多年生草本至亚灌木，高10~40cm。

茎 稍具四棱，被短柔毛，老时毛渐疏至无。

🍃 同一节上的叶近等大或稍不等大，叶片披针形至卵状披针形，长4~12cm，宽1.3~3.2cm，顶端渐尖、长渐尖至尾尖，边缘稍具浅圆齿，基部圆形，下延几至基部，常波状，侧脉4~6对，沿脉具浅绿色至灰绿色斑，叶面深绿色，背面绿色，叶面疏被微毛，背面被微毛；叶柄长0~2cm，被微毛。

🌸 穗状花序顶生枝顶或侧生枝条的顶端，长3.5~5cm，花序轴短，长0.4~0.5cm；苞片倒卵形至卵形，覆瓦状排成4列，外面紫红色，沿脉绿色或染绿色，内面色浅，顶端钝尖，具小尖头，向外反折；小苞片2枚，倒狭卵状披针形，顶端具小尖头，长6~7mm，宽1.1~1.2mm，苞片、小苞片均具缘毛；花萼筒状，长约5mm，裂片5枚，近等长，线状披针形；花冠紫红色，长3~3.5cm，被微柔毛，冠管横截面略呈五边形，长4~5mm，上方稍缢缩后渐扩大，花冠中上部稍弯延，冠檐二唇形，上唇狭卵形，长8~9mm，顶端2微裂，基部宽6~7mm，下唇倒卵形，长9~10mm，内面深紫色，具白色脉纹，顶端3浅裂，裂片圆形；雄蕊2枚，花丝长约0.8cm，无毛，花药2室，纵裂，不等高；子房锥形，淡黄色，近顶端被微毛，长1.2~1.4mm，花柱长2.3~2.5cm，无毛。

🍑 蒴果倒卵形，长9~10mm，褐色，顶端渐尖，具小尖头，基部具柄，具种子4粒；种子卵圆形，长1.8~2mm，宽2~2.1mm，黄棕色。

引种信息

仙湖植物园 引种信息不详；生长状态良好。
华南植物园 登录号20160211，2016年引自仙湖植物园；生长状态良好。
昆明植物园 登录号CN.2016.0313，2016年引种，原温室植物，引种信息不详；生长状态良好。

物候

仙湖植物园 花期几全年，盛花期4~7月、10~11月；果期几全年。
华南植物园 全年不间断有零星花开，盛花期4~7月、10~11月；果期近全年。
昆明植物园 温室栽培，花期11月至翌年6月，盛花期12月上旬至翌年5月上旬；未见结果。

迁地栽培要点

喜温暖、湿润、稍荫蔽的环境，不耐寒。

主要用途

花形奇特，观赏性强，用于园林绿化、庭院观赏，适于片植、丛植、花坛布置和盆栽。

仙湖植物园栽培

华南植物园栽培

66
针子草

Justicia vagabunda Ben., Notul. Syst. (Paris) 5: 114. 1936.

自然分布

我国产云南。生于海拔500~800m的林下、灌丛、溪流旁。柬埔寨、越南也有分布。

迁地栽培形态特点

多年生草本至亚灌木，高50~120cm。

🌱 茎 近圆柱形，具数条纵纹，被短柔毛或近无毛，节膨大。

🍃 叶 叶片狭卵形至卵状披针形，长5~8cm，宽2.6~3.3cm，顶端渐尖至长渐尖，具尾尖，边缘近全缘或稍波状，基部圆形至楔形，偏斜，侧脉每边4~7条，幼时两面被短柔毛，脉上尤甚，后渐无毛，仅余两面中脉被短柔毛；叶柄短，长1~4mm，被短柔毛。

🌸 花 三歧聚伞花序腋生，有时组成圆锥状；苞片、小苞片、花萼密被微柔毛；苞片线状披针形，长1mm，宽约0.5mm；小苞片线状披针形，长1.2~1.4mm，宽约0.4mm；花萼长2.3~2.5mm，裂片5枚，狭卵状披针形，长2~2.2mm，仅基部联合；花长1.1~1.2cm，花冠乳白色至淡黄色，外面被短柔毛，冠檐二唇形，上唇卵状三角形，长5.5~6mm，宽约5mm，顶端微2齿裂，下唇反折，内面具紫色斑纹，顶端3裂，裂片卵圆形，中间裂片稍大；雄蕊2枚，外露或内藏，花丝长约5mm，无毛，花药2室，不等高，较低的一室基部具距；子房长1.6~2mm，黄绿色，被短柔毛；花柱长9~10mm，疏被刺状短柔毛。

🍎 果 蒴果长1.6~2.2cm，顶端钝尖，基部具长柄，表面密被短柔毛，干时棕褐色，具种子1~4粒；种子近圆形，径2.6~2.8mm，稍扁平，棕色至棕褐色，表面具颗粒状凸起。

引种信息

仙湖植物园 引种信息不详；生长状态一般。

华南植物园 登录号20160726，2016年引自仙湖植物园；生长状态良好。

物候

华南植物园 棚内栽培，花期2月中旬至4月中旬，其中盛花期2月下旬至3月下旬；果期3~5月，数量少。

迁地栽培要点

喜温暖、湿润、半荫蔽的栽培环境。不择土壤，但以肥沃、排水性好的壤土或砂质壤土为宜。

主要用途

可用作林下地被，也可用于石块旁、水边的美化和点缀。

67
滇野靛棵

别名： 龙州爵床

Justicia vasculosa (Nees) T. Anderson, J. Linn. Soc., Bot. 9: 515. 1867.

华南植物园栽培作林下地被

自然分布

我国产广西、云南。生于海拔600~1500m的林下、溪边或石灰岩丘陵地区。东喜马拉雅地区、印度东北卡西山区也有分布。

迁地栽培形态特点

亚灌木至灌木，高1~1.5m。

🌿 **茎** 圆柱状或稍具四棱，无毛，节膨大，常染紫棕色。

🌿 **叶** 叶片卵形至卵状长圆形，长8~16cm，宽4.5~10cm，顶端渐尖至尾尖，边缘稍具波状浅齿或近全缘，基部阔楔形或近圆形，稍下延，侧脉每边8~11条，叶面疏被短柔毛；叶柄长1~5cm，疏被短柔毛。

🌿 **花** 穗状花序顶生和近枝顶腋生，排成圆锥状，长15~30cm；花序轴被短柔毛；小花对生；苞片、小苞片、萼裂片边缘膜质，被长缘毛；苞片三角状披针形至卵状披针形，长1.8~2.1mm，宽0.8mm；小苞片2枚，卵状披针形至线状披针形，长2~2.3mm，宽0.5~0.6mm；花萼长2.5~3mm，裂片5枚，卵状披针形，长约2mm，宽0.8~1mm，近等大，被微柔毛；花长1~1.1cm，花冠淡黄绿色，染粉红色，外面密被短柔毛，内面光滑，上唇卵形三角形，长5~6mm，具深紫棕斑纹，下唇倒卵圆形，长6~7mm，反折，具深紫色斑点和斑纹，顶端3浅裂，中间裂片稍大，顶端钝圆；雄蕊2枚，长5~6mm，外露，花丝无毛，花药2室，不等高，较低的一室基部具距；子房淡绿色，光滑，花柱长8.5~9mm，疏被刺状短柔毛。

果 蒴果长1.4~1.5cm，顶端渐尖，具小尖头，基部具柄，具种子4粒；种子卵状心形至卵圆形，长2~2.2mm，宽2.5~2.8mm，两侧压扁，褐色至黄褐色，表面具颗粒状凸起。

引种信息

西双版纳热带植物园 本地原生种；生长状态良好。

华南植物园 登录号20042624，2004年引自云南西双版纳傣族自治州绿石林风景区；生长状态良好。

物候

西双版纳热带植物园 11月下旬现蕾期，花期翌年1月上旬至3月下旬，其中盛花期2月下旬至3月上旬；果期2月下旬至4月中旬。

华南植物园 12月中、下旬现蕾期，翌年1月中旬至2月上旬始花期，2月中旬至3月上旬盛花期，3月中旬至4月中旬花末期；果期1月下旬至4月下旬；4月下旬萌蘖期。

迁地栽培要点

喜温暖、湿润、半荫蔽的栽培环境。

主要用途

可用作林下地被植物。

全草入药，用于治疗跌打损伤。

盛花期

68 黑叶小驳骨

别名： 大驳骨

Justicia ventricosa Wall. ex Hook. f., Bot. Mag. 54: , pl. 2766. 1827.

华南植物园栽培

自然分布

产我国广东、广西、香港、海南、云南。生于疏林下或灌丛中。野生或栽培。越南至泰国、缅甸也有分布。

迁地栽培形态特点

多年生草本至亚灌木，高80~120cm。

🟣茎 近圆柱形或稍具四棱，无毛。

🟣叶 叶片椭圆形至倒卵状椭圆形，长10~16cm，宽3.8~6cm，顶端渐尖至急尖，边缘稍波状或全缘，基部楔形，稍下延，中脉粗大，侧脉每边6~8条，两面无毛或仅幼时背面脉上疏被微柔毛；叶柄长0.6~1cm，无毛。

🟣花 穗状花序顶生，长5~12cm，花密生；苞片覆瓦状排成4列，阔卵形至近圆形，长1.2~1.8cm，宽1.1~1.3cm，向上渐小，具短柄，被微柔毛，紫褐色或染紫褐色；小苞片三角状披针形至线状披针形，长2~4mm，宽1~1.4mm，被微柔毛；花萼长4~4.2mm，裂片5枚，线状披针形，长2.5~3mm，等大，外面被短柔毛；花长1.5~1.8cm，花冠乳白色至淡黄色，外面被短柔毛，冠檐二唇形，上唇长卵形，顶端2齿裂，下唇倒卵形，内面具脉纹和紫棕色细斑，顶端3浅裂，裂片卵形，中间裂片稍大；雄蕊2枚，外露，花丝长约6mm，无毛，花药2室，较低的一室基部具距；子房长1.8~2mm，密被短柔毛，花柱长1~1.1cm，仅下部疏被刺状短柔毛。

果 蒴果卵形，长约8mm，被短柔毛。

引种信息

西双版纳热带植物园 登录号00,2002,0614，2002年引自云南普洱西盟佤族自治县；生长状态良好。

华南植物园 登录号20112620，2011年引自海南；生长状态良好。

中国科学院植物研究所北京植物园 登录号1973-w0388，1973年引种，引种地不详；生长状态良好。

物候

西双版纳热带植物园 12月上旬现蕾期，翌年1月上旬至4月中旬花期，其中盛花期2月下旬至3月下旬。

华南植物园 11月中、上旬现蕾期，12月下旬至翌年4月下旬花期，其中盛花期2月中旬至4月中旬；果期2~4月；4月下旬萌蘖期。

中国科学院植物研究所北京植物园 温室栽培，4月下旬现蕾期，5月下旬始花期，6月上旬至6月中旬盛花期，6月下旬花末期；未见结果实。

迁地栽培要点

喜温暖、湿润的栽培环境，全日照至半日照均可。

主要用途

本种四季常绿，株形整齐，耐修剪，可用作庭园观赏和园林绿化植物。

本种入药，具有活血止痛、消肿解毒、续筋接骨、祛风湿之效，用于治疗骨折、跌打扭伤、关节炎、慢性腰腿痛、乳痈、肺痈、无名肿痛、外伤红肿等症。

上海辰山植物园温室栽培

幼茎和叶

鳞花草属
Lepidagathis Willd., Sp. Pl. 3(1): 400. 1800.

多年生草本或小灌木，具钟乳体。叶对生，同一节上的叶片常不等大，边全缘或有时具圆齿。穗状花序，花密集；具苞片、小苞片；花萼5裂，裂片不等大，后裂片通常最大，两侧裂片最小，前面2枚裂片多少合生；花冠小，冠管短，喉部中央常一侧遽然扩大，冠檐二唇形，上唇直立或稍斜展，顶端微缺或2齿裂，下唇3列，伸展，内面通常具斑点，裂片近等大或中央裂片稍大；雄蕊4枚，2长2短，着生与喉部，内藏，花丝短，花药2室，长圆形，等大，平行、一上一下或斜叠生，基部具距。子房每室具2枚胚珠，花柱线性，柱头不分裂或浅2裂。蒴果长圆形、线状锥形，具种子4粒；具珠柄钩，种子近圆形，两侧压扁，常被短柔毛。

本属约有100种，主要分布于热带至亚热带地区（主要是古热带）。我国植物园栽培有3种，均为本土物种，产广西、海南和台湾，其中2种为特有物种。

鳞花草属分种检索表

1a. 穗状花序长圆筒状，不偏向一侧；前方一对花萼分裂至近基部；苞片外面被腺柔毛 ·················· 70. **海南鳞花草** *L. hainanensis*
1b. 花序卵形至矩圆状卵形，偏向一侧；前方一对花萼裂片合生至中部以上；苞片外面不被腺柔毛。
  2a. 叶片披针形至卵状披针形；花序矩圆状卵形 ················ 69. **台湾鳞花草** *L. formosensis*
  2b. 叶片卵形至长圆形；花序卵形 ················ 71. **鳞花草** *L. incurva*

69
台湾鳞花草

Lepidagathis formosensis C. B. Clarke ex Hayata, J. Coll. Sci. Imp. Univ. Tokyo 30 (1): 213–214. 1911.

仙湖植物园栽培

自然分布

我国特有，产广东、台湾。生于海拔100～2300m的溪流边、沟渠、坡地或次生常绿阔叶林中。

迁地栽培形态特点

多年生草本，高40～60cm。

茎 四棱形，棱上具狭翅，仅节处疏被短柔毛，其余无毛或近无毛，节稍膨大，常染棕红色。

叶 同一节上的叶片极不等大，叶片薄纸质，狭披针形，长4～9cm，宽0.9～2cm，顶端渐尖至长渐尖，边缘近全缘，基部狭楔形下延，侧脉每边3～5条，叶两面疏被短柔毛，脉上毛被稍明显；叶柄长1～2.5cm，疏被短柔毛。

花 穗状花序顶生或近枝顶腋生，卵状长椭圆形，长2～5cm，常偏向一侧；苞片披针形，长

5~8mm，被短柔毛；小苞片狭披针形，长4~7mm，较苞片稍狭小，被短柔毛和丝状长柔毛；花萼长5~6mm，裂片5枚，披针形、线状披针形至线形，不等大，前面2枚裂片，裂至约1/2处，被短柔毛和丝状长柔毛；花长8~9mm，花冠白色，喉部内面密被髯毛，冠檐二唇形，上唇长圆形，下唇3深裂，裂片狭倒卵形，中间裂片稍大；雄蕊4枚，2长2短，花丝被柔毛；子房卵形，近顶端密被短柔毛，花柱长3.5~4mm，疏被几条刺状微柔毛。

果 蒴果狭卵状披针形，长5~6.5mm，仅近顶端被短柔毛，具种子4粒；种子卵圆形至近圆形，直径1.2~1.6mm，黄褐色。

引种信息
华南植物园 来源信息不详；生长状态良好。

物候
华南植物园 温室栽培，花期9月至翌年5月，盛花期10月至翌年2月；果期9月至翌年5月。

迁地栽培要点
喜温暖、潮湿、半荫蔽的栽培环境。

主要用途
适于林下地被和稍潮湿的石头旁边、水边的点缀。

70 海南鳞花草

Lepidagathis hainanensis H. S. Lo, Fl. Hainan. 3: 552, 598, f. 925. 1974.

自然分布

我国特有，产海南、广西。生于森林边缘。

迁地栽培形态特点

多年生草本至亚灌木，高30～50cm。

🌿 **茎** 四棱形，具狭翅，被微柔毛，稍呈"之"字形曲折，节处染红棕色。

🍃 **叶** 同一节上的叶极不等大，叶片薄革质，卵状披针形至卵形，大的叶片长5～10cm，宽1.8～2.6cm，叶柄长1～2.5cm，小的长1.5～3.5cm，宽8～15mm，叶柄短，长仅2～6mm，顶端长渐尖至尾尖，基部楔形下延，边缘疏具浅齿，两面均被微柔毛，背面脉上尤甚。

🌸 **花** 穗状花序顶生或近枝顶腋生，圆筒状，长1.5～4.5cm，顶端稍偏斜，总花梗长1～10mm，被微柔毛；总苞片叶状，2枚，狭卵状披针形至卵形，长3～10mm，宽2～3mm，不等大或极不等大；小花苞片1枚，狭披针形，长约6mm，具5～7条脉；小苞片2枚，狭披针形至线状披针形，长5～5.5mm，苞片、小苞片、萼裂片外面均密被腺柔毛；花萼筒状，裂片5枚，前方一对裂片披针形，裂几至基部，长6～7mm，两侧裂片稍小，线状披针形，膜质，色稍浅，长约5mm，后方一枚裂片最大，狭卵状披针形，长7～8mm；花长9～10mm，花冠白色，内部具紫色细斑纹；冠檐二唇形，上唇狭卵形，长4～4.5mm，宽约3mm，顶端2浅裂，下唇倒卵形，长4～5mm，顶端3中裂，中间裂片稍大，卵圆形，两侧裂片斜卵形；雄蕊4枚，2强，花丝分别长3～3.5mm和2～2.5mm，无毛，染紫红色，花药2室，纵裂，不等高；子房卵圆状锥形，长约1.5mm，中上部密被短柔毛，黄绿色，花柱长7.5～8.5mm，中、下部疏被刺状细柔毛。

🍎 **果** 蒴果狭卵形，长6～7mm，淡黄色至淡黄绿色，两侧稍压扁，顶端长渐尖，中上部外面密被短腺毛，具种子4粒；种子卵圆形，长1.8～2.1mm，宽1.5～1.8mm，压扁，棕黄色。

引种信息

华南植物园 登录号20170604，2017年引自海南；生长状态良好。

物候

华南植物园 棚内栽培，花期2月下旬至6月下旬，其中盛花期3月中旬至5月上旬；果期2月下旬至7月上旬。

迁地栽培要点

喜温暖、湿润、稍荫蔽的环境。

主要用途

可用于潮湿、稍荫蔽处的地被绿化。

华南植物园栽培　花序和花　茎、叶、花序和花　花　茎　花结构　花局部　果实和种子

243

71 鳞花草

Lepidagathis incurva Buch.-Ham. ex D. Don, Prodr. Fl. Nepal. 119. 1825.

华南植物园栽培（本地原生种）

自然分布

我国产广东、广西、海南、云南。生于海拔100～2200m的草地、丛林、路边或河边沙地。孟加拉国、印度、缅甸、泰国、越南也有分布。

迁地栽培形态特点

多年生草本，高25～60cm。

🌱 茎 四棱形，棱上具狭翅，多分枝，被柔毛，节常染红棕色，老时基部常木质化。

🍃 叶 同一节上的叶稍不等大，叶片纸质，卵形、卵圆形、狭椭圆形至狭椭圆状卵形，长1.7～7.5cm，宽1.4～4.1cm，顶端渐尖至短渐尖，边缘疏具浅齿或稍波状，基部楔形至圆形，下延，侧脉每边3~5条，两面均被短柔毛，背面脉上尤甚；叶柄长0.5~1cm，被柔毛。

🌸 **花** 穗状花序顶生或近枝顶腋生，长卵形，长1.5~3.5cm，常偏向一侧；苞片、小苞片、萼裂片被柔毛和丝状长柔毛；苞片长圆状披针形，长7~8mm，宽约2.5mm；小苞片狭披针形，长6.5~7.5mm，宽2~2.2mm，稍偏斜；花萼长7~8mm，裂片5枚，后面一枚裂片长圆状披针形，长约7mm，两侧裂片线形，长5~6mm，前面两枚萼裂片长6~6.5mm，中下部合生；花长8~9mm，花冠白色，外面被微柔毛，冠管长约4mm，喉部内面密被白色长柔毛，上唇卵圆形，长3mm，宽约2.5mm，直立，内面具淡紫色细斑纹，顶端微凹，呈不明显2裂，下唇3深裂，裂片近圆形，中间裂片稍大；雄蕊4枚，2强，花药2室，淡黄色；子房卵圆形，长0.8~1mm，绿色，仅顶端密被短柔毛，花柱长约3mm，无毛。

🍒 **果** 蒴果长卵圆形，长6~6.5mm，仅近顶端被短柔毛，具种子4粒；种子卵圆形至近圆形，长1.7~1.8mm，宽1.6~1.8mm，压扁，棕色，被贴伏柔毛。

引种信息

西双版纳热带植物园 本地原生种；生长状态良好。

华南植物园 本地原生种；生长状态良好。

物候

西双版纳热带植物园 花期7月下旬至翌年4月下旬；果实7月至翌年4月。

华南植物园 花期7月中旬至翌年3月中旬，其中盛花期9月中旬至翌年1月下旬；果期7月下旬至翌年4月上旬。

迁地栽培要点

生性强健，林下草地常见。喜温暖、湿润半荫蔽的环境。

主要用途

全草药用，具有清热解毒、消肿止痛的功效，用于治疗感冒发热、肺热咳嗽、目赤肿痛、蛇咬伤、伤口感染、皮肤湿疹等症。

用于园林绿化、庭院观赏，用于林下地被的片植、丛植和石边、水边的点缀。

茎

叶

拟地皮消属

Leptosiphonium F. Muell., Descr. Notes Papuan Pl. 7: 32. 1886.

草本。茎直立，稀分枝。叶对生，叶片通常全缘、近全缘或稍波状；具叶柄。花对生于枝顶两侧叶腋，呈总状或穗状花序状；苞片、小苞片狭，较花萼短；花萼5深裂，裂几至基部，裂片狭长，宿存；花冠高脚碟形，通常淡黄色、黄色、橙黄色至淡蓝色，有时白色；冠管狭长，喉部漏斗形；冠檐5裂，裂片近相等，椭圆形或倒卵形；雄蕊4枚，2长2短，着生于花冠喉部下方，花药2室，药室平行，近蝶形；无退化雄蕊；子房圆柱形，2室，每室通常具10~20粒胚珠，花柱丝状，柱头不等2裂。蒴果通常圆柱形，两侧稍压扁，具种子20~40粒。

本属约10种，主要分布巴布亚新几内亚及邻近岛屿。我国植物园栽培有1种，为本土物种，产华南，为特有物种。

72 飞来蓝

Leptosiphonium venustum (Hance) E. Hossain, Notes Roy. Bot. Gard. Edinburgh 32 (3): 408. 1973.

自然分布

我国特有，产广东、广西、福建、湖北、湖南、江西。生于100～800m的林下和溪流旁。

迁地栽培形态特点

多年生草本，高60～70cm。

🌿 茎 四棱形，稍具沟槽，被柔毛，节稍肿胀。

🍃 叶 叶片狭卵状长椭圆形，长8～17cm，宽2～5.2cm，顶端长渐尖至尾尖，边缘具浅锯齿或近全缘，基部狭楔形下延，侧脉每边5～8条，两面疏被柔毛；叶柄长3～10mm，被柔毛。

🌸 花 花常对生于叶腋，无梗；小苞片叶状，狭披针形，长0.8～3cm，宽3.5～6.5mm，背面疏被柔毛，内面无毛；花萼长7～8mm，裂片5枚，线状披针形，长5～6mm，宽约1mm，仅基部联合，稍不等大，背面疏被柔毛，内面被腺毛；花长4～5cm，花冠淡紫色至淡蓝色，外面被长柔毛，内面无毛，冠管长2.3～2.5cm，径1.8～2mm，细筒状，喉部漏斗状，内面具2枚黄色斑块，冠檐5裂，裂片卵圆形至矩圆状椭圆形，长9～11mm，宽7～8mm，近等大，顶端截平或微凹；雄蕊4枚，花丝长1～1.1cm，外面2枚稍长，无毛，花药2室，蝴蝶结状，等高，淡黄色；子房圆柱形，长2.5～3mm，绿色，无毛，花柱长3.5cm，疏被刺状微柔毛，柱头不等2裂。

🍒 果 未能观察到果实。

引种信息

华南植物园 登录号20170788，2017引自江西九江；生长状态良好。

物候

华南植物园 7月中旬至8月上旬始花期，8月中旬至9月下旬盛花期，10月上旬至中旬花末期；未能观察到果实。

迁地栽培要点

喜温暖、湿润、半荫蔽的栽培环境。

主要用途

可用作地被植物，也可用于园林绿化和庭园观赏。

全草入药，具有清热解毒、散瘀消肿的功效，用于治疗白喉、肺热咳嗽、感冒发烧、咽喉肿痛、头晕等症。

赤苞花属

Megaskepasma Lindau, Bull. Herb. Boissier 5(8): 666. 1897.

大型灌木。茎幼时被毛，后渐无毛，节膨大。叶对生，叶片椭圆形，边缘波状或近全缘，叶面仅幼时被毛，后毛渐脱落，仅背面脉上被毛；叶具叶柄。多枝穗状花序排成大型圆锥状，顶生和近枝顶腋生，具多分枝；苞片、小苞片长于花萼，红色至紫红色，宿存，秋冬不凋；花萼5深裂，裂片披针形至狭披针形，近等大，被短柔毛和腺毛；花冠管状，白色、粉红色至染浅紫红色，冠檐二唇形，上唇顶端2齿裂，下唇狭倒卵状披针形，顶端3裂，裂片稍不等大，反折；雄蕊2枚，伸出，花药2室，药室不等高，药室基部均具短距，无退化雄蕊；子房无毛，每室具2粒胚珠，花柱无毛，柱头近球形。蒴果倒卵形，基部具柄，最多具种子4粒，具珠柄钩；种子盘状，无被毛。

本属仅1种，原产中美洲、南美洲等地。我国部分植物园有引入栽培。

73
赤苞花

Megaskepasma erythrochlamys Lindau, Bull. Herb. Boissier 5: 666. 1897.

西双版纳热带植物园栽培

自然分布

原产中美洲、南美洲。我国部分植物园有栽培。

迁地栽培形态特点

灌木，高1~2m。

㊛ 近扁圆柱形或稍具四棱，幼时密被短茸毛，后渐脱落至无毛，节膨大。

㊥ 叶片长椭圆形至卵状椭圆形，长22~40cm，宽13~22cm，顶端渐尖至钝尖，具短尾尖，边缘波状或近全缘，基部阔楔形至楔形，侧脉每边12~18条，两面幼时疏被短茸毛，后仅背面脉上疏被短

茸毛；叶柄长5~8cm，仅幼时被短茸毛，后无毛。

花 圆锥花序顶生和近枝顶腋生，长18~30cm，由数枝穗状花序组成，花序轴被短茸毛；苞片、小苞片红色至紫红色，花萼红色、紫红色或染红色；苞片卵圆形，长3~5cm，宽1.7-2.5，具小尖头，基部具柄，背面近基部被短柔毛；小苞片狭卵形，长2~2.2cm，宽2.2~2.5cm，向两端渐至长渐尖，有时稍偏斜，边缘具缘毛，背面被短柔毛，近基部尤甚；花萼长约1.5cm，裂片5枚，狭披针形，长1~1.1cm，近等大，被短柔毛，中上部被腺毛；花长5.5~7cm，花冠粉红色至染浅紫红色，外面密被柔毛，冠檐二唇形，上唇狭披针形，长4~5cm，宽约1cm，顶端2齿裂，下唇狭倒卵状披针形，4~4.5cm，顶端3裂，裂片披针形至斜披针形，稍不等大，反折；雄蕊2枚，外露，花丝长3.2~4cm，染淡红色，无毛，花药2室，略不等高，药室基部均具短距，无退化雄蕊；子房长1.8~2mm，无毛，花柱长6.5~7.5cm，无毛。

果 蒴果倒卵形，长2.5~3.3cm，顶端具小尖头，基部具长柄，干时棕褐色，无毛，具种子2~4粒；种子近圆形，径6~7mm，压扁，干时淡黄棕色，无毛。

本种在栽培时，花期、苞片色彩常会因栽培条件不同而出现变化，在西双版纳热带植物园、华南植物园、厦门市园林植物园等，苞片红色、紫红色，花量大，花期长，经冬不凋，而昆明植物园、上海辰山植物园等，则需在温室条件下栽培，花量少，花期短，苞片常呈现粉红色。

引种信息

西双版纳热带植物园 登录号38,2002,0586，2002年引自泰国；生长状态良好。

华南植物园 登录号20102440，2010年引自秘鲁；生长状态良好。登录号20121956，2012年引自香港；生长状态良好。登录号20132341，2013年引自广州；生长状态良好。

厦门市园林植物园 引种信息不详；生长状态良好。

昆明植物园 登录号CN.2016.0069，2016年引自西双版纳热带植物园；生长状态良好。

上海辰山植物园 登录号20130184，2013年引自英国；生长状态良好。

物候

西双版纳热带植物园 8月中旬现蕾期，8月下旬至9月上旬始花期，9月中旬至11月中旬盛花期，11月下旬至翌年4月中旬花末期；果期翌年1~4月。

华南植物园 8月下旬至9月上旬现蕾期，花期9月下旬至翌年2月上旬，其中盛花期10月中旬至12月中旬；果期10月至翌年2月。

厦门市园林植物园 7月下旬至8月上旬现蕾期，8月中、下旬始花期，9月至翌年1月盛花期，2月花末期；果期10月至翌年2月。

昆明植物园 温室栽培，花期8月下旬至12月中旬，其中盛花期9月下旬至11月下旬。

上海辰山植物园 温室栽培，1月上旬现蕾期，1月下旬至2月上旬始花期，2月下旬至3月中旬盛花期，3月下旬至4月中旬花末期，花后修剪，4月下旬观察到又有新花序抽出，6月观察到盛花期，7月中旬修剪后又不断出新的花序；未观察到结果实。

迁地栽培要点

不择土壤，但以肥沃、疏松、排水性好的壤土为佳。喜温暖，全日照、半日照条件均可。

主要用途

花期长，观赏性强，用于园林绿化、美化和庭院观赏。适于片植、丛植、花境配置。

西双版纳热带植物园栽培应用于庭园观赏　　华南植物园栽培

昆明植物园温室栽培　　厦门市园林植物园栽培　　厦门市园林植物园栽培

瘤子草属

Nelsonia R. Br., Prodr. 480. 1810.

草本；茎、叶、花序等部位密被长柔毛。茎多分枝。叶对生，边缘通常全缘；叶具叶柄。穗状花序腋生或顶生，花密集；具苞片；无小苞片；花无梗；花萼4裂，裂几至基部，裂片不等大；花冠近钟状，稍扁平，冠管细柱状，喉部扩张，冠檐二唇形，上唇2裂，下唇3裂，裂片近等大；发育雄蕊2枚，着生于花冠喉部基部管，内藏或稍外露，花丝基部被短柔毛，花药2室，药室亚球形，基部具短距；无退化雄蕊；子房锥形，每室具2~4行，具8~28粒胚珠，柱头通常不等2裂。蒴果锥形，无珠柄钩；种子亚球形，无被毛。

本属约5种，广布于亚洲、非洲、大洋洲的热带地区。我国植物园栽培有1种，为本土物种，产广西、云南。

74 瘤子草

Nelsonia canescens (Lam.) Spreng., Syst. Veg., ed. 16 [Sprengel] 1: 42. 1824.

自然分布

产我国广西、云南。生于海拔400~2000m的潮湿处和开阔林中。广布于亚洲、大洋洲、非洲热带地区。

迁地栽培形态特点

一、二年生草本，高10~18cm，全株密被长柔毛。

茎 近圆柱形，匍匐或外倾，节上常生不定根。

叶 营养生长期、生殖生长期叶片变化较大。营养生长期，叶片椭圆形至卵状倒椭圆形，长2.5~6cm，宽1.4~3.5cm，顶端急尖至钝圆，基部楔形，边缘具波状齿，侧脉每边5~7条；叶柄长2~3.8cm；生殖生长期，叶片卵形至卵状椭圆形，长1.2~2cm，宽0.6~1.2cm，顶端渐尖至急尖，基部阔楔形，全缘；叶柄长0.2~0.5cm。

花 穗状花序顶生，长1~4cm；苞片椭圆形至倒卵状椭圆形，长5~7mm，宽2.5~4mm，背面被腺状长柔毛，具5~7条脉，花萼裂片4枚，长3~3.5mm，不等大，后面裂片最大，狭披针形，两侧裂片狭，线形，前面裂片圆状披针形，顶端2分叉；花长6~7mm，花冠蓝紫色至白色，外面无毛，内面喉部被柔毛，冠檐二唇形，上唇2裂，内面具深紫色斑纹，下唇3深裂，裂片内面具紫红色细斑纹；雄蕊2枚，花丝短，无毛，花药2室；子房长约1mm，无毛，花柱长约1.2mm，无毛。

果 蒴果长约5mm，具种子8~16粒；种子卵圆形，具瘤状凸起。

引种信息

西双版纳热带植物园 本地原生种；生长状态良好。

华南植物园 登录号20160730，2016年引自西双版纳热带植物园。

物候

西双版纳热带植物园 花期2月下旬至5月上旬，其中盛花期3月中旬至4月下旬；果期3月至5月下旬。

华南植物园 棚内栽培，花期3月至5月上旬，花量不大，盛花期不明显；未能观察到果实。

迁地栽培要点

喜温暖、湿润的环境。能耐涝渍，也耐阴。

主要用途

由于该植物能耐涝渍、也耐阴，在温暖、湿润的环境下表现良好，可作为排水不良地区的优良地被植物和林下地被植物。

作为食用香草，提取香料。

作药用植物，具有消炎、抗氧化的作用。

西双版纳热带植物园栽培（本地原生种）

华南植物园栽培（生殖生长期叶片）

营养生长期叶片

苞片

茎、叶毛被

鸡冠爵床属
Odontonema Nees, Linnaea 16(3): 300. 1842

粗壮草本或灌木；具钟乳体。叶对生，叶片通常全缘，沿脉无彩斑块或斑纹；叶具叶柄或无柄。花序顶生，总状或聚伞圆锥状；小花序具短柄；小花具1对小苞片；花萼5深裂，裂片等大；花冠白色、黄色、紫色、粉色或红色；冠管长，细柱状，冠檐裂片5枚，稍二唇形，上唇2裂，下唇3裂；雄蕊2枚，着生于冠管中部，内藏，花药2室，等大，药室平行，基部无距或仅具短凸起，具退化雄蕊2枚；子房无毛，每室具胚珠2枚，花柱丝状，柱头2裂，等大或不等大。蒴果倒卵形，基部具柄，柄等于或稍短于蒴果上部，最多具种子4粒，具珠柄钩；种子凸透镜状，卵形或卵圆形，通常无被毛。

本属有29种，主要分布于热带和亚热带地区。我国植物园栽培有2种，均为引入栽培。

本属植物观赏性强，适于栽培在温暖、稍潮湿的温室或不低于10℃左右的露天环境下，喜光照条件好的栽培环境，不择土壤，但以肥沃、排水性好的壤土为佳，全日照、半日照条件下均生长良好，漫射光条件或稍荫蔽处也能良好生长，但花量稍少。

鸡冠爵床属分种检索表

1a. 叶片两面无毛或仅幼时背面脉上被微柔毛；花序梗、花序轴、苞片、小苞片、花梗被微柔毛；花红色；花期8月上旬至翌年2月 ·········· **76. 红楼花 *O. strictum***
1b. 叶面无毛，背面被短柔毛，沿脉被短柔毛；花序轴、花梗、总苞片、苞片、小苞片外面密被短柔毛；花紫红色；花期12月至翌年6月 ·········· **75. 美序红楼花 *O. callistachyum***

75 美序红楼花

别名: 紫花鸡冠爵床

Odontonema callistachyum (Schltdl. et Cham.) Kuntze, Revis. Gen. Pl. 2: 494. 1891.

华南植物园栽培

自然分布

原产墨西哥和中美洲。我国部分植物园有栽培。

迁地栽培形态特点

亚灌木至灌木,高0.8~2m。

茎 近圆柱形,稍具棱,棱上具皮孔状凸起,幼时密被微柔毛,老时无毛,木质化。

叶 叶片纸质,卵状椭圆形、卵状披针形、长椭圆形或长倒卵状披针形,长12~28cm,宽4~10.5cm,顶端长渐尖,具尾尖,边缘近全缘或具不明显的浅波状细齿,基部阔楔形、楔形至狭楔形,下延,侧脉7~12对,在叶面稍凹下,在背面凸起,幼叶密被白色短柔毛,老时仅背面被短柔毛,脉上尤甚,叶面深绿色,背面绿色;叶柄长0.5~3m,被短柔毛,具狭翅。

🌼 **花** 圆锥聚伞花序顶生和近枝顶腋生，常具分枝，长12~35cm，花序轴、花梗、总苞片、苞片、小苞片外面密被短柔毛，紫红色或带红色，花梗、萼裂片外面、冠檐裂片内面被微柔毛，紫红色；花序下部具一对线形总苞片，长4~7mm，宽0.6~0.8mm；小花序常3~11朵花；苞片三角状披针形，长2~3mm，宽0.6~0.8mm；小苞片披针形，长1.5~2mm，宽0.4~0.5mm；花梗长4~7mm；花萼钟状，裂片5枚，三角状披针形，等大，长2.2~2.4mm，宽0.7~0.8mm；花长3~3.5cm，紫红色，花冠管状，下部冠管略呈球形，长2~2.5mm，向上稍缢缩，喉部稍扩大，冠檐略二唇形，上唇近矩形，长6~7mm，宽4~5mm，直立，顶端2中裂，裂片卵圆形，下唇3深裂，裂片狭卵形，长6~7mm，宽3~4mm，反折；雄蕊2枚，内藏，生于花冠喉部，花丝长约4mm，花药狭卵形，长约2mm，2室，纵裂；子房圆锥状，长3~3.5mm，光滑，花柱长2.2~2.4cm。

🌰 **果** 蒴果倒狭卵状披针形，长1.5~1.8cm，顶端渐尖至长渐尖，具小尖头，基部具长柄，棕褐色，具4粒种子；种子卵形至卵圆形，长3~4mm，宽2~2.5mm，扁平，具小尖头，灰褐色。

引种信息

华南植物园 登录号20113334，2011年引自美国；生长状态良好。

物候

华南植物园 11月中、下旬开始现蕾期，12月中、下旬始花期，1月上旬至3月下旬盛花期，4月上旬至6月下旬花末期，伴有闭花现象；果期3月中旬至5月上旬。

迁地栽培要点

喜温暖、湿润的环境，稍耐旱，稍耐寒，全日照、半日照均可。

主要用途

观赏性强，用于园林绿化、庭院观赏，适于丛植、花境、园林点缀。

本种为蜜源植物，能吸引蜂鸟、太阳鸟等小型的鸟类前来造访，为秋冬季节用于观鸟的良好植物之一。

花序

花序和花

76 红楼花

别名: 鸡冠爵床

Odontonema strictum (Nees) O. Kuntze, Revis. Gen. Pl. 2: 494. 1891.

西双版纳热带植物园栽培作林下地被植物

自然分布

原产中美洲。热带地区普遍栽培。

迁地栽培形态特点

亚灌木至灌木,高0.8~1.8m。

🟣 茎 近圆柱形或稍具四棱,幼时密被微柔毛,后渐脱落至无毛,具皮孔状凸起。

🟣 叶 叶片卵圆形、长卵形至长椭圆形,长10~15cm,宽4.5~6.6cm,顶端渐尖至急尖,具尾尖,边缘波状或近全缘,基部阔楔形、圆形,稍下延,侧脉每边5~8条,仅幼时背面脉上稍被微柔毛,其余无毛;叶柄长1.5~3cm,仅幼时疏被微柔毛。

🌸 聚伞圆锥花序顶生,长12~30cm,常具分枝;花序梗、花序轴、苞片、小苞片、花梗被微柔毛;小花序对生,具1~3(~5)朵花;苞片三角状披针形至披针形,长1~3mm,向上渐小;小苞片披针形,长约1mm;花梗长3~4mm;花萼5裂,裂片三角状披针形至披针形,长1.2~1.5mm,等大;花长4~4.5cm,花冠红色,冠管细管状,喉部稍扩大,冠檐稍二唇形,内面被微柔毛,外面无毛,上唇2裂,裂至2/5~1/2处,下唇3深裂,裂片长圆形,中裂片稍大;雄蕊2枚,内藏,花丝长2~2.5mm,无毛,基部具残余雄蕊2枚;子房无毛,花柱长2.4~2.7cm,疏被刺状微柔毛。

🍒 蒴果倒卵形,棒状,长1.5~1.8cm,基部具长柄;种子卵形或近卵形,长约3mm,宽约2mm,黑褐色。

引种信息

西双版纳热带植物园　　登录号00,2001,3446,2001年引自海南;生长状态良好。

华南植物园　　登录号20113336,2011年引自美国;生长状态良好。

厦门市园林植物园　　引种信息不详;生长状态良好。

昆明植物园　　登录号CN.2016.0021,2016年引自西双版纳热带植物园;生长状态良好。

桂林植物园　　引种信息不详;生长状态良好。

上海辰山植物园　　登录号20123062,2012年引自云南;生长状态良好。

南京中山植物园　　登录号2007I-0704,2007年引自西双版纳热带植物园;生长状态良好。

中国科学院植物研究所北京植物园　　登录号1990-w0503,1990年引种,引种地不详;生长状态良好。

物候

西双版纳热带植物园　　6月下旬至7月上旬现蕾期,7月中旬至翌年1月中旬花期,其中盛花期8月中旬至12月下旬;果期9月至翌年2月上旬。

华南植物园　　花期8月上旬至翌年2月下旬,盛花期8月下旬至翌年1月中旬;果期10月至翌年2月。

厦门市园林植物园　　7月现蕾期,8月上、中旬始花期,8月下旬至11月盛花期,12月下旬至翌年1月花末期;果期11月下旬至翌年1月。

昆明植物园　　温室栽培,8月上旬至12月花期,花量不多。

桂林植物园　　8月上旬现蕾期,8月中旬始花期,8月下旬至翌年1月上旬盛花期,1月中旬花末期。

上海辰山植物园　　温室栽培,8月上旬现蕾期,8月中旬始花期,9月下旬至11月上旬盛花期,11月中下旬末花期。

南京中山植物园　　温室栽培,10月下旬现蕾期,11月上旬始花期,11月中旬至12月上旬盛花期,12月中旬花末期;未见结果实。

中国科学院植物研究所北京植物园　　温室栽培,花期近全年,7、8月相对花少;未见结果实。

迁地栽培要点

喜温暖、湿润,稍耐旱,不择土壤,以肥沃壤土为佳,全日照、半日照均可。

主要用途

观赏性强,用于园林绿化、美化和庭院观赏,适合丛植、片栽和盆栽,亦可作为林下地被植物。

本种为蜜源植物,能吸引蜂鸟、太阳鸟等小型的鸟类前来造访,为秋冬季节用于观鸟的良好植物之一。

金苞花属

Pachystachys Nees, Fl. Bras. 9: 59. 1847.

常绿多年生草本、亚灌木或灌木。茎直立，通常圆柱形或稍具四棱，被毛或无毛。叶对生，叶片通常卵形、卵状披针形至卵状椭圆形，边缘通常全缘或近全缘，叶面无斑彩；具叶柄。穗状花序顶生，苞片大，覆瓦状排成4列，重叠，绿色或黄色，通常卵形，通常被毛；小苞片小或缺；花萼裂片5枚，稍短小，等大或近等大；花冠管状，通常具艳丽色彩，红色、白色或橙黄色、橙红色，冠檐二唇形，冠管不扭转，雄蕊2枚，着生于冠管基部，伸出，与花冠近等长，花药2室，药室等大，平行，每个药室基部具1枚长而向后弯曲的距；具退化雄蕊或缺；子房每室具2粒胚珠，花柱丝状，伸出，长于雄蕊，柱头2裂。蒴果，基部具柄，最多具4粒种子，具珠柄钩。

本属有12种，主要分布于热带美洲。我国植物园栽培有2种，均为引入栽培。

本属观赏性强，适于温暖、稍潮湿的环境下栽培或温室栽培，冬季低温为15~18℃，在明亮的漫射光条件下生长良好，不择土壤，但以排水性好的肥沃、混合腐殖质壤土、砂质壤土为宜。

金苞花属分种检索表

1a. 叶片基部圆形、楔形至狭楔形；叶柄长2~5cm；苞片绿色；花冠红色······77. 绯红珊瑚花 *P. coccinea*
1b. 叶片基部下延、耳状；叶柄长0~2mm；苞片黄色；花冠白色······78. 金苞花 *P. lutea*

77 绯红珊瑚花

Pachystachys coccinea (Aubl.) Nees, Prodr. 11: 319. 1847.

西双版纳热带植物园栽培

自然分布

原产法属圭亚那、巴西和秘鲁。我国部分植物园有栽培。

迁地栽培形态特点

常绿灌木，高80~150cm。

🌿 **茎** 粗壮，具四棱，棱上常具皮孔状凸起，节稍膨大，老时木质化，棕褐色，具细纵裂纹。

🌿 **叶** 叶片厚纸质，卵状长椭圆形、阔卵形或倒卵状长椭圆形，长12~24cm，宽3.8~13.5cm，顶端渐尖至钝尖，有时具短尾尖，边缘全缘或稍波状，基部圆形、楔形至狭楔形，两侧稍不等，侧脉每边8~10条，仅幼叶疏被毛或近无毛；叶柄长2~5cm，无毛。

花 穗状花序顶生枝顶，长10~16cm，花序轴长2~2.5cm，最下部一对总苞片叶状，卵形或卵状心形，长3~4cm，宽2~2.4cm，顶端钝尖，具小尖头，基部柄增宽，长2.5~3.5mm，宽约5mm；总苞片、苞片、小苞片、花萼绿色，总苞片、苞片密被头状腺毛；苞片卵形至狭卵形，长1.8~3.2cm，宽0.4~1.6cm，向上渐小，顶端渐尖至长渐尖；小苞片2枚，线状披针形至线形，长1~18mm，宽0.2~2.8mm，向上渐小，两面密被柔毛；花萼钟状，稍开展，裂片三角状卵形，长约2mm，两面密被微柔毛；花长5~6cm，花冠红色，冠管筒状，喉部稍扩大，稍弯曲，外面密被细柔毛，内面中下部被柔毛，冠檐二唇形，上唇狭卵状披针形，长2.5~2.8cm，顶端2齿裂，下唇3深裂，裂片开展呈鸟趾状，倒卵形至匙形，中间裂片稍狭，长1.6~1.8cm，宽6~7mm；雄蕊2枚，花丝长4~4.5cm，外露，黄色，密被柔毛，花药狭卵状披针形，长约6mm，淡黄色；子房卵状锥形，长3.5~4mm，黄绿色，无毛，花柱长约5.5cm，稍长于雄蕊，黄色，近顶端染红色，无毛。

果 蒴果长1.2~1.6cm，上部卵形，顶端具喙状尖头，基部具长柄，淡黄棕绿色，果实不育。

引种信息

西双版纳热带植物园 登录号52,2001,0012，2001年引自新加坡；生长状态良好。

华南植物园 登录号20151382，2015年引自仙湖植物园；生长状态良好。

厦门市园林植物园 登录号20170022，2017年引自仙湖植物园；生长状态良好。

物候

西双版纳热带植物园 12月上旬现蕾期，12月中、下旬至翌年6月中旬为花期，其中盛花期2月中旬至5月下旬，未观察到结果实。

华南植物园 棚内栽培，2月上旬现蕾期，3月上旬至7月中旬为花期，其中盛花期3月下旬至6月下旬；果期5~7月。

厦门市园林植物园 盆栽，1月现蕾期，2月上旬始花期，2月中旬至4月为盛花期，未观察到果实。

迁地栽培要点

喜温暖、湿润的栽培环境，全日照、半日照均可，不耐寒。

主要用途

观赏性强，用于园林绿化、美化和庭院观赏，亦可盆栽用于室内观赏。

花

花药

78 金苞花

别名： 黄虾衣花

Pachystachys lutea Nees, Prodr. 11: 320. 1847.

武汉植物园温室栽培

自然分布

原产墨西哥、秘鲁。我国南方城市常见栽培。

迁地栽培形态特点

常绿灌木，高80~100cm。

茎 稍纤细，圆柱形或稍具四棱，密被柔毛，后渐无毛，具皮孔状凸起，老时木质化，褐色至灰褐色，具细纵裂纹。

叶 叶片纸质，狭倒卵状披针形、狭披针形至狭卵状椭圆形，长8~12.5cm，宽2~4cm，顶端长渐尖至尾尖，边缘近全缘，基部狭楔形下延至基部耳状，侧脉每边5~8条，两面密被柔毛；叶柄长

0~2mm，被柔毛。

🌸 穗状花序顶生，长5~10cm，花序轴四棱形，密被细柔毛，长5~10mm，下部具一对总苞片，总苞片卵状心形、卵形、狭卵状披针形至线形，长0.6~1.5cm，宽1~10mm，常不等大，两面密被柔毛，边缘被头状腺毛；苞片覆瓦状排成4列，卵形至卵状心形，长1.3~2.6cm，宽1.3~2.3cm，向上渐小，顶端具小尖头，边缘密具头状腺毛；小苞片2枚，狭卵形披针形，长7~10mm，宽3~4mm，两面密被细柔毛，中上部边缘具头状腺毛；花萼钟状，裂片5枚，仅基部联合，披针形，长5~6mm，膜质，白色，两面被微柔毛；花长5~5.5cm，花冠白色，冠管筒状，喉部稍扩大、弯曲，长2.6~3cm，外面密被柔毛，内面无毛，冠檐二唇形，上唇狭卵状披针形，长1.8~2cm，宽5~6mm，顶端2齿裂，下唇倒卵圆形，长1.5~1.7cm，宽1.3~1.4cm，顶端3浅裂，中间裂片卵圆形，顶端又微2齿裂，两侧裂片斜卵形，向中间靠拢；雄蕊2枚，花丝长约4cm，伸出冠筒，白色，被柔毛，花药线状披针形，淡绿色，长3.5~4mm，花粉白色，圆形；子房狭卵状锥形，长2.2~2.4mm，淡绿色，花柱长5~5.5cm，仅近基部疏被刺状柔毛，近顶端弯曲。

🍎 未能观察到果实。

引种信息

西双版纳热带植物园 登录号C19114，引种信息不详；生长状态良好。

华南植物园 登录号19840497，1984年引自上海市园林科学研究所（现上海市园林科学规划研究院）；生长状态良好。登录号19840522，1984年引自香港；生长状态良好。

厦门市园林植物园 引种信息不详；生长状态良好。

昆明植物园 登录号80-129，1980年引自日本；生长状态良好。

庐山植物园 登录号LSBG1984-1，1984年引自华南植物园；生长状态良好。

上海辰山植物园 登录号20123055，2012年引自云南；生长状态良好。

南京中山植物园 登录号89I5107-4，1989年引自上海植物园；生长状态良好。

中国科学院植物研究所北京植物园 登录号1990-w0503，1990年引种，引种地不详；生长状态良好。

物候

西双版纳热带植物园 花期全年，盛花期1~9月，偶尔观察到有幼果，但不久脱落。

华南植物园 花期近全年，盛花期3~5月和10~12月，未能观察到果实。

厦门市园林植物园 花期近全年，其中盛花期3~5月、9~10月；未观察到果实。

昆明植物园 温室栽培，花期近全年，未见结果。

庐山植物园 温室栽培，花期6月上旬至10月，其中盛花期6月下旬至9月。

上海辰山植物园 温室栽培，花期近全年，花量少。

南京中山植物园 温室栽培，2月下旬现蕾期，3月中旬始花期，3月下旬、4月上旬盛花期，4月中旬花末期；未见结果实。

中国科学院植物研究所北京植物园 温室栽培，花期近全年，7、8月少花；未见结果实。

迁地栽培要点

喜温暖、湿润的栽培环境，以排水良好、肥沃的腐殖质土和砂质壤土为宜，全日照、半日照均可。

主要用途

花期长，观赏性强，常用于庭院观赏及路边绿化、美化，适合丛植、片栽和花坛布置，亦可盆栽于室内观赏。

地皮消属

Paraqueillia Bremek. et Nann.-Bremek., Verh. Kon. Ned. Akad. Wetensch., Afd. Natuurk., Sect. 2, 45(1): 25. 1948.

多年生草本。茎短。叶对生，莲座状，叶片边缘通常波状、具圆齿，稀近全缘；具叶柄。花序顶生，穗状花序或聚伞花序；苞片通常叶状；具小苞片；花具短梗或近无梗；花萼5裂，裂片近等长；花冠白色、浅蓝色或粉红色；冠管圆筒状，细长，喉部渐尖扩大；冠檐裂片5枚，通常等大或近等大，顶端圆形、钝或微缺，在花蕾期螺旋状排列；雄蕊4枚，2强，着生于喉部基部；花药2室，平行，呈蝶形；无退化雄蕊；子房通常长椭圆形，无毛，2室，每室具4～8粒胚珠，花柱、柱头被短柔毛，柱头2裂，后裂片通常短或退化。蒴果圆柱状，具8～16粒种子，具珠柄钩；种子凸透镜状，被吸湿性短柔毛。

本属约有10种，主要分布于我国和东南亚地区。我国植物园栽培有4种，均为本土物种，产华南、西南等地，均为我国特有种。

地皮消属分种检索表

1a. 穗状花序圆筒形；苞片覆瓦状排列，长于花序轴节间，同型 ············· 81. 云南地皮消 *P. glomerata*
1b. 花序不呈圆筒形，节间较远；苞片对生，短于花序轴节间，通常异型。
  2a. 花序通常具1–3个节，节下具翅 ············· 80. 地皮消 *P. delavayana*
  2b. 花序通常具4个节或以上，节下无翅。
    3a. 苞片长圆形、椭圆形、卵形甚至狭披针形 ············· 79. 罗甸地皮消 *P. cavaleriei*
    3b. 苞片心形或近圆形 ············· 82. 海南地皮消 *P. hainanensis*

79 罗甸地皮消

Pararuellia cavaleriei (Lévl.) E. Hossain, Notes Roy. Bot. Gard. Edinburgh 32: 409. 1973.

自然分布

我国特有，产广西、贵州、云南。生于海拔100~1400m的草坡和疏林下。

迁地栽培形态特点

多年生草本，高10~25cm。

🌱 **茎** 短缩。

🍃 **叶** 稍呈莲座状，叶片倒披针形至匙形，长6~16cm，宽1.8~4.5cm，顶端渐尖至钝尖，边缘波状，被缘毛，基部狭楔形下延，侧脉每边7~11条，两面疏被糙毛；叶柄长1~3cm，被糙毛。

🌸 **花** 聚伞圆锥花序，花序梗四棱形，具沟槽，被糙毛，基部常具一对叶状总苞片，椭圆形，长3~4cm，两面疏被糙毛；小聚伞花序具2~4朵花；苞片卵形、狭卵形至狭卵状披针形，长5~12mm，被短柔毛，边缘被缘毛；小苞片2枚，披针形，长3~3.2mm，紫红色，疏被微柔毛；花萼长约5mm，裂片5枚，披针形，裂几至基部，近等长，被腺状短柔毛；花长2~2.5cm，蓝紫色、淡紫色或淡蓝色，外面疏被微柔毛，冠管喉部扭转，冠檐略二唇形，裂片5枚，长圆形，顶端微凹，近等大；雄蕊4枚，2长2短，花丝分别长3~3.5mm和1.5~2mm，无毛；子房狭卵状锥形，长约3mm，绿色，近无毛，花柱长1~1.3cm，疏被刺状短柔毛。

🍎 **果** 蒴果细柱状，长约1.5cm，无毛，具种子8~12粒；种子卵形，长1.3~1.4mm，宽约1mm，外面密被微毛。

引种信息

华南植物园 登录号20171646，2017年引自云南河口瑶族自治县南溪镇；生长状态良好。

昆明植物园 登录号CN.2016.0104，2016年引种，原温室植物，来源不详；生长状态稍差。

物候

华南植物园 棚内栽培，花期11月至翌年3月，其中盛花期1月中旬至2月下旬；果期12月翌年4月。

昆明植物园 温室栽培，花期9~10月，花量少，盛花期不明显；2017年死亡。

迁地栽培要点

喜温暖、湿润、稍荫蔽的栽培环境。

主要用途

可用作林下地被植物，亦可庭院观赏，用于石块、溪边的点缀。

80 地皮消

Pararuellia delavayana (Baill.) E. Hossain, Notes Roy. Bot. Gard. Edinburgh 32: 409. 1973.

自然分布

我国特有，产贵州、四川、云南。生于海拔700～3000m的山坡、林下。

迁地栽培形态特点

多年生草本，高10～15cm。

茎 短缩，长2～4cm，圆柱形，密被短柔毛。

叶 排成莲座状，叶片薄纸质，倒卵形至倒卵状披针形，长8～14cm，宽3～4.2cm，顶端急尖、钝尖至圆形，中上部边缘稍波状或具波状浅齿，基部狭楔形，下延，侧脉每边6～8条，叶面密被短柔毛和糙伏毛，背面仅脉上被短柔毛和糙伏毛，叶面绿色，背面灰白色；叶柄长0.5～6cm，密被短柔毛。

花 聚伞花序，花序梗长16～40cm，基部匍匐、斜展，上端直立，具2～3节，被短柔毛，节四棱形，向上渐增粗，明显具翅；总苞片叶状，卵形至心形，长1.5～4.5cm，宽1.5～2.7cm，向上渐小，顶端渐尖、急尖至钝圆，边缘具波状齿，基部心形至阔楔形，被长缘毛，上面被短柔毛和糙伏毛，背面仅脉上被短柔毛和糙伏毛，除第一对总苞片外，其余的总苞片基部及短柄被髯毛，柄长0～1cm，向上渐短至无柄，内具1～3朵花；苞片叶状，椭圆形、卵形至狭卵形，长4～7.5mm，宽2～4.5mm；小苞片线形，长4.5～5.5mm，宽0.6～1mm，苞片、小苞片被柔毛和缘毛；花萼长4～5mm，5深裂，裂片线状披针形，被微柔毛，顶端疏被缘毛；花长约2cm，花冠白色至淡蓝色，冠管细，长4.5～5mm，喉部扩大，冠檐5裂，裂片近圆形，径约6mm，近等大，顶端圆形或微凹；雄蕊4枚，2长2短，花丝分别长1mm和3mm，无毛，花药2室；子房无毛，花柱长约9mm，被刺状柔毛，柱头2裂。

果 蒴果圆柱形，长约2cm，向两端渐狭，表面具绿色、紫棕色斑纹，具种子10～16粒；种子卵圆形至近圆形，长1.2～1.5mm，宽1.1～1.3mm，被贴伏柔毛。

引种信息

华南植物园 登录号20170785，2017年引自云南；生长状态良好。

物候

华南植物园 棚内栽培，7月下旬至8月现蕾期，9月中旬至11月下旬；果期10～12月。

迁地栽培要点

喜温暖、湿润、半荫蔽的栽培环境。

主要用途

全草入药，具有清热解毒、散瘀消肿的功效，用于乳蛾、痄腮、咳嗽痰喘、风热咳嗽、痢疾、疳积、瘰疬、骨折、刀伤感染、疮毒、痈肿等症。

81 云南地皮消

Pararuellia glomerata Y. M. Shui et W. H. Chen, Bot. Stud. (Taipei) 50: 261–262, f. 1, 3. 2009.

自然分布

我国特有，产云南。生于海拔200～500m山谷、石灰岩、丘陵、丛林。

迁地栽培形态特点

多年生草本，高10～16cm。

茎 圆柱形，匍匐或直立，密被柔毛，节上常生不定根。

叶 叶片纸质，倒卵形或倒卵状披针形，长4～11cm，宽1.8～4.2cm，顶端急尖至钝圆，边缘具浅锯齿、浅波状或近全缘，基部狭楔形下延，侧脉每边6～7条，沿脉常深绿色，两面被短柔毛，边缘及脉上毛被明显；叶柄长1～4cm，密被短柔毛和柔毛。

花 穗状花序卵圆形或圆筒形，花梗长2～6cm，密被短柔毛和长柔毛；苞片覆瓦状排成4列，阔卵形，长8～10mm，宽7～9mm，密被长柔毛，边缘具丝状长柔毛，常染棕红色；小苞片2枚，线形，长3.5～5mm，密被短柔毛和长柔毛；花萼5深裂，裂片线形，长4～5mm，果期稍增大，被短柔毛和缘毛；花长1.5～1.7cm，花冠浅紫色，外面被短柔毛，喉部稍弯曲，冠檐裂片5枚，卵圆形，顶端圆形或截平，近等大；雄蕊4枚，2长2短；子房长2～2.3mm，无毛，花柱长0.9～1.4cm，被短柔毛。

果 蒴果长1.2～1.5cm，黄褐色，具种子10～12粒；种子卵圆形或近圆形，长1.6～2mm，宽1.4～1.6mm，被贴伏柔毛，遇水开展。

引种信息

华南植物园 登录号20160728，2016年引自仙湖植物园；生长状态一般。

仙湖植物园 引种年份不详，引自云南红河哈尼族彝族自治州个旧；生长状态一般。

物候

华南植物园 棚内栽培，花期1～3月，常闭花；果期2～4月。

迁地栽培要点

喜温暖、湿润、半荫蔽的栽培环境。

主要用途

可用作林下地被植物。

82
海南地皮消

Pararuellia hainanensis C. Y. Wu et H. S. Lo, Fl. Hainan. 3: 550, 593, f. 928. 1974.

自然分布

我国特有，产广西、海南。生于海拔100～600m的林下、溪流边的岩石缝或潮湿的土壤中。

迁地栽培形态特点

多年生草本，高10～25cm。

茎 短缩，被短柔毛。

叶 呈莲座状着生，叶片纸质，倒卵形至倒卵状披针形，长4.5～12cm，宽2.3～3.5cm，顶端钝圆，边缘波状，被缘毛，基部楔形至狭楔形下延，侧脉每边4～6条，两面被短糙毛；叶柄长0.5～1.5cm，被短柔毛。

花 聚伞花序，常具2～6节，总苞片对生，近圆形或卵状心形，长0.5～1.5cm，宽0.5～1.3cm，内具1～2朵花；小苞片披针形，长3～4mm，宽约1mm；萼裂片5枚，线状披针形，等长，长约4～5mm，宽0.5～0.6mm，外面被微毛；花浅蓝色至蓝色，长1.1～1.3cm，外面被短柔毛，内面无毛；冠管圆筒状，冠筒细长，稍扭转，外面密被柔毛，自喉部向上一侧平缓，一侧扩展呈漏斗状；冠檐裂片5枚，裂片长椭圆形，等大，长6～7mm，宽约5mm，顶端截平或稍凹缺；雄蕊4枚，2长2短，长的花丝长3.5～4.5mm，短的仅1mm，花药白色；子房狭卵形，染紫红色，无毛；花柱长1.3～1.5cm，被短柔毛，柱头2裂，不等大。

果 蒴果细圆柱形，长1～1.2cm，中间具纵沟，棕色至棕红色，成熟时2片裂；种子10～16枚，卵圆形，两侧压扁，长1.6～2mm，宽1.5～1.8mm，棕黄色。

引种信息

华南植物园 登录号20030747，2003年引自海南；生长状态良好。

桂林植物园 引种信息不详；生长状态良好。

物候

华南植物园 全年零星有花开，盛花期3～5月，遇寒潮和春季的倒春寒后花期滞后且花量减少；果期4～6月。

桂林植物园 花期2次，第一次始花期3月中、下旬，4月上旬盛花期，4月下旬花末期，果期4月下旬至5月中旬；第二次花8月中旬现蕾期、始花期，8月下旬至10月上旬盛花期，10月中旬花末期；果期10月上旬至11月中旬。

迁地栽培要点

喜温暖、湿润、半荫蔽的环境。

主要用途

可用作园林绿化和庭院观赏,可作林下地被植物或石旁、水边的点缀。

观音草属
Peristrophe Nees, Pl. Asiat. Rar. 3: 77, 112. 1832.

草本或灌木，具钟乳体。叶对生，边缘通常全缘、近全缘或稍具浅齿。聚伞花序顶生或腋生，有时多个聚集成圆锥状，聚伞花序具（1～）2～4（或更多）小花序组成；小花序通常具1～3朵花，由总苞片包被，有时仅1朵花发育，其余的退化、仅存花萼和小苞片；总苞片2枚，稀3或4枚，对生，通常较花萼大；花萼小，5深裂，裂片等大，线形或披针形；花冠紫色、红色、粉红色至白色，通常大，冠管细长，圆柱状，扭转，喉部稍扩大，冠檐二唇形，上唇常伸展，全缘或微缺，下唇常直立，顶端3齿裂，裂片在花蕾期覆瓦状排列；雄蕊2枚，着生于花冠喉部两侧，伸出，通常较冠檐短，花药线形，稀卵状或内曲，2室，药室不等高，常一上一下，下方的一室通常较小，无距，无退化雄蕊；子房每室具2粒胚珠，花柱线形，柱头稍膨大或2裂。蒴果，基部具柄，最多具4粒种子，具珠柄钩，开裂时胎座不弹起；种子阔卵形或近圆形，压扁，光滑至表面具瘤状凸起，无被毛。

本属约有40种，主要分布于非洲大陆热带和亚热带、马达加斯加和亚洲。我国植物园栽培有4种，其中2种为本土物种，产华南、华中、华东、西南等地，2种为引入栽培。

观音草属分种检索表

1a. 总苞片匙形，最宽处在上部 ··· **86. 美丽爵床 *P. speciosa***
1b. 总苞片卵圆形、椭圆形或线形，不为匙形，最宽处在中下部或近基部。
  2a. 总苞片线形 ·· **84. 柳叶观音草 *P. hyssopifolia***
  2b. 总苞片卵圆形、椭圆形。
    3a. 叶片两面被微柔毛，近亚光，侧脉每边5～6条；花萼长4.5～5mm，裂片披针形；花长3.5～5.5cm ·· **83. 观音草 *P. bivalvis***
    3b. 叶两面疏生短柔毛，侧脉每边3～5条；花萼长约4mm，裂片钻形，被短柔毛；花长2.2～3.2cm ·· **85. 九头狮子草 *P. japonica***

83 观音草

Peristrophe bivalvis (L.) Merr., Interpr. Herb. Amboin. 476. 1917.

广西药用植物园栽培

自然分布

我国产华南、华中、华东、西南等地。生于海拔500～1000m的林下。柬埔寨、印度、印度尼西亚、老挝、马来西亚、泰国、越南也有分布。

迁地栽培形态特点

多年生草本，高50～80cm。

茎 近圆柱形，具5～6棱和同数的沟槽，被短柔毛。

叶 叶片纸质，披针形至卵状披针形，长3～11cm，宽1.6～3.9cm，顶端渐尖，全缘，基部阔楔形至圆形，侧脉每边5～6条，两面被微柔毛至无毛；叶柄长0.5～2.5cm，被短柔毛。

花 聚伞花序顶生和近顶端腋生，总花梗长3～1.2cm，被微柔毛，具1～5个花序；总苞片2枚，卵形或卵状椭圆形，长1.3~2cm，不等大，被微柔毛至近无毛；小苞片狭三角形至钻形，长1~2mm；花萼细筒状，长4.5~5mm，裂片5枚，披针形，被微柔毛；花长3.5~5.5cm，花冠粉红色至淡紫红色，外面被短柔毛；冠管细管状，白色，喉部扭转，冠檐二唇形，上唇阔卵形，顶端微缺，下唇椭圆状长圆形，内面具紫蓝色细斑，顶端3浅裂；雄蕊2枚，伸出，花丝被2裂柔毛，花药线形；花柱长3~4.5cm，无毛，柱头2裂。

果 未能观察到结果。

引种信息

华南植物园 登录号20160011，2016年引自湖北石首；生长状态良好。

桂林植物园 引种年份不详，引自广西龙州；生长状态良好。

南京中山植物园 登录号89I52-678，1989年引自江苏江浦（现并入南京市浦口区）；生长状态良好。

物候

华南植物园 棚内栽培，花期3~4月，盛花期3月下旬至4月中旬，未能观察到结果；露地栽培，花期4~5月，盛花期不明显，未能观察到结果。

桂林植物园 12月中旬现蕾期，翌年4月上旬始花期，4月中旬盛花期，4月下旬花末期。

南京中山植物园 3月下旬开始展叶，4月上旬展叶末期，7月下旬现蕾期，8月中旬始花期，9月上旬盛花期，9月下旬花末期；果期9月中旬至11月上旬。

迁地栽培要点

生性强健，喜半荫蔽的栽培环境，不择土壤，但以疏松、排水性好的壤土和砂质壤土为佳。

主要用途

本种的嫩枝和叶含橘黄色至橘红色的染料，可做染料，南方少数民族地区用作米饭染料。

据《岭南采药录》记载：其用于"治痰火，咳嗽吐血，和猪后腿煎汤饮之，或水煎服也可"，全草入药，具有清热解毒、清肺止咳、散瘀止血的功效，用于疮痈、尿路感染、风湿关节痛、小儿惊风、肺结核咯血、支气管炎、肺炎、糖尿病、跌打损伤、肿痛等症。

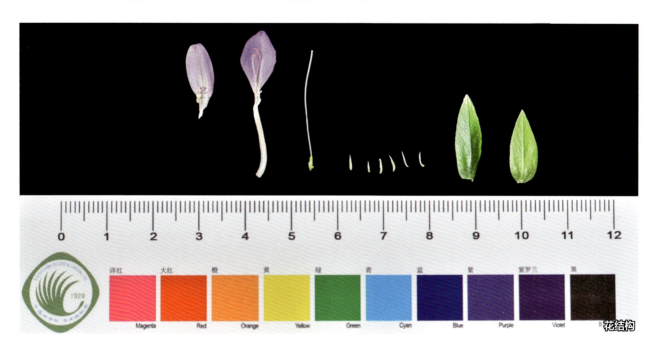

84 柳叶观音草

Peristrophe hyssopifolia (Burm.f.) Bremek., Verh. Kon. Ned. Akad. Wetensch., Afd. Natuurk., Sect. 2, 45 (2): 32. 1948.

自然分布
原产印度尼西亚爪哇岛。我国部分植物园有栽培。

迁地栽培形态特点
多年生草本，高30~50cm。

🌿 茎 稍具6条纵棱，被短柔毛，节稍膨大，基部常匍匐，节上生不定根。

🍃 叶 叶片薄纸质，披针形至狭披针形，长4~7cm，宽1.4~2.4cm，顶端长渐尖，边全缘或稍波状，基部楔形，侧脉每边5~6条，叶面仅脉上疏被短柔毛，背面疏被短柔毛，脉上被短柔毛明显；叶柄长1~1.5cm，密被短柔毛。

🌸 花 聚伞花序顶生和近枝顶腋生，组成圆锥状；花序苞片线形，长1.5~4mm，疏被短柔毛；花序梗长3~8mm，密被短柔毛；总苞片2枚，对生，狭披针形至线形，长1~1.5cm，不等大，被短柔毛；内具1~3朵花；花萼筒状，长4~5mm，5深裂，裂片线形，密被短柔毛；花长2~2.5cm，紫红色，外面密被柔毛；冠管细筒状，长8~10mm，近喉部扭转，冠檐二唇形，上唇条形，紫红色，边缘白色，顶端3浅裂，下唇卵圆形，宽约为上唇的2倍；雄蕊2枚，长8~10mm，被刺状短柔毛；子房狭卵状锥形，被微毛，花柱长1.8~2cm，顶端2裂，无毛。

🍎 果 未能观察到结果实。

本种常见栽培品种金蔓草（*P. hyssopifolia* 'Aureo-variegata'），茎、叶上具金黄色斑块，多用于花境配置及温室景观营造。

引种信息
华南植物园 登录号20160214，2016年引自仙湖植物园；生长状态良好。
昆明植物园 登录号CN.2016.0231，2016年引种，原温室植物，引种信息不详；生长状态良好。
上海辰山植物园 登录号20100571，2010年引自上海植物园；生长状态良好。

物候
华南植物园 棚内栽培，花期近全年，盛花期5月中旬至9月下旬；未能观察到果实。
昆明植物园 温室栽培，花期近全年；未见结果。
上海辰山植物园 温室栽培，花期近全年，盛花期7~9月；未见结果。

迁地栽培要点
喜温暖、湿润，喜光照，不择土壤，但以富含有机质的壤土和砂质壤土为佳。

主要用途
观赏性强，可用于园林绿化、庭院观赏，适于片植、丛植、花坛布置、花境配置。

85 九头狮子草

Peristrophe japonica (Thunb.) Bremek. ,Boissiera 7: 194. 1943.

自然分布

我国产华南、华中、华东、东南、华北、西南等地。生于海拔1500m以下的山坡、林下、溪流旁、路边。日本也有分布。

迁地栽培形态特点

多年生草本，高20~50cm。

茎 四棱形，被短柔毛，具沟槽。

叶 叶片卵状长圆形至卵状披针形，长5~9cm，宽2.5~3.8cm，顶端渐尖至具尾尖，边全缘至少稍卷曲，基部阔楔形至圆形，侧脉每边5~7条，两面被短柔毛，背面尤甚；叶柄长0.5~1.5cm，被短柔毛。

花 聚伞花序顶生和近顶端腋生，常由1~10个花序组成；总苞片2枚，卵形至倒卵形，长1.5~2.5cm，不等大，背面被微柔毛或近无毛；苞片线形至钻形，长1.5~2.8mm，被微柔毛；花萼长约4mm，5深裂，裂片钻形，被微柔毛；花长2.2~3.2cm，花冠粉红色至淡紫红色，外面被短柔毛，冠筒喉部扭转，冠檐二唇形，上唇倒卵状椭圆形，下唇长圆形，顶端3裂；雄蕊2枚，花丝被2列短柔毛，花药2室，线形，不等高；子房被微柔毛，花柱长约2cm，无毛，柱头顶端2裂。

果 未能观察到果实。

引种信息

华南植物园 登录号20050970，2005年引自广西桂林宛田；生长状态良好。

庐山植物园 本地原生种；生长状态良好。

峨眉山生物站 登录号06-0230-EM，本地原生种；生长状态良好。

物候

华南植物园 棚内栽培，花期上一年12月中、下旬至2月上旬，其中盛花期1月中旬至下旬；露地栽培，花期2月下旬至3月下旬，其中盛花期3月上旬、中旬；未能观察到果实。

迁地栽培要点

喜半阴的栽培环境。不择土壤，但以肥沃、排水性良好的壤土为佳。

主要用途

本种入药，具有祛风清热、解表发汗、凉肝定惊、散瘀解毒的功效，用于治疗感冒发烧、肺热咳嗽、肝热目赤、咽喉肿痛、痈肿疔毒、乳痈、瘰疬、痔疮、蛇虫咬伤、跌打损伤等症。

86 美丽爵床

Peristrophe speciosa (Roxb.) Nees, Pl. Asiat. Rar. 3: 113. 1832.

自然分布

原产印度、不丹、尼泊尔。我国引入栽培。

迁地栽培形态特点

多年生草本至灌木，株高60~120cm。

茎 近圆柱形或稍具六棱，幼时被短柔毛，后渐脱落至无毛，节膨大呈膝曲状。

叶 叶片卵形至卵状披针形，长5~13cm，宽1.8~7.8cm，顶端渐尖、长渐尖至尾尖，边缘全缘、近全缘至稍波状，基部楔形、狭楔形，稍下延，侧脉每边5~条，两面疏被微柔毛，脉上密被短柔毛；叶柄长1~6cm，被短柔毛。

花 花序近顶端腋生，具1~2节，由2~7个聚伞花序组成，总花序梗长2~7cm，疏被短柔毛；小花序具1~3（~5）朵花；苞片匙形，长1.1~1.8cm，被微柔毛；小苞片2枚，长1~1.2cm，被微柔毛；花萼5深裂，裂片狭披针形，长约6mm，近等大；花长4~5cm，花冠紫红色，外面密被短柔毛，内面无毛，冠管近喉部扭转，冠檐二唇形，上唇狭卵形，顶端2浅裂，下唇卵形，内面具深紫色斑点，顶端3浅裂，中间裂片稍大；雄蕊2枚，外露，花丝长约2cm，紫红色，被倒生刺状微柔毛，花药狭卵状长椭圆形，2室；子房疏被微柔毛，长约2mm，花柱长约4cm，疏被微柔毛。

果 蒴果长1.8~2.2cm，顶端具小尖头，基部具长柄，外面密被短柔毛，具种子4粒；种子圆形或近圆形，径2.4~3mm，黑褐色。

引种信息

华南植物园 登录号19830691，1983年引自英国中央兰开夏大学；生长状态良好。

物候

华南植物园 棚内栽培，花期1月上旬至3月下旬，其中盛花期2月中旬至3月中旬；果期2月下旬至4月中旬。

迁地栽培要点

喜温暖、湿润、半荫蔽的环境。不择土壤，但以肥沃、疏松、排水性好的壤土和砂质壤土为佳。

主要用途

观赏植物，用于庭园美化、花坛布置及边缘地带的绿化。

在原产地，叶用作食物紫色着色剂。

肾苞草属

Phaulopsis Willd., Sp. Pl. 3: 4, 342. 1800.

一年生或多年生草本；具钟乳体。茎匍匐或直立。叶对生，边缘通常全缘或具圆齿，具长叶柄。花序顶生或腋生，穗状，偏向一侧，苞片圆形、近圆形或肾形，密覆瓦状排列，每个苞片内具3朵花；小苞片有或无；花无梗；花萼5裂，几裂至基部，后面1枚最大，卵形；花冠小；冠管纤细，圆筒状，冠檐多少二唇形，上唇2裂，下唇3裂，裂片稍不等大，在花蕾期旋转排列；雄蕊4枚，2强，内藏，花药2室，近相等，平行，基部具短距或无；子房每室具2枚胚珠，花柱被毛，柱头2裂，裂片不等大。蒴果通常棒状，具短柄，最多具种子4粒，具珠柄钩，种子成熟时胎座自蒴底基部弹起弹出种子；种子盘状，密被吸湿的柔毛。

本属有22种，分布于热带非洲、亚洲东部、南部和东南部地区。中国植物园栽培有1种，产云南。

87
肾苞草

Phaulopsis dorsiflora (Retz.) Santapau, Kew Bull. 1948: 276. 1948.

西双版纳热带植物园栽培（本地原生种）

自然分布

我国产云南。生于海拔300~800m的路旁、灌丛中。南亚、东南亚至热带非洲也有分布。

迁地栽培形态特点

多年生草本，高20~40cm。

🌱 **茎** 四棱形，密被短柔毛，节膨大，略带红色，基部常匍匐。

🍃 **叶** 同一节上的叶不等大或极不等大，叶片卵形，长2~5cm，宽1.2~2.8cm，顶端渐尖至长渐尖，有时具尾尖，全缘或边缘稍具浅齿，基部阔楔形，不对称，侧脉每边4~6条，两面疏被短柔毛，脉上毛被稍密；叶柄长2.5~5cm，被短柔毛。

🌸 穗状花序顶生或近枝顶腋生；苞片、萼裂片密被长柔毛和腺毛；苞片阔卵形至肾形，长6.5～11mm，宽8～13mm；花萼不等5裂，后面一枚裂片卵形椭圆形，长6～8mm，宽4～5.5mm，另4枚线形至条形，长5～6mm，不等大；花长6～7mm，花冠白色，喉部内面具两条黄色纵斑，冠檐二唇形，上唇2中裂，裂片稍狭，下唇3深裂，裂片倒长卵形至卵状长圆形；雄蕊4枚，花丝分别长约1mm和0.3～0.5mm，无毛，花药2室；子房卵圆形，长1.1～1.5mm，黄绿色，近顶端被微柔毛和腺毛；花柱长3.5～4mm，疏被刺微状毛，柱头不等2裂。

🍎 蒴果倒卵形，长5～6mm，顶端具短喙，两侧压扁，仅近顶端被腺毛，开裂时胎座自蒴底基部弹起，具种子4粒；种子卵圆形或近圆形，长1.5～2mm，宽1.4～1.8mm，棕褐色至黄褐色，被微柔毛，遇水开展。

引种信息

西双版纳热带植物园 本地原生种；生长状态良好。

华南植物园 登录号20160197，2016年引自西双版纳热带植物园；生长状态良好。

物候

西双版纳热带植物园 花期12月至翌年5月上旬，其中盛花期翌年2月上旬至3月下旬；果期翌年2～6月。

华南植物园 现蕾期12月中、上旬；翌年1月上旬至2月上旬始花期，2月中至4月上旬盛花期，4月中旬至6月上旬花末期；果期翌年3～6月。

迁地栽培要点

喜温暖、湿润的栽培环境、不择土壤，稍耐旱。

主要用途

可作为林下地被植物。

华南植物园栽培

火焰花属

Phlogacanthus Nees, Pl. Asiat. Rar. 3: 76, 99. 1832.

草本、灌木或小乔木，具钟乳体。叶对生，叶片通常大，边全缘或具不明显钝齿。聚伞圆锥花序顶生，或聚伞花序腋生，具花序梗；苞片小；小苞片小或缺；花萼5深裂，裂片等大或不等大；花具花梗；花冠筒状，稍弯拱，冠檐裂片5枚，等大或多少呈二唇形，上唇2裂，下唇3裂，裂片卵形或长圆形，在花蕾期覆瓦状排列；雄蕊2枚，着生于冠管的中部或基部，稍伸出或内藏，花药2室，药室平行，等大，基部无距；具退化雄蕊2枚；子房无毛，每室具4~8粒胚珠颗，柱头顶端钝或急尖，近全缘。蒴果棒状，具种子8~16粒，具珠柄钩；种子凸透镜状，被短柔毛或无毛。

本属约有15种，主要分布于亚洲大陆。我国植物园栽培有4种，均为本土物种，产云南、广西、海南、西藏。

火焰花属分种检索表

1a. 聚伞圆锥花序开展，具2回分枝 ················ 88. 广西火焰花 *P. colaniae*
1b. 花序穗状、总状，花序轴通常不分枝。
  2a. 花序着花密集，无间断；花大，长达6cm ············ 89. 火焰花 *P. curviflorus*
  2b. 花序着花较疏松，间断；花小，长1.5~2cm。
    3a. 小花序具1~3朵花；花梗、苞片、小苞片、花萼、花冠外面被短柔毛 ················ 90. 金塔火焰花 *P. pyramidalis*
    3b. 小花序具（1~）3~7（~8）朵花；花梗、苞片、小苞片、花萼、花冠外面被腺状短柔毛 ················ 91. 糙叶火焰花 *P. vitellinus*

88
广西火焰花

Phlogacanthus colaniae Ben., Notul. Syst. (Paris) 5 (2): 109. 1936.

花序

自然分布

我国产广西、云南、海南。生于海拔200～500m的石灰岩山林下。越南也有分布。

迁地栽培形态特点

多年生草本至亚灌木，高40～60cm。

🌱 茎 稍具四棱，具沟槽，幼时被短柔毛，后毛渐脱落，老时基部木质化，常圆柱形，灰白色，表皮裂成纤维状。

🍃 叶片薄纸质，阔卵形至卵圆形，长10~16cm，宽5.5~9cm，顶端短渐尖，具尾尖，边缘近全缘或全缘，基部阔楔形至圆形，侧脉每边5~7条，叶面疏被短糙毛，脉上被短糙毛，背面脉上被微柔毛；叶柄长1.2~2.5cm，被短柔毛。

🌸 聚伞圆锥花序顶生，长12~20cm，花序轴密被短柔毛；苞片三角形至线状披针形，长1.8~2mm；小苞片2枚，小，线形，长0.8~1mm；花萼筒状，长约5mm，5深裂，裂片线状披针形；苞片、小苞片、花萼被微柔毛；花长1.2~1.3cm，花冠紫红色，外面被微柔毛，冠管短，喉部一侧膨胀呈囊状，冠檐稍二唇形，上唇2裂，裂片狭卵形，下唇3深裂，裂片卵圆形至斜卵形，不等大，中裂片内面具黄、紫红色脉纹；雄蕊2枚，稍伸出，花丝长5.5~6mm，仅基部近着生处被柔毛，上部无毛，花药长椭圆形，2室，不育雄蕊1~2枚；子房卵状锥形，光滑，花柱长1~1.1cm，无毛。

🍇 未能观察到果实。

引种信息

仙湖植物园 2013年11月引自广西；生长状态良好。

华南植物园 登录号20160720，2016年引自仙湖植物园；生长状态良好。

物候

仙湖植物园 栽培于棚内，8月下旬至9月上旬始花期，9月中旬至10月上旬盛花期，10月中下旬花末期。

华南植物园 栽培于棚内，未能观察到开花。

迁地栽培要点

喜温暖、湿润、半荫蔽的栽培环境，土壤以富含有机质、疏松、排水性好的壤土为佳。

主要用途

观赏性强，用于园林绿化、庭院观赏，适于丛植、花境配置和石块旁的点缀。

华南植物园栽培

89 火焰花

Phlogacanthus curviflorus (Wall.) Nees, Pl. Asiat. Rar. 3: 99.1832.

西双版纳热带植物园栽培

自然分布

我国产云南、西藏。生于海拔400~1600m的灌丛、林缘或沟壑。越南、印度、老挝、泰国、缅甸也有分布。

迁地栽培形态特点

灌木,高1.5~2.5m。

茎 稍具四棱或近圆柱形,棱上常具皮孔状凸起,幼时被粉状柔毛和疏被腺状短毛、短柔毛,后无毛,节稍膨大,基部常生出不定根。

叶 叶片纸质,椭圆形,长18~32cm,宽7.5~16cm,顶端渐尖具尾尖,全缘,基部阔楔形,稍下延,侧脉每边8~12条,叶面无毛,背面疏被微毛,幼时背面脉上毛被明显;叶柄长4~8cm,被粉状柔毛和疏被腺毛、短柔毛。

花 聚伞圆锥花序顶生，长6~14cm；花梗长6~10mm，密被短茸毛；苞片线状披针形至线形，长2~3.5mm；小苞片2枚，线形，长1~2mm，苞片、小苞片密被微毛；花萼筒状，5深裂，裂片三角状披针形，长6~8mm，密被微柔毛和疏被腺毛；花长5~6.5cm，花冠管状，长，稍弯曲，粉红色至紫红色，外面密被倒生微毛和腺毛，冠檐稍二唇形，上唇2裂，裂片狭卵形，下唇3深裂，裂片狭卵状披针形；雄蕊2枚，稍外露，花丝长4~4.5cm，无毛，染粉红色至紫红色，花药2室，花丝基部具2枚小的残余雄蕊；子房无毛，花柱长5~6cm，外露，疏被刺状微毛。

果 蒴果棒状，长3.8~5cm，外面无毛，具8~10粒种子；种子轮廓卵圆形或近圆形，长5~6mm，宽4.2~4.8mm，扁平，外面被短柔毛。

引种信息

西双版纳热带植物园 登录号00,2002,0494，2002年引自云南西双版纳傣族自治州布朗山卫东村；生长状态良好。

华南植物园 登录号20042411，2004年引自西双版纳热带植物园；生长状态良好。

物候

西双版纳热带植物园 11月下旬现蕾期，翌年2月上旬至4月下旬花期，其中盛花期2月中旬至3月下旬；果期2月下旬至4月中旬。

华南植物园 栽培于棚内，12月中旬现蕾期，翌年2月上旬始花期，2月中旬至3月上旬盛花期，3月中下旬花末期；果期3~4月下旬。

迁地栽培要点

喜温暖、湿润、半荫蔽的栽培环境。

主要用途

用于林下地被、园林绿化、庭院观赏，适于片植、丛植、花境配置。

全草入药，具有清热解毒、截疟的功效，用于治疗热毒痈肿、疟疾、胸腹痞胀，在云南少数民族地区，基诺族、傣族用其治疗癌症、痛经、产后诸疾。

华南植物园栽培

花序

90
金塔火焰花

Phlogacanthus pyramidalis R. Ben., H. Lec., Fl. Gen. Indo-Chine 4: 711. 1935.

桂林植物园栽培作林下地被植物

自然分布

我国产海南、广西。生于低海拔至中海拔的林中。越南也有分布。

迁地栽培形态特点

多年生草本至灌木,高80~120cm。

茎 四棱形,棱上具狭翅,被短柔毛,后渐脱落至无毛,老时圆柱形,基部木质化。

叶 叶片椭圆形至卵状椭圆形,长10~22cm,宽5~8.5cm,顶端渐尖,具尾尖,全缘,基部楔形,下延,侧脉每边6~8条,叶面疏被短柔毛,背面被短柔毛,脉上尤甚;叶柄长1.5~3cm,被短柔毛。

花 聚伞圆锥花序顶生和近枝顶腋生,长8~16cm,花序轴、总花梗、花梗被短柔毛,小花序具

1~3朵花，总花梗长1~2mm；苞片狭卵状披针形至线形，长2~14mm，向上渐小；小苞片2枚，线形，长1~2mm，花梗长1~3mm；花萼长5~6mm，5深裂，裂片线形，果期稍增大；花长1.6~2cm，花冠淡紫红色，外面被微柔毛，冠管短筒状，喉部肿胀、稍弯曲，冠檐裂片5枚，稍二唇形，上唇2中裂，裂片斜卵形，下唇3深裂，中间裂片大，三角形，内面具棕色至深紫色脉纹；雄蕊2枚，稍伸出喉部，花丝长9~10mm，仅基部被微柔毛，具2枚残余雄蕊，长约1.5mm，被微柔毛，花药长卵形，2室，纵裂，药室等高，外面被微柔毛；子房卵状锥形，1.8~2mm，绿色，光滑无毛，花柱长1~1.1cm，疏被刺状微柔毛。

果 蒴果棒状，长2~2.5cm，顶端钝，稍四棱柱状，具种子8粒；种子近圆形，径约2mm，两侧压扁。

引种信息

桂林植物园 广西本地原生种；生长状态良好。

物候

桂林植物园 7月下旬现蕾期，8月下旬至9月上旬始花期，9月中旬至11月中旬盛花期，11月下旬花末期；果期11月下旬至翌年2月中旬。

迁地栽培要点

喜半阴的栽培环境，喜潮湿，稍耐旱。

主要用途

株型整齐，四季常绿，花淡雅，观赏性强，稍耐阴，可用作林下地被植物，亦可用于庭院观赏和园林绿化，适合丛植和花境配置。

叶

91
糙叶火焰花

Phlogacanthus vitellinus (Roxb.) T. Anders., Journ. Linn. Soc. Bot. 9: 507. 1867.

自然分布

我国产云南。生于海拔240~1100m的林下。印度、不丹也有分布。

迁地栽培形态特点

多年生草本至亚灌木，高60~90cm。

🌿**茎** 稍具四棱，具沟槽，幼时密被紫色微柔毛和腺状短柔毛，后毛渐脱落，基部木质化，淡黄褐色，表皮纵裂，稍不规则。

🌿**叶** 叶片纸质，卵形至阔卵圆形，长7~22cm，宽4.5~12.5cm，顶端短渐尖，具短尾尖，边近全缘或稍波状，基部阔楔形至圆形，稍下延，侧脉每边7~11条，叶面仅脉上疏被短柔毛，背面密被紫色短柔毛，脉上尤甚；叶柄长3~5.5cm，密被短柔毛和腺状微柔毛。

🌿**花** 聚伞圆锥花序顶生，长8~16cm，小花序具（1~）3~7（~8）朵花；苞片线形，长2~3mm；小苞片钻形，长1~2mm；花梗长2~3mm，向上渐增粗；苞片、小苞片、花梗、花萼裂片被紫色至紫棕色腺状短柔毛；花长1.5~2cm，开口处径约2cm，花冠淡黄色至淡紫色，外面密被紫棕色腺状短柔毛，内面密被微柔毛，密布大大小小的紫棕色细斑点，冠檐略二唇形，裂片长圆形至卵圆形，上唇裂片2枚，较小，下唇3深裂，中间一枚裂片最大，雄蕊2枚，花丝长6~6.5mm，上部无毛，基部外侧具2枚紫色腺点，内侧具2枚残余雄蕊，钻形，长约1.5mm，被微柔毛，子房长2~2.5mm，密被微柔毛和腺状短柔毛，淡绿色，花柱长约1cm，被刺状微柔毛。

🌿**果** 蒴果棒状，长约2cm，外面密被微柔毛和腺状短柔毛，具种子8粒；种子卵圆形，长2~2.5mm，宽1.8~2mm，棕褐色，表面粗糙。

引种信息

华南植物园 登录号xx276278，引种信息不详；生长状态良好。

物候

华南植物园 棚内栽培，花期从12月至翌年5月，盛花期翌年3月至4月下旬；果期翌年2~5月。

迁地栽培要点

喜温暖、湿润、半荫蔽的环境，稍耐旱、稍耐寒。

主要用途

可推广为林下地被植物，花形奇特，观赏性强，用于园林绿化、庭院观赏，适于片植、丛植、花坛布置和盆栽。

华南植物园栽培　花序　茎　叶背面　花　花　花结构　果实　果实和种子

山壳骨属
Pseuderanthemum Radlk. ex Lindau, Nat. Pflanzenfam. IV(3b): 30. 1895.

草本、亚灌木或灌木，具钟乳体。叶对生，边缘通常全缘、近全缘或具钝齿。花序顶生或腋生，聚伞花序、总状花序或穗状花序；具苞片和小苞片，通常小，线形，通常短于花萼；花萼5深裂，裂片线形，等长或近等长；花冠高脚碟状，冠管细长，圆柱状，喉部稍扩大，冠檐5裂，伸展，二唇形，裂片近相等或下唇裂片稍大于上唇裂片，裂片在花蕾期覆瓦状排列；发育雄蕊2枚，着生于喉部，内藏或稍外露，花丝极短，花药2室，药室等高或近等高，平行，基部无附属物，退化雄蕊2枚或缺；子房每室有2粒胚珠，花柱内藏或外露，柱头2裂，裂片相等。蒴果棒状，最多具4粒种子，具珠柄钩；种子凸透镜状，粗糙或光滑，无毛。

本属约50种，主要分布于泛热带。我国植物园栽培有6种，其中本土物种4种，主要产华南、西南，引入栽培有2种。

本属通常观赏性强，常露地栽培于南方城市或植物园，或栽培于温带地区的温室中。

山壳骨属分种检索表

1a. 花序着花密集，花序轴上节间较短。
  2a. 花萼长1～1.1cm；花萼裂片被腺毛和短柔毛 ·············· **97. 多花山壳骨** *P. polyanthum*
  2b. 花萼长5～6mm；花萼裂片仅被短柔毛，无腺毛 ·············· **94. 云南山壳骨** *P. graciliflorum*
1b. 花序着花疏松，花序轴节间长或稍长。
  3a. 聚伞花序，具3至多朵花；小花具梗。
    4a. 花梗长5～15mm；花萼长8～9mm ·············· **96. 紫云杜鹃** *P. laxiflorum*
    4b. 花梗长2～5mm；花萼长3～4mm ·············· **92. 拟美花** *P. carruthersii*
  3b. 聚伞花序具1～3朵花，通常只有一朵花发育；小花无梗或近无梗。
    5a. 叶片革质，椭圆形，长约为宽的2-2.5倍 ·············· **95. 山壳骨** *P. latifolium*
    5b. 叶片纸质，披针形至线状披针形，长为宽的4倍或以上 ·············· **93. 狭叶山壳骨** *P. coudercii*

92 拟美花

Pseuderanthemum carruthersii (Seem.) Guillaumin, Ann. Mus. Colon. Marseille, Ⅵ, 5–6: 48. 1948.

西双版纳热带植物园栽培作林下地被植物

自然分布

原产波利尼西亚和美拉尼西亚。我国部分城市和植物园有栽培。

迁地栽培形态特点

常绿灌木，高1~1.8m。

茎 四棱形，棱上常具皮孔状凸起，稍具沟槽，无毛，老时近圆柱形，浅黄棕色，木质化，具纵裂纹和皮孔状凸起。

叶 叶片卵形至阔卵形，长6~18cm，宽3.8~12cm，顶端渐尖，全缘，基部阔楔形至圆形，侧脉每边5~6条，幼时叶面金黄色至黄绿色，长成后叶面全为绿色，背面浅绿色；叶柄长1~2.4cm，无毛。

花 聚伞圆锥花序顶生和近枝顶腋生，长8~12cm，总花梗长2~4cm，扁圆柱形，无毛，花序总苞片阔卵形、倒卵形、狭卵形至线形，长2~28mm，宽1.2~20mm，向上渐小，最下面的常为叶状；

小花序梗长2~10mm，扁圆柱形，向上渐短；苞片狭卵状披针形，长1.5~1.6mm；小苞片狭卵形，长1~1.2mm，苞片、小苞片边缘具细齿状缘毛；花梗长2~5mm，无毛；花萼长3~4mm，裂片5枚，裂至基部，裂片三角状披针形，长2.5~3mm，稍不等大，边缘被细齿状缘毛；花长1.8~2.2cm，花冠白色，高脚碟状，冠管圆柱形，长1~1.2cm，喉部斜展，稍短，内面及裂片基部具紫红色斑纹及细斑点；冠檐稍二唇形，上唇2深裂，裂片矩圆形，长1~1.1cm，宽5~5.5mm，下唇3深裂，裂片卵圆形至倒卵状椭圆形，长1.1~1.2cm，宽8~9.5mm，开展呈"T"字形，中间裂片稍大；雄蕊2枚，伸出，花丝长3~3.5mm，染紫色，花药狭卵状披针形，长1.5~1.6mm，2室，纵裂，具残余雄蕊2枚，长约1mm；子房锥形，长约2.5mm，黄绿色，光滑无毛，花柱长约1.5cm，无毛，约与花药等高。

果 未能观察到果实。

本种叶形、叶色多变，具多个栽培品种。

引种信息

西双版纳热带植物园 登录号00,2001,1436，2001年引自海南陵水黎族自治县；生长状态良好。

华南植物园 登录号20116179，2011年引自美国；生长状态良好。录号20042866，2004年引自西双版纳热带植物园；生长状态良好。

中国科学院植物研究所北京植物园 登录号2010-1455，2010年引自厦门华侨引种园；生长状态良好。

物候

西双版纳热带植物园 2月下旬至3月上旬现蕾期，花期3月中旬至7月下旬、9~10月，其中盛花期3月下旬至6月上旬。

华南植物园 花期近全年，盛花期4~12月；未能观察到果实；遇到寒潮低温时植株地上部分枯萎。

中国科学院植物研究所北京植物园 温室栽培，9月下旬现蕾期，10月上旬始花期，10月中、下旬盛花期，11月上旬花末期；未见结果实。

迁地栽培要点

喜温暖、湿润的栽培环境，不择土壤，但以肥沃、排水性好的壤土为佳，全日照、半日照条件下均能生长状态良好，露地栽培，温度低于10℃以下植株出现落叶和地面部分枯萎现象。

主要用途

观赏性强，观花、观叶俱佳，适合庭园列植、路边丛植和花境点缀，亦可盆栽作室内绿化植物。

华南植物园栽培

盛花期

93
狭叶钩粉草

Pseuderanthemum coudercii Benoist, Notul. Syst. (Paris) 5: 111. 1936.

自然分布

我国产海南。生于海拔100~400m的林下或溪流旁。柬埔寨也有分布。

迁地栽培形态特点

多年生草本至亚灌木，高50~60cm。

茎 茎稍四棱形，被短柔毛，后毛渐疏至无毛，老时茎圆柱形，表皮灰白色至淡黄色。

叶 叶片纸质，披针形、狭披针形至线状披针形，长10~18cm，宽1.6~3.8cm，顶端长渐尖，边全缘或稍波状，基部楔形至狭楔形下延，侧脉每边5~8条，两面无毛；叶柄长5~10mm，上面稍具沟槽，基部疏被短柔毛或无毛。

花 聚伞圆锥花序顶生或近枝顶腋生，有时花单生近顶端叶腋处，花序长5~20cm，密被短柔毛和腺毛，着花较疏，小花序具1~3朵花；苞片线形至线状披针形，长1~12mm，下部1~3对苞片常叶状，向上渐狭小；小苞片2枚，线状披针形，长1.3~1.5mm；花萼长5~6mm，裂片5枚，线状披针形，长4.5~5mm，仅基部联合，苞片、小苞片、花萼密被短柔毛和腺毛；花无梗；花长3.5~4.5cm，高脚碟状，花冠白色，有时染淡粉色，冠管长3~3.5cm，外面被微柔毛，冠檐稍二唇形，上唇2深裂，裂片卵状椭圆形，长约7mm，宽4.5~5mm，反折，下唇3深裂，裂片卵圆形至狭卵圆形，中间裂片稍大，长约9mm，宽7.5~8mm，侧面裂片长9~9.2mm，宽5.6~6mm；雄蕊2枚，稍外露，花丝短，无毛，有时具2枚不育雄蕊；子房长2~2.2mm，无毛，花柱长3~3.2cm，疏被刺状柔毛。

果 蒴果长1.8~2cm，密被短柔毛，具种子4粒；种子卵圆形，长3~3.5mm，宽2.8~3.3mm，棕色至棕褐色，表面网纹状。

引种信息

华南植物园 登录号20170605，2017年引自海南；生长状态良好。

物候

华南植物园 棚内栽培，花期6月上旬至12月下旬，花量少，盛花期不明显，常观察到闭花现象；露地栽培，花期从6月下旬至11月下旬，盛花期7月下旬至10月中旬；果期从6月下旬至翌年1月下旬。

迁地栽培要点

喜潮湿、半荫蔽的栽培环境。温度低或营养生长不良时出现闭花现象。

主要用途

可推广为林下绿化植物，也可用于庭园、路边丛植和花境点缀。

94
云南山壳骨

Pseuderanthemum graciliflorum (Nees) Ridl., Fl. Mal. Peninsul 2: 591. 1923.

华南植物园栽培

自然分布

我国产广西、贵州、云南。生于海拔200~1700m的森林、灌木丛。印度、老挝、马来西亚、泰国、越南也有分布。

迁地栽培形态特点

亚灌木至灌木，高1~2m。

🌿 **茎** 幼枝四棱形，幼枝密被白色短柔毛，后毛渐脱落，老枝圆柱形，具皮孔状凸起，灰色至灰黄色。

🍃 **叶** 叶片纸质，狭卵状椭圆形、披针形、卵状披针形，长5.5~16cm，宽1.8~5cm，顶端长渐尖至尾尖，边缘全缘或近全缘，基部楔形至阔楔形，下延，侧脉每边6~7条，叶面被短柔毛，脉上被毛明显，背面毛被稍疏；叶柄长0.3~3cm，被短柔毛。

🌸 聚伞圆锥花序顶生，长5~12cm，小聚伞花序具1~3朵花，着花稍紧密；花序轴、苞片、小苞片、花萼密被短柔毛；苞片三角状披针形，长3~6mm，向上渐短；小苞片狭披针形，长2~3.5mm；花萼长5~6mm，萼裂片5枚，深裂几至基部，线状披针形，近等大；花长3.5~4.5cm，花冠白色至淡蓝紫色，高脚碟状，冠管细筒状，长3~3.5cm，外面被柔毛和腺状短柔毛，冠檐二唇形，上唇2中裂，裂至近1/2处，裂片长圆形，下唇3深裂，裂片长圆形至椭圆形，近等大或中间裂片稍大，具紫色细斑点，两侧裂片开张外缘几近水平；雄蕊2枚，着生于喉部，稍外露，花丝长约3mm，无毛；子房仅顶端被腺状短柔毛，花柱长2.8~3cm，稍伸出花冠，与花药约等高，中下部被刺状柔毛。

🍎 未能观察到果实。

引种信息

华南植物园 登录号20051046，2005年引自桂林植物园；生长状态良好。

厦门市园林植物园 登录号20170031，2017年引自仙湖植物园；生长状态良好。

桂林植物园 引种年份不详，引自广西马山县、隆安县；生长状态良好。

物候

华南植物园 1月上旬至中旬现蕾期，2月下旬至4月下旬为花期，盛花期3月；未能观察到果实。

厦门市园林植物园 9月上旬现蕾期，9月中旬始花期，9月下旬至11月盛花期，12月中旬至翌年5月末花期；果期10月至翌年5月。

桂林植物园 11月下旬现蕾期；翌年4月中旬始花期，4月下旬盛花期，5月上旬花末期；未见结果。

迁地栽培要点

喜温暖、湿润的栽培环境，半日照、全日照均可。

主要用途

观赏性强，花期集中，可用于园林绿化、庭院观赏，适于丛植、花境配置和路边绿化、美化。

桂林植物园栽培作林下地被植物

盛花期

花序和花

叶的正、背面

花结构

95
山壳骨

Pseuderanthemum latifolium (Vahl) B. Hansen, Nordic J. Bot. 9 (2): 213. 1989.

华南植物园栽培

自然分布

我国产广东、广西、海南、云南。生于海拔100～1600m的林下。柬埔寨、印度、老挝、马来西亚、缅甸、泰国、越南也有分布。

迁地栽培形态特点

多年生草本，高60～90cm。

🌱 **茎** 稍具四棱，被短柔毛，后渐呈圆柱形，老时节基部稍膨大，稍木质化。

🍃 **叶** 叶片革质，椭圆形，长6～14cm，宽2.5～6cm，顶端渐尖至长渐尖，全缘或近全缘，基部楔形，稍下延，侧脉每边5～7条，叶面无毛，背面仅脉上疏被短柔毛；叶柄长1～3cm，被短柔毛。

🌸 花序顶生和近顶端腋生，长10~30cm，花序轴密被短柔毛，小聚伞花序具1（~3）朵花，通常只有1朵花发育使花序呈总状；苞片三角状披针形，长3~5.5mm，被微柔毛；小苞片2枚，线形，长2~3mm，密被微柔毛；花萼筒状，长5~6mm，5深裂，裂片线形，密被腺状短柔毛；花无梗或近无梗；花长4~5.5cm，高脚碟状，花冠白色，冠管细管状，长2~3.5cm，外面密被短柔毛和腺状短柔毛，冠檐稍二唇形，上唇2深裂，裂几至4/5处，裂片长椭圆形，下唇3深裂，中间裂片稍大，卵圆形，内面具淡紫色至紫色斑点，两侧裂片矩圆形；雄蕊2枚，稍伸出冠筒外，花丝长3~4mm，无毛，花药长圆形；子房密被微柔毛，花柱长2.8~3.5cm，仅基部疏被微柔毛，上部无毛，柱头头状。

🍎 蒴果狭倒卵形，长2.3~2.8cm，顶端具小尖头，基部具长柄，外面被腺状短柔毛，具种子4粒；种子卵圆形或近圆形，长4~4.2mm，宽3.8~4mm，表面粗糙，棕黄色至棕色。

引种信息

华南植物园 来源不详；在温室或棚内生长状态良好，花朵正常、艳丽；露地栽培时，常不能正常开花，出现闭花现象。

厦门市园林植物园 登录号20170028，2017年引自仙湖植物园；生长状态良好。

桂林植物园 引种年份不详，引自广西本地；生长状态良好，冬天时常出现闭花现象。

物候

华南植物园 栽培于棚内花期4~6月，盛花期4月中旬至5月下旬，果期5~8月；露地栽培，花期5~8月，但常出现闭花现象，果期5~10月。

厦门市园林植物园 盆栽，11月上旬现蕾期，11月中旬始花期，12月中、下旬至2月盛花期，3月末花期，花朵小，极易掉落，常出现闭花现象；果期11月下旬至翌年3月。

桂林植物园 9月下旬或10月上旬现蕾期，翌年3月下旬至4月上旬始花期，4月上旬至5月上旬盛花期，5月中旬末花期；果期翌年4月中旬至今7月。

迁地栽培要点

喜温暖、湿润、半荫蔽的环境，开花温度过低时出现闭花现象。

主要用途

可用于园林绿化、庭院观赏，适于丛植、花境配置、水边石旁点缀。

根入药，具有化瘀消肿、止血的功效，用于治疗跌打损伤、骨折、外伤出血等。

西双版纳热带植物园栽培作林下地被植物

叶

96 紫云杜鹃

别名： 大花钩粉草、疏花山壳骨

Pseuderanthemum laxiflorum (A. Gray) F. T. Hubb. ex L. H. Bailey, Rhodora 18 (211): 159. 1916.

西双版纳热带植物园栽培

自然分布

原产南美洲。我国部分植物园有栽培。

迁地栽培形态特点

灌木，高60~90cm。

茎 多分枝，幼茎稍具四棱，常带紫红色，节处稍扁平，常疏被淡棕色长柔毛，棱上常具皮孔状凸起，老时茎表常裂成纤维状。

叶 叶片纸质，狭卵形至狭卵状长椭圆形，长5~8cm，宽2.3~3.5cm，顶端渐尖，具钝尖头或尾尖，全缘，基部楔形至阔楔形，侧脉每边4~6条，两面无毛；叶柄0.5~1cm，无毛。

花 三歧聚伞花序顶生和近枝顶腋生，有时多枝组成圆锥花序；花序下面具一对叶状总苞片，卵形，长9~11mm，宽4~5.5mm；花梗长0.5~1.5cm；苞片叶状，卵形，长5~6mm，宽2~2.5mm；总苞片、苞片绿色，略带紫红色，具小尖头，顶端常被粉状微柔毛；花萼长8~9mm，裂片5枚，线状披针形，长7~8mm，宽0.6~0.7mm，仅基部联合，膜质，染淡紫色，边缘具粉状微柔毛，顶端疏被微柔毛，内面色浅；花长4~5cm，花冠紫红色，高脚碟状，冠管细筒状，长2~2.5cm，径约2mm，冠檐裂片5枚，稍二唇形，上唇长椭圆形，长1.5~1.7cm，宽0.7~0.8cm，裂片基部稍重叠，下唇3深裂，裂片倒卵状长椭圆形，长1.8~2.3cm，宽0.7~0.9cm，顶端钝尖至圆形，中间裂片稍大，3枚裂片开展呈"T"字形；雄蕊2枚，着生于喉部，伸出，花丝长7~8mm，无毛，花药狭卵状披针形，紫黑色至黑色，药室纵裂，花粉淡黄色至乳白色；子房狭锥形，长3~4mm，无毛，黄绿色，花柱长2.8~3cm，无毛，白色染淡紫红色。

果 蒴果长1.8~2.5cm，顶端渐尖，具小尖头，基部具长柄，表面光滑，具2~4粒种子；种子卵圆形，黑褐色，长3~3.2mm，宽2.8~3mm，表面密被贴伏柔毛，遇水开展。

引种信息

西双版纳热带植物园 登录号38,2003,0095，2003年引自泰国；生长状态良好。

华南植物园 登录号20145088，2014年引自香港；生长状态良好。

厦门市园林植物园 引种信息不详；生长状态良好。

物候

西双版纳热带植物园 花期近全年，盛花期2月下旬至9月下旬；果期全年。

华南植物园 花期近全年，2月下旬现蕾期，花期3月至12月中旬，盛花期3月下旬至6月中旬，8月上旬至11月上旬；果期3月下旬至翌年2月。

厦门市园林植物园 花期近全年，2月现蕾期，3~4月、7~11月盛花期，12月花末期；果期4月至翌年1月。

迁地栽培要点

不择土壤，但以肥沃、排水性好的砂质壤土为佳，喜温暖、湿润，在全日照、半日照环境下均能生长状态良好。

主要用途

花期长，观赏性强，用于园林美化和庭园观赏，适合丛植、花境配置和盆栽。

西双版纳热带植物园栽培应用于庭院观赏

华南植物园栽培

中国迁地栽培植物志·爵床科·山壳骨属

厦门市园林植物园栽培　　华侨引种园栽培　　南山植物园温室栽培

上海辰山植物园温室栽培　　茎、叶和果序　　　　　　　　　　茎

盛花期　　　　　　　　　花局部

花结构

果实和种子　　　　　　　　　　　　　　　　　花序和花

97 多花山壳骨

Pseuderanthemum polyanthum (C. B. Clarke) Merr., Brittonia 4: 175.1941.

西双版纳热带植物园栽培于林缘

自然分布

我国产广西、云南。生于海拔300～1600m的林下或灌丛。印度、马来西亚、缅甸、泰国、越南也有分布。

迁地栽培形态特点

灌木，高0.8～1.8m。

🌿 **茎** 稍具四棱，幼时被柔毛，有时具沟槽，老时后毛渐脱落，圆柱形，表面具不规则纵裂。

🍃 **叶** 叶片纸质，卵形至阔卵形，长7～12cm，宽3.8～5.5cm，顶端渐尖，具尾尖，全缘或稍波状，基部阔楔形，稍下延，侧脉每边6～8条，侧脉之间横脉明显而稍密，叶面疏被短柔毛，背面被短柔毛，脉上尤甚，幼时被毛明显；叶柄长1.5～3cm，被柔毛。

🌸 圆锥聚伞花序顶生或近枝顶腋生，长5~15cm，每一节上小聚伞花序对生，具1~3朵花，着花紧密；苞片三角状披针形，长4~7mm，向上渐短，有时下部苞叶状，狭卵状披针形至披针形；小苞片披针形，长2.2~3mm；苞片、小苞片密被短柔毛；小花梗长1~3mm，密被短柔毛；花萼筒状，长1~1.1cm，萼裂片5枚，线状披针形，深裂几至基部，近等长或稍不等长，密被短柔毛；花长4~4.5cm，花冠淡蓝紫色，高脚碟状，冠管细管状，长2.8~3.5cm，外面被柔毛和腺状短柔毛；冠檐二唇形，上唇2深裂至3/4处，裂片长椭圆形，稍狭，下唇3深裂，裂片矩圆形，不等大，中裂片明显较大，内面具紫红色细斑点，两侧裂片张开外缘呈钝角；雄蕊2枚，着生于喉部，稍伸出，花丝短，长约2mm，无毛；子房被短腺毛，花柱长2.5~3cm，约与花药等高，被刺状微柔毛。

🍈 蒴果长2.8~3cm，顶端具小尖头，基部具长柄，外面被短柔毛，具种子2~4粒；种子轮廓卵形至卵圆形，长3.5~4mm，宽3.2~3.8mm，表面具瘤状凸起。

引种信息

西双版纳热带植物园 本地原生种；生长状态良好。

华南植物园 登录号20042627，2004年引自云南西双版纳傣族自治州绿石林景区；生长状态良好。

桂林植物园 引种年份不详，引自广西横县、龙州县；生长状态良好。

物候

西双版纳热带植物园 1月中旬现蕾期，花期2月上旬至4月下旬，其中盛花期3月上旬至4月上旬；果期3月至5月上旬。

华南植物园 2月中旬现蕾期，3月上旬至5月中旬为花期，其中盛花期3月中旬至4月中旬；果期4月至5月下旬。

桂林植物园 2月中旬现蕾期，5月上旬至中旬始花期，5月中旬盛花期，5月下旬花末期；未见结果。

迁地栽培要点

喜林下、半日照的栽培环境，喜温暖、湿润，不择土壤，但以肥沃、排水性好的壤土为宜。

主要用途

为林下优良观赏花卉，可推广应用于园林绿化和庭院观赏，适于片植、丛植和花境配置。

全草入药，用于治疗崩漏、跌打损伤、骨折等。

华南植物园栽培

广西药用植物园林下栽培

灵枝草属

Rhinacanthus Nees, Pl. Asiat. Rar. 3: 76, 108. 1832.

草本、亚灌木或灌木，具钟乳体。叶对生，叶片边缘通常全缘或稍波状，具叶柄或近无柄。花序顶生或腋生，穗状花序或总状花序，有时多枝成圆锥花序；苞片、小苞片短于花萼；花萼5深裂，裂片近等长；花冠白色、淡绿色或紫色；冠管圆筒状，狭而细长；冠檐二唇形，上唇全缘或2裂，内面通常具纵皱，下唇3裂，裂片在花蕾期覆瓦状排列；雄蕊2枚，着生于花冠喉部，外露，较花冠裂片短，花药2室，药室叠生或一上一下，基部无附属物，无退化雄蕊；子房2室，每室具2粒胚珠，花柱细丝状，柱头全缘或不明显2裂。蒴果棍棒状，具柄，最多具4粒种子，具珠柄钩；种子近圆形，两侧压扁，无毛被，表面通常具饰纹。

本属有25种，主要分布于非洲和亚洲的热带和亚热带地区。我国植物园栽培有2种，均为本土物种，产华南和西南，其中1种为我国特有种。

灵枝草属分种检索表

1a. 叶片大，长20~24cm，宽6~8cm；花较大，冠管长3.5~5cm，冠檐裂片长2~2.6cm ·· 98. 滇灵枝草 *R. beesianus*

1b. 叶片小，长2.5~10cm，宽1.3~5cm；花小，冠管长2~2.5cm，冠檐裂片长0.6~1.2cm ·· 99. 灵枝草 *R. nasutus*

98
滇灵枝草

Rhinacanthus beesianus Diels, Notes Roy. Bot. Gard. Edinburgh 5 (25): 164. 1912.

昆明植物园栽培

自然分布

我国特有，产云南。生于海拔2100~2400m的山坡。

迁地栽培形态特点

灌木，高1~1.8m。

茎 四棱形，幼时被糙柔毛，后渐脱落至无毛，节膨大。

叶 叶片倒卵形至狭倒卵状披针形，长20~30cm，宽7~12cm，顶端渐尖，边缘稍波状或近全缘，基部狭楔形，下延，侧脉每边8~10条，叶面疏被少数柔毛或无毛；叶柄长0.4~1cm，无毛。

花 聚伞圆锥花序顶生，长10~20cm，花密集；花序轴、花梗密被腺毛；苞片线状披针形，长

7~10mm；小苞片2枚，线形，长3.5~5mm，被短柔毛；花萼长1~1.2cm，裂片5枚，线形，长0.9~1.1cm，不等大，基部被腺毛，边缘被短柔毛；花长5.5~7cm，花冠白色或稍带淡粉色，冠管外面密被短腺毛，冠檐二唇形，上唇线形，绿色至黄绿色，顶端2分叉，强烈反卷，下唇倒卵形，长2.3~2.6cm，宽约4cm，顶端3深裂，裂片椭圆形，中间裂片大；雄蕊2枚，外露，花丝短，仅2mm，无毛；子房黄绿色，长5~5.5cm，被腺状微毛，花柱长约4cm，疏被微毛。

🟣 **果** 蒴果长4.8~5.5cm，顶端具小尖头，基部具长柄，外面被微柔毛，具种子4粒；种子卵圆形至圆形，长约5mm，宽5~6mm，稍扁，干时黄褐色，表面具瘤状凸起。

引种信息

昆明植物园　2008年或2008年之前引自云南；生长状态良好。

物候

昆明植物园　花期8月至10月上旬，其中盛花期8月下旬至9月下旬；果期9月下旬至12月下旬。

迁地栽培要点

喜凉爽、半荫蔽的栽培环境，稍耐旱。

主要用途

花形奇特，观赏性强，用于园林绿化、庭院观赏，适于丛植。

花序

99 灵枝草

Rhinacanthus nasutus (L.) Kurz, J. Asiat. Soc. Bengal, Pt. 2, Nat. Hist. 39: 79. 1870.

华南植物园栽培

自然分布

我国产广东、海南、云南。生海拔700m以下的灌丛或疏林下。印度、缅甸、泰国、中南半岛、印度尼西亚、菲律宾、马达加斯加也有分布。

迁地栽培形态特点

多年生草本至亚灌木，高60~150cm。

🟣 茎 稍具四棱，具浅纵纹，幼时密被短柔毛，后无毛。

🟣 叶 叶片卵形、卵状椭圆形至椭圆形，长2.5~10cm，宽1.3~5cm，顶端渐尖至急尖，边缘稍波状或近全缘，基部楔形，稍下延，侧脉每边4~6条，叶面疏被短柔毛或无毛，背面被短柔毛，脉上尤甚；叶柄长0.5~1.5cm，被短柔毛。

🌸 聚伞圆锥花序顶生和近枝顶腋生；苞片、小苞片、花萼密被微柔毛；苞片三角状披针形至披针形，长1.5mm，宽0.7～0.8mm；小苞片稍小，狭卵状披针形至披针形，长1.3～1.5mm，宽0.5～0.6mm；花萼长约4mm，裂片5枚，披针形，长2.6～3mm，宽0.7～0.8mm，等大，仅基部联合；花长2.5～3cm，花冠白色，外面被柔毛和腺毛，内面无毛，冠檐二唇形，上唇狭卵状披针形，长6.5～8mm，下唇阔卵形至倒卵形，长10～12mm，内面具紫红色细斑点，顶端3裂，裂片卵圆形，中间裂片稍大；雄蕊2枚，伸出，花丝长约2mm，无毛，花药2室，不等高；子房卵状锥形，长约2mm，绿色，被短柔毛，花柱长1.5～1.7cm，白色，疏被短柔毛。

🍇 未能观察到果实。

引种信息

华南植物园　登录号20040983，2004年引自广西药用植物园；生长状态良好。

厦门市园林植物园　登录号20150410，2015年引自海南；生长状态良好。

物候

华南植物园　11月下旬现蕾期，12月下旬至翌年2月下旬始花期，有时遇寒潮时花期后延，盛花期翌年3月至4月中旬，花末期4月下旬；未能观察到果实。

厦门市园林植物园　11月下旬至12月上旬现蕾期，12月下旬至翌年1月上旬始花期，翌年3月至5月上旬盛花期，5月中下旬末花期；未观察到果实。

迁地栽培要点

喜温暖、潮湿的栽培环境，稍耐旱、稍耐寒，不择土壤，但以排水性好的砂质壤土为佳。

主要用途

花形奇趣，典雅大方，具有一定的观赏性，可用于园林美化和庭园观赏，亦可以用作绿篱。

作药用植物，据《海南植物志》记载，本种在印度为常见的栽培草药，用于治疗皮肤病、肺结核、咳嗽、高血压以及解毒蛇咬伤等症。

中国迁地栽培植物志·爵床科·灵枝草属

西双版纳热带植物园栽培

厦门市园林植物园栽培

盛花期

茎、叶

花枝

花

花结构

1cm

芦莉草属

Ruellia L., Sp. Pl. 2: 634. 1753.

多年生草本或灌木，具钟乳体。茎直立或基部葡匐。叶对生，叶片通常全缘、具细圆齿或锯齿状；具叶柄或无柄。花序顶生或腋生，二歧聚伞状、穗状、圆锥状或有时单生；苞片对生，通常为绿色，稀具彩色，全缘；小苞片2枚或缺；花具梗、近无梗或无梗；花萼5深裂，裂片等长或近等长；花冠漏斗形，冠管狭圆筒状，喉部扩大；冠檐5裂，裂片通常卵形至圆形，等大或不等大，裂片在花蕾期螺旋形排列；雄蕊4枚，着生于冠管喉部下方，花丝基部两两合生。花药2室，药室平行或近平行，等高，基部无芒，退化雄蕊缺；子房每室具胚珠多达10枚，花柱通常内藏或稍外露，柱头2裂，裂片等大或不等大。蒴果具柄或无柄，具8~26粒种子，具珠柄钩；种子通常圆形或近圆形，两侧压扁，通常被吸湿性短柔毛。

本属约有250种，主要分布于全球的热带和温带地区。我国植物园栽培有8种，其中7种为引入栽培，1种归化云南、台湾。

芦莉草属分种检索表

1a. 花单生、对生或数朵簇生于上部叶腋。
  2a. 茎直立；全株密被丝状长柔毛 ································ 103. 缘毛芦莉 *R. ciliosa*
  2b. 茎葡匐，常节部生根；植株被短柔毛。
    3a. 叶片两面异色，叶面绿色，背面紫红色；花紫色或蓝紫色 ······ 105. 马可芦莉草 *R. makoyana*
    3b. 叶片两面同色，绿色；花红色 ························ 100. 灌状芦莉 *R. affinis*
1b. 花排列成穗状花序或圆锥花序；花序梗长5cm以上。
  4a. 穗状花序顶生；苞片、小苞片、花萼红色或橙红色 ············ 102. 火焰芦莉 *R. chartacea*
  4b. 不为穗状花序；苞片、小苞片、花萼绿色。
    5a. 叶片长约为宽的5倍或以上，线形或线形披针形，长10~16cm，宽0.8~1.8cm ···········
    ······································· 106. 蓝花草 *R. simplex*
    5b. 叶片长为宽1.5至2.5倍，卵形、椭圆形至卵状椭圆形，长2.8~12cm，宽1.5~4.5cm。
      6a. 花萼长2~2.5cm；花冠蓝紫色 ························ 107. 芦莉草 *R. tuberosa*
      6b. 花萼长0.9~1.5cm；花冠红色。
        7a. 花萼长1.3~1.5cm，裂片外面密被短柔毛；花冠短筒状 ······ 101. 短叶芦莉 *R. brevifolia*
        7b. 花萼长0.9~1.1cm，裂片外面密被腺毛和短柔毛；花冠漏斗状 ···············
        ······································· 104. 大花芦莉 *R. elegans*

100 灌状芦莉（新拟）

Ruellia affinis T. Anderson, J. Agric. Hort. Soc. India 1: 269. 1868.

华南植物园栽培

自然分布

原产巴西。我国部分植物园有栽培。

迁地栽培形态特点

亚灌木至藤本，高50~80cm。

🌿 茎 直立、外倾或蔓性，圆柱形或近圆柱形，有时稍具四棱，仅幼时被微毛，老时木质化，近基部常生出不定根。

🍃 叶 叶片纸质，长椭圆形至狭椭圆状披针形，长10~16cm，宽3.6~6cm，顶端渐尖至长渐尖，边缘近全缘，基部阔楔形，稍下延，侧脉每边5~7条，两面无毛或仅幼时被粉状微毛；叶柄长1~1.5cm，仅幼时被微柔毛。

🌸 单生于近顶端叶腋处；小苞片2枚，卵形至卵状心形，长1.3~1.6cm，宽0.8~1.2cm，仅背面脉上疏被微柔毛或无毛；花萼筒状，长2.8~4cm，萼裂片5枚，线状披针形，长2.3~3.5cm，近基部联合，其中一枚稍大，密被微柔毛，具一条中脉，边缘中下部被丝状长柔毛；花长7~9.5cm，花冠红色，外面密被短柔毛，内面无毛，冠管长3.5~4.2cm，筒状，上部稍弯曲，喉部扩大呈漏斗状，冠檐裂片5枚，稍二唇形，上唇2中裂，裂片圆形，径1.5~1.7cm，下唇3深裂，裂片长卵形，长2.5~3cm，两侧裂片顶端钝圆，中间裂片渐尖至急尖；雄蕊4枚，2长2短，花丝两两中下部合生，紫红色，花丝长2.2~2.8cm，疏被短腺毛，花药长椭圆形，药室等高；子房密被微毛，花柱长5~6.2cm，密被刺状微毛，柱头条形，弯曲，紫红色。

🍎 蒴果棒状，长3~3.5cm，外面密被短柔毛，顶端具小尖头，具种子多粒；种子卵圆形，长5~6mm，宽4~5mm，扁平，外面被棕色吸湿性柔毛。

引种信息

华南植物园 登录号20160693，2016年引自厦门市园林植物园；生长状态良好。

厦门市园林植物园 来源地不详；生长状态良好。

物候

华南植物园 棚内栽培，花期8~9月，花量少，盛花期不明显；未能观察到果实。

厦门市园林植物园 盆栽，花期近全年，3月现蕾期，3月中下旬始花期，4~5月、8~10月相对为盛花期，11~12月末花期；果期11月下旬至翌年3月。

迁地栽培要点

喜半荫蔽栽培环境，以肥沃疏松，排水透气良好的土壤为佳。在阳生环境下，夏秋季生长状态差，无法越冬，夏季需遮阴处理，盆栽置于遮阴棚下，生长状态相对较好，花量也比较多，自然结实率低；繁殖以扦插繁殖为主。

主要用途

花大而艳丽，观赏性强，可用于园林绿化和庭园观赏。

仙湖植物园栽培

厦门市园林植物园栽培

101
短叶芦莉

Ruellia brevifolia (Pohl) C. Ezcurra, Darwiniana 29: 278. 1989.

自然分布

原产美洲的巴西、阿根廷、墨西哥等地。我国部分植物园有栽培。

迁地栽培形态特点

多年生草本，株高40～60cm。

🌿 茎 稍具四棱，稍具沟槽，茎上具数条深绿色细纵脉纹，节稍膨大。

🌿 叶 叶片纸质，卵形至狭卵状披针形，长4～10cm，宽2～3.6cm，顶端渐尖，边近全缘或稍具浅齿，基部阔楔形或圆形，侧脉每边4～6条；叶柄长0.5～1.2cm，被短柔毛；幼叶、幼茎密被短柔毛，老时毛渐脱落，仅叶脉上疏被短柔毛。

🌺 花 二歧聚伞状或圆锥聚伞状，近枝顶腋生，花序梗、苞片、小苞片、萼裂片密被微柔毛和腺毛；花序梗长1～4cm，苞片线形、狭倒卵状披针形或叶状心形，长6～10mm，宽2～4.8mm，顶端长渐尖；小苞片2枚，小，线形披针形，长约2mm；花萼长9～11mm，裂片5枚，线状披针形，长8～10mm，等大；花长2.5～3cm，花冠红色，外面密被短柔毛，冠管筒形，稍短，喉部稍肿胀，内面具淡棕黄色斑块，中、上部具红色脉纹；冠檐5裂，裂片近圆形或阔卵形，长4～5mm，宽约5mm，上方1枚裂片稍阔，顶端圆形或微凹；雄蕊4枚，近等长，稍外露，花丝长约1cm，淡棕黄色，无毛，花药狭卵形披针形，长2.8～3mm，2室，纵裂，等高，花粉淡黄色至乳白色；子房圆柱状锥形，长约2mm，绿色，密被微柔毛，花柱长2.3～2.6cm，近顶端紫红色，疏被刺状微柔毛毛，柱头2分叉。

🍇 果 蒴果倒卵形狭披针形，长1.5～1.8cm，顶端渐尖，具小尖头，初时染红色，基部具柄，干时淡黄棕色至淡棕褐色，外面密被微柔毛，中、上部被腺毛，具种子8～12粒；种子卵圆形至近圆形，径1.8～2.2mm，扁平，褐色，仅边缘具一圈贴伏毛，遇水展开。

引种信息

华南植物园 登录号19980537，1998年引自日本；生长状态良好。

物候

华南植物园 除冬季寒潮外，花期近全年，盛花期夏、秋季；果期近全年。

迁地栽培要点

喜温暖、湿润的栽培环境，稍耐旱，不择土壤，但以肥沃、疏松的壤土为佳，全日照至半日照均可。

主要用途

花形奇特，像一只只红色的小金鱼，观赏性好，花期长，用于园林绿化、庭院观赏和花境点缀。

102 火焰芦莉

Ruellia chartacea (T. Anderson) Wassh., Opera Bot. 92: 265. 1987.

自然分布

原产哥伦比亚、巴西、厄瓜多尔和秘鲁。我国部分植物园有栽培。

迁地栽培形态特点

亚灌木至灌木，高1~2m。

茎 茎稍具四棱或近圆柱形，常具皮孔状凸起，无毛或仅幼时被粉状柔毛。

叶 叶对生，叶片纸质，椭圆形，长5~12cm，宽2.2~4.8cm，顶端渐尖，具尾尖，边缘全缘或稍波状，基部楔形下延，侧脉每边5~8条；叶柄长5~12mm，被短柔毛。

花 穗状花序顶生和近枝顶腋生，长8~10cm；苞片叶状，卵状披针形至狭椭圆状披针形，长2.5~3cm，被短柔毛，脉上尤甚，红色；小苞片2枚，狭披针形，长1.5~2.5cm，被短柔毛，红色；花萼筒状，裂片5枚，披针形，长1~1.3cm，红色至橙红色，被短柔毛；花长5~6cm，花冠红色至橙红色，外面密被短柔毛；雄蕊伸出，药室近平形；花柱无毛，伸出，长于雄蕊，近顶端弯曲向前下方。

果 未能观察到果实。

引种信息

西双版纳热带植物园 登录号38,2002,1025，2002年引自泰国；生长状态一般。

上海辰山植物园 登录号20171301，2017年引自广州市林业和园林科学研究院；生长状态一般。

物候

西双版纳热带植物园 12月上旬现蕾期，花期翌年1月中旬至3月下旬，盛花期不明显，后因栽培环境过阴而无法正常开花。

上海辰山植物园 保育温室栽培，12月至翌年1月现蕾期，翌年3月下旬出现橙黄色的花冠。花期易生粉虱，导致花不能完全盛开。

迁地栽培要点

喜温暖、湿润的栽培环境，全日照、半日照均可，以排水性好的壤土为宜。

主要用途

观赏性强，用于园林绿化和庭园美化。

药用植物。在原产地，当地人用其根做驱虫药和催吐剂。

103
缘毛芦莉

Ruellia ciliosa Pursh, Fl. Amer. Sept. 2: 420–421. 1814.

中国科学院植物研究所北京植物园栽培

自然分布

原产北美洲。我国部分植物园有栽培。

迁地栽培形态特点

多年生草本，高35~50cm；全株密被丝状长柔毛。

🟢 茎　近圆柱形或稍具四棱，多分枝，常带红棕色，节基部膨大呈膝曲状。

🟣 叶　叶片纸质，卵形、狭卵状长椭圆形至狭卵状披针形，长3~6cm，宽0.8~3.2cm，顶端渐尖，边缘近全缘，基部楔形至圆形，侧脉每边5~8条，在两面均明显，在叶面稍平坦，在背面凸起；叶柄短，长0~1cm，向上渐短至无。

花 聚伞花序近顶端腋生，常具1~3朵花，花序轴短，长1~2mm；苞片狭倒卵状披针形至狭披针形，长1.5~2cm，宽3.5~5mm，向两端长渐尖；小苞片线形至线状披针形，长0.6~1.6cm，宽1.5~3mm；花萼筒状，长1.3~2.5cm，5深裂，裂片线状披针形，长1.1~2.3cm，宽1.1~1.3mm，内面密被微柔毛；苞片脉上及边缘、小苞片和萼裂片的边缘被丝状长柔毛；花长5.5~6.5cm，花冠紫红色至淡紫红色，外面密被微柔毛，冠管细圆柱形，长3~3.5cm，喉部向上一侧渐肿胀呈漏斗形，内面具深紫色至蓝紫色斑纹，冠檐5深裂，裂片卵圆形，长1.4~1.7cm，宽1.2~1.4cm，近等大，顶端钝圆或圆形，边缘波状，雄蕊4枚，2枚稍长，一长一短两枚花丝下部与冠筒壁合生，花丝长的为9~10mm，短的长约6mm，花药狭卵状披针形，长约3mm，淡黄色至乳白色，2室，纵裂；子房卵形，长约2.5mm，绿色，无毛，花柱长4.3~5.8cm，白色，被刺状微柔毛。

果 蒴果倒卵形，长1.2~1.4cm，顶端渐尖，具小尖头，外面光滑无毛，具种子4~6粒；种子圆形或近圆形，径2.5~3.5mm，扁平，棕色至棕褐色，密被贴伏柔毛，遇水开展。

引种信息

中国科学院植物研究所北京植物园 登录号2005-3732，2005年引自俄罗斯圣彼得堡植物园；生长状态良好。

物候

中国科学院植物研究所北京植物园 露地栽培，秋末至冬季，地上部分枯萎，翌年4月下旬萌发，5月上旬展叶生长，下旬进入现蕾期，6月上旬始花期，6月下旬至8月下旬盛花期，9月中、下旬花末期；果期6~9月。

迁地栽培要点

喜凉爽、稍耐旱，怕湿忌热，喜阳光，以肥沃、疏松的壤土为宜。

主要用途

用于园林绿化和庭院观赏，亦可作为地被植物，适于丛植、花坛布置和假山、石块旁边的点缀。

果实和种子

花局部

104 大花芦莉

Ruellia elegans Poir., Encycl., Suppl. 4: 727. 1816.

厦门市园林植物园栽培

自然分布

原产巴西。我国南方城市和部分植物园有栽培。

迁地栽培形态特点

多年生草本至亚灌木，高50~80cm。

茎 四棱形，棱上具狭翅，被短柔毛，棱上毛被尤明显，节稍膨大，基部常匍匐或斜伸，节上生不定根，老时稍呈木质化。

叶 叶片纸质，卵形、卵状椭圆形，长6~12cm，宽3~4.5cm，顶端渐尖，边近全缘，基部阔楔形至圆形，稍下延，侧脉每边6~9条，两面被短柔毛，脉上尤甚；叶柄长1~1.5cm，疏被短柔毛。

花 二歧聚伞花序腋生近枝顶的叶腋处，花序梗四棱形，长5~12cm，具狭翅，密被柔毛，常具3~4级分枝，每级分枝下面具一对苞片，匙形至倒卵状披针形，长5~12mm，宽1~3.5mm，向上渐小，两面密被短柔毛和腺毛；花萼筒状，长1.3~1.5cm，裂片5枚，条形，长0.9~1.1cm，宽0.8~1mm，裂至基部，稍不等长，外面密被腺毛和短柔毛，内面疏被微柔毛；花长4.5~5.5cm，花冠红色，外面密被柔毛，内面无毛，冠管筒状，喉部稍扩大呈狭漏斗状，具纵皱纹，冠檐略二唇形，上唇2裂，裂片卵圆形，长0.8~1.1cm，顶端微凹，下唇3深裂，裂片开展呈鸟趾状，倒卵圆形，长1.2~1.3cm，宽1~1.1cm；雄蕊4枚，外露或稍外露，花丝长1.1~1.2cm，无毛，其中2枚稍长，花药狭线形，淡黄色至米白色，长约3mm；子房狭卵状锥形，长4~4.5mm，黄绿色，密被细柔毛，花柱长约4cm，疏被刺状微柔毛，柱头不等2分叉，染红色。

果 蒴果梭形，长1.4~1.8cm，向两端渐狭，外面被微柔毛，棕色至淡棕色，具种子8~12粒；种子卵圆形或近圆形，长3.5~4mm，宽3~3.5mm，扁平，表面密被贴伏棕色柔毛，遇水开展。

引种信息

西双版纳热带植物园 登录号00,2001,3445，2001年引自海南陵水黎族自治县；生长状态良好。

华南植物园 登录号20090212，2009年引自厦门华侨农场；生长状态良好。

厦门市园林植物园 引种信息不详；生长状态良好。

昆明植物园 登录号CN.2016.0041，2016年引自西双版纳热带植物园；生长状态良好。

桂林植物园 引种信息不详；生长状态良好。

上海辰山植物园 登录号20123220，2012年引自广东；生长状态良好。

物候

西双版纳热带植物园 花期全年；果期3月至11月上旬。

华南植物园 花期近全年，盛花期3~5月、10~12月；果期全年。

厦门市园林植物园 花期近全年，盛花期3~11月，冬季花量少；果期近全年。

昆明植物园 温室栽培，花期近全年。

桂林植物园 2月上旬现蕾期，4月下旬始花期，盛花期5月中旬至11月中旬，11月下旬开始进入花末期。

上海辰山植物园 温室栽培，花期近全年，盛花期3~5月、8月下旬至10月上旬；未见结果实。

迁地栽培要点

生性强健，喜温暖、湿润、阳光充足的栽培环境，不择土壤，以富含有机质的壤土和砂质壤土为佳。

主要用途

本种花期长，观赏性强，用于园林绿化、庭园观赏，适合片植、丛植、花坛布置、花境点缀。

华南植物园栽培

昆明植物园温室栽培

105
马可芦莉草

别名: 银脉芦莉草

Ruellia makoyana Closon, Rev. Hort. Belge Étrangère 21: 109. 1895.

华南植物园温室栽培

自然分布

原产巴西。我国部分植物园有栽培。

迁地栽培形态特点

多年生草本,高20~30cm。

🌿 茎 圆柱形,密被白色短柔毛,节膨大,基部常匍匐,节上生不定根。

🍃 叶 叶片纸质,披针形至狭卵状披针形,长5.5~11cm,宽2.4~4cm,顶端长渐尖,有时具短尾尖,边缘稍波状或近全缘,基部楔形,稍下延,侧脉每边6~9条,叶两面密被粉状细柔毛,边缘具缘毛，叶面深绿色，沿脉常具白色斑纹，背面紫红色；叶柄长1~2cm，密被短柔毛。

🌸 单生叶腋，小苞片2枚，叶状，狭倒卵形至匙形，长1.3~1.7cm，宽5~6mm，有时两侧稍不等，两面密被粉状柔毛，边缘具缘毛，具柄，柄上密被短柔毛；花萼筒状，萼裂片5枚，深裂几至基部，裂片线形，长0.7~1.1cm，稍不等长，密被微柔毛，具缘毛；花长4.8~6cm，花冠淡蓝紫色，外面密被短柔毛，内面无毛，冠管细筒状，白色，喉部弯曲，稍呈扁漏斗形，内面具深蓝色脉纹，冠檐5裂，裂片长圆形，近等大，顶端凹缺；雄蕊4枚，2长2短，花丝分别长约0.6cm和1.1cm，无毛，花药长椭圆形，2室，纵裂；子房卵形，密被短柔毛，花柱长2.8~3.1cm，被刺状柔毛。

🍎 蒴果倒卵形，长1.2~1.4cm，顶端具小尖头，外面密被短柔毛，具种子4~6粒；种子圆形，径2.6~3mm，压扁，黑褐色，边缘具一圈贴伏柔毛，遇水开展。

引种信息

华南植物园 登录号19980355，1998年引自香港嘉道理农场暨植物园；生长状态良好。

厦门市园林植物园 引种信息不详；生长状态良好。

物候

华南植物园 温室或棚内栽培，花期1月上旬至3月下旬，盛花期1月下旬至2月下旬；果期2~4月。

厦门市园林植物园 种于阳生环境下，生长状态差，未能观察到开花结果；后转棚内栽培，1~2月有观察到开花，花量少，未观察到结果。

迁地栽培要点

喜温暖、湿润、半荫蔽的栽培环境，土壤以富含有机质的壤土或砂质壤土为宜。

主要用途

本种耐阴，观花、观叶俱佳，可推广用于林下地被，也可用于园林绿化、庭院观赏，适于花坛布置、花境配置或盆栽。

厦门市园林植物园栽培

上海辰山植物园温室栽培

106
蓝花草

别名： 翠芦莉

Ruellia simplex C. Wright. Anales Acad. Ci. Méd. Fis. Nat. Habana 6 (41): 321.1870

华南植物园栽培

自然分布

原产墨西哥。现世界各地广为栽培。

迁地栽培形态特点

多年生宿根草本，高60~80cm。

茎 四棱形或稍具四棱，具沟槽，仅节处被柔毛，其余无毛，节膨大，老时基部稍木质化。

叶 叶片纸质至厚纸质，线状披针形，长10~16cm，宽0.8~1.8cm，向两端渐狭，边近全缘或稍波状，侧脉每边6~8条，中脉粗壮，无毛；叶柄0~1.2cm，仅基部边缘疏被柔毛，向上叶柄渐短至无。

花 单生于叶腋或二歧聚伞花序近枝顶腋生，花序梗长5~9cm；苞片线状狭披针形，长

0.8~1.2cm，宽1.2~1.5mm，疏被微柔毛；花梗上部及花萼外面被微柔毛和腺毛，花萼长1.1~1.3cm，裂片5枚，线形，长0.9~1.1cm，果期增长至1.5~1.8cm；花长5~6cm，花冠蓝紫色，外面密被短柔毛，冠管细筒状，长1.2~1.4cm，喉部扁漏斗形，具纵向纹脉，冠檐5深裂，裂片近圆形，径1.6~2cm，顶端稍凹，稍不等大，雄蕊4枚，2长2短，花丝分别长5mm和10mm，白色，稍扁，无毛，花药狭披针形，长3~3.2mm，2室，花药纵裂，淡黄色；子房狭卵状锥形，长约4mm，绿色，无毛，花柱长2~2.2cm，柱头稍弯，无毛。

果 蒴果棒状，长椭圆形至倒卵状椭圆形，长1.8~2.2cm，稍扁，无毛，具种子10~24粒；种子近圆形，径1.6~2mm，压扁，棕色。

引种信息

西双版纳热带植物园 登录号38,2002,0850，2002年引自泰国；生长状态良好。

华南植物园 登录号20042517，2004年引自西双版纳热带植物园；生长状态良好。登录号20053079，2005年引自海南；生长状态良好。

厦门市园林植物园 登录号20140329，2014年引自泰国；生长状态良好。

昆明植物园 登录号CN.2015.1001，2015年引种，原温室植物，引种信息不详；生长状态良好。

桂林植物园 引种信息不详；生长状态良好。

物候

西双版纳热带植物园 除冬季低温寒潮时无花外，花果期近全年，盛花期4~10月。

华南植物园 3月中旬现蕾期，3月下旬至4月下旬始花期，5~10月盛花期，11~12月中旬花末期；果期4月至翌年1月。

厦门市园林植物园 3月现蕾期，4月中旬始花期，5~10月盛花期，11月花末期；果期5~12月。

昆明植物园 温室栽培，花期5~10月，其中盛花期6月上旬至8月下旬；果期8~12月。

桂林植物园 7月上旬现蕾期，7月上旬至中旬始花期，7月下旬至10月上旬盛花期，10月上旬至中旬花末期；果期8月中旬至11月下旬。

迁地栽培要点

生性强健，不择土壤，但以肥沃、疏松的壤土和砂质壤土为佳，喜湿润，稍耐旱，全日照、半日照均可，但阳光充足时花量大。

主要用途

花期长，花姿优美，可用于路边绿化、庭园观赏，适合片植、花坛布置或花境配置。

华南植物园栽培作花坛布置

华南植物园栽培作绿化带

107
芦莉草

别名： 块根芦莉

Ruellia tuberosa L., Sp. Pl. 2: 635. 1753.

自然分布

原产热带美洲地区。归化于云南、台湾。

迁地栽培形态特点

多年生草本，具地下块茎，株高30～50cm。

茎　稍具四棱，被柔毛。

叶　叶片纸质，椭圆形至卵状椭圆形，长2.8～8cm，宽1.5～4.2cm，顶端钝尖至圆形，边缘波状皱曲或具浅齿，基部楔形，稍下延，侧脉每边5～8条，两面仅脉上疏被柔毛；叶柄长0.5～1cm，被柔毛。

花　二歧聚伞花序近顶端腋生，花序梗四棱形，长1～2cm，被短柔毛；苞片线形、条形或稍匙形，长5～7mm，中下部边缘具缘毛；小花梗长0.4～1.3cm，被短柔毛；小苞片长3～3.5mm，仅近基部边缘和背面脉上被微柔毛；花萼筒状，长2～2.5cm，萼裂片深裂几至基部，裂片5枚，线形，稍不等长，密被短柔毛；花长5～6cm，花冠蓝紫色，外面密被短柔毛，冠管细筒状，长约1cm，喉部稍肿胀，长2.5～2.7cm，内面深蓝紫色，冠檐5深裂，裂片卵圆形，近等大，顶端圆形或微凹；雄蕊4枚，2长2短，花丝分别长约9mm和4mm，无毛，具残余雄蕊1枚，长约4mm，无毛；子房锥形，长约5mm，仅顶端被部分柔毛，其余光滑无毛，花柱长2.5～2.7cm，疏被刺状微柔毛。

果　蒴果棒状，长2～2.8cm，两侧稍扁，熟时2片裂，具种子16～30粒；种子卵圆形或近圆形，长2～2.5mm，宽1.6～2mm，两侧压扁，顶端具小尖头，表面被贴伏柔毛。

引种信息

仙湖植物园　引种信息不详；生长状态一般。

华南植物园　登录号20160711，2016年引自仙湖植物园；生长状态良好。

物候

华南植物园　棚内栽培，花期6月下旬至10月，花量少，盛花期不明显；果期7～12月。

迁地栽培要点

喜温暖、湿润，耐旱，喜阳光，不择土壤，但以肥沃、疏松、排水性好的壤土和砂质壤土为佳。

主要用途

生性强健，观赏性强，用于园林绿化、庭院观赏，适于片植、丛植和花坛布置。

在原产地及印度地区，该植物作为药用植物，被用于利尿、抗糖尿病、治疗淋病、解热、止痛、降压及胃病的治疗。

该植物可用作提取纺织品染料制剂。

孩儿草属

Rungia Nees, Pl. Asiat. Rar. 3: 77, 109. 1832.

一年生或多年生草本。茎匍匐、披散或直立，圆柱状，无毛、具两列短柔毛或整体被短柔毛，基部节上常生出不定根。叶对生，在同一节上等大或不等大，具柄；叶片常为椭圆形或卵形，具羽状脉，叶缘全缘或浅波状，叶面被各式钟乳体。穗状花序顶生或腋生，花无梗；苞片4列，仅2列可育或4列均可育，常具膜质边缘，不育苞片与可育苞片一般不同形；每朵花具小苞片2枚，通常为椭圆形；花萼5深裂，裂片等大或稍不等大；花冠蓝色、紫色、白色、红色或黄色，常具斑纹，冠檐二唇形，上唇不裂或浅二裂，下唇3裂，裂片覆瓦状排列；雄蕊2枚，着生于花冠喉部，基部与花冠管合生，花药2室，上下叠生，下方药室基部有或无明显的距；雌蕊1枚，子房具环状花盘，果期宿存，2室，每室具胚珠2粒；花柱常被微柔毛；柱头浅二裂。蒴果卵状椭圆形或棒锤形；开裂时胎座连同珠柄钩弹起而将种子弹出。种子每室2粒，着生于珠柄钩上，近圆形、椭圆形或矩圆形，两侧压扁。

本属约50种，主要分布于亚洲和非洲的热带、亚热带地区。我国植物园迁地保育有4种，均为本土物种，产华南、西南等地。

孩儿草属分种检索表

1a. 雄蕊下方药室基部具一个兜状的距。
  2a. 果实无柄，光滑无毛。
    3a. 一年生草本，披散状；花冠长约5mm ················· 110. **孩儿草 *R. pectinata***
    3b. 多年生草本，匍匐状；花冠长约1cm ················· 109. **中华孩儿草 *R. chinensis***
  2b. 果实具柄，被短柔毛 ················· 111. **云南孩儿草 *R. yunnanensis***
1b. 雄蕊下方药室基部无距或仅具一个短小的尾巴，但不为兜状 ········· 108. **缅甸孩儿草 *R. burmanica***

108 缅甸孩儿草

别名： 缅甸小驳骨

Rungia burmanica (C. B. Clarke) B. Hansen, Nordic J. Bot. 9 (2): 211. 1989.

云南红河河口瑶族自治县拍摄　　华南植物园栽培

自然分布

我国产云南和西藏。生于海拔150~500m的林下潮湿处。缅甸也有分布。

迁地栽培形态特点

多年生灌木状直立草本，高约1m。

🌱 **茎** 圆柱状，光滑无毛。

🍃 **叶** 同一节上的叶片通常等大；叶片椭圆形，长10~20cm，宽4~8cm，顶端渐尖，边全缘或稍具细圆齿，基部楔形，侧脉每边5~12条，叶两面均无毛，密被大小不一的短棒状钟乳体；叶柄长2~6cm，无毛。

🌸 穗状花序顶生或腋生，长5~14cm，花序梗长0.5~1.5cm，花序梗、花序轴无毛；苞片、小苞片被微柔毛和腺毛，无透明、膜质边缘；苞片4列，仅2列可育，不育苞片阔倒卵形，长1.9~2.2cm，宽1.7~1.9cm，可育苞片倒卵形，长1.5~1.7cm，宽0.9~1.2cm；小苞片三角状披针形，长1~1.2cm，宽2~3mm；花萼5深裂，裂片线形，长约8mm，宽约1mm，等大，被微柔毛；花长约2cm，花冠白色，带紫红色斑点，光滑无毛；冠管圆柱状，喉部扩大，冠檐二唇形，上唇不裂，下唇3裂，裂片顶端钝圆；雄蕊2枚，长约5mm，花丝无毛，上方药室被微柔毛，下方药室无毛，基部无明显的距；子房光滑，长约1.5mm，花柱长约1cm，被微柔毛。

🍎 蒴果棒锤状，长约1.2cm，具柄，外面密被短柔毛；种子椭圆形，长约3mm，宽约2.5mm，深棕色。

引种信息

华南植物园 登录号20190931，2015年引自云南红河河口瑶族自治县；生长状态良好。

物候

华南植物园 棚内栽培，花开两季，花期3~4月和9~10月；果期5~6月和11~12月。

迁地栽培要点

喜凉爽、湿润、半荫蔽的栽培环境，以疏松、透气的壤土为宜。

109 中华孩儿草

别名： 明萼草

Rungia chinensis Benth., Fl. Hongkong: 266. 1861.

华南植物园栽培

自然分布

我国产广东、广西、贵州、湖南、台湾、香港和云南。生于海拔400～1300m的水沟边或林下潮湿处。越南也有分布。

迁地栽培形态特点

多年生草本，高30～50cm。

🌿 茎 圆柱状，被两列短柔毛，基部匍匐，上部直立。

🍃 叶 同一节上的叶片稍不等大；叶片卵形至椭圆形，长4～13cm，宽2～5cm，顶端渐尖，边全缘或具波状锯齿，基部楔形，侧脉每边4～7条，叶面疏被短柔毛，中脉密被短柔毛，背面疏被短柔毛；叶柄长0.5～3cm，被短柔毛。

🌸 花 穗状花序顶生或腋生，长4～12cm，花序梗长0.5～6cm，被短柔毛，花序轴被短柔毛；苞片4列，仅2列可育；不育苞片椭圆形，长约6mm，宽约3mm，稍偏斜，绿色，透明、膜质边缘不明显，宽约0.2mm，具缘毛，可育苞片卵形，长约6mm，宽约4.5mm，浅绿色，顶端微凹，透明、膜质边缘宽约0.5mm，具缘毛；小苞片舟状，长约5mm，宽约2.5mm，浅绿色，透明、膜质边缘宽约1mm，具缘毛；花萼5深裂，裂片线状披针形，长约5mm，宽约0.3～0.5mm，其中1枚较宽，无毛或疏被短柔毛；花长约1cm，花冠白色，带紫色斑纹，冠管圆柱状，长约4mm，白色，无毛，冠檐二唇形，上唇浅2裂，裂片顶端钝，下唇3裂，裂片顶端钝圆，中间裂片边缘常反卷而似渐尖，外面被短柔毛；雄蕊2枚，长约4mm，花丝具紫色斑纹，光滑无毛，上方药室与药隔被短柔毛，下方药室无毛、基部具距；子房光滑，长约1mm，花柱长6mm，被微柔毛。

🍎 果 蒴果卵状椭圆形，长约5.5mm，无柄，外面光滑无毛；种子近圆形或矩圆形，长1.3～1.7mm，宽约1.3mm，棕色。

引种信息

华南植物园 登录号20160198，2013年引自广东肇庆市鼎湖山国家级自然保护区；生长状态良好。

物候

华南植物园 棚内栽培，花期8～11月；未见结果。

迁地栽培要点

喜凉爽、湿润、半荫蔽的栽培环境，以疏松、透气的壤土为宜。

主要用途：

全草入药，咸、辛、寒，具有清热解毒、利湿消滞、活血的功效，用于治疗感冒、咳嗽、咽喉痛、痢疾、黄疸等症。在白药中，该草用于治疗胎动不安、扭伤流血等症。

果实

110 孩儿草

别名： 蓝色草、黄峰草、了哥利、积药草

Rungia pectinata (L.) Nees, Prodr. 11: 470. 1847.

西双版纳热带植物园栽培（本地原生种）

自然分布

我国产广东、海南、广西、云南、贵州、西藏和香港。生于海拔200～1700m的路边或草地。印度、斯里兰卡、泰国、中南半岛也有分布。

迁地栽培形态特点

一年生至多年生草本，高10～25（35）cm。

🌱 **茎** 圆柱形，纤细，被短柔毛。

🍃 **叶** 同一节上的叶片等大或不等大，叶片长椭圆形、长卵形、倒狭卵状披针形，长1.5～6cm，宽0.5～2cm，顶端渐尖至钝尖，全缘，基部楔形、狭楔形，稍下延，侧脉每边3～5条，常不明显，两面疏被短柔毛或仅脉上疏被短柔毛；叶柄长0.2～1cm，被短柔毛。

🌸 穗状花序顶生和近枝顶腋生，花密，长0.7~2.5cm，花序轴被短柔毛；苞片4列，仅2列有花，背面的2列不育苞片长圆状披针形，长4~5mm，向上渐小，疏被短柔毛，边缘膜质；有花苞片阔卵圆形、阔倒卵形或近圆形，长3~4mm，边缘膜质，被缘毛，背面被长柔毛；小苞片2枚，长2.2~2.5mm，边缘膜质，被缘毛，背面被长柔毛；花萼5深裂，裂片线形，长约2mm，膜质，近等大，被微柔毛；花长3~4mm，花冠蓝紫色、淡蓝紫色至白色，外面无毛，冠檐二唇形，上唇，顶端微缺，下唇倒三角形，顶端裂片3枚，裂片稍不等大；雄蕊2枚，花丝长约1~1.4mm，无毛，花药2室，不等高，较低的一室基部具距；子房无毛，花柱长约1.5~2mm，无毛。

🍎 蒴果卵状椭圆形，长2~3mm，无毛，具种子2~4粒；种子矩圆形，凸透镜状，长0.7~1mm，宽0.6~0.7mm，棕色。

引种信息

西双版纳热带植物园　本地原生种；生长状态良好。

华南植物园　LZL075，2017.11.26引自云南普洱市思茅区云仙乡骂木村；生长状态良好。

物候

西双版纳热带植物园　花期1月中旬至4月中旬，其中盛花期2月中旬至3月下旬；果期2~4月。

华南植物园　现蕾期8月下旬至9月上旬，花期9月至翌年4月；果期9月至翌年5月。

迁地栽培要点

喜温暖、湿润的生长环境，全日照、半日照均可。

主要用途

本草可入药，具有清热利湿、消积导滞、清肝明目的功效，用于治疗小儿疳积、消化不良、痢疾、肝炎、肠炎、泄泻、感冒、喉咙痛、目赤、结膜炎、瘰疬、疖肿、毒蛇咬伤等症。

盛花期

111
云南孩儿草

Rungia yunnanensis H. S. Lo, Acta Phytotax. Sin. 16 (4): 92. 1978.

西双版纳热带植物园栽培（本地原生种）

自然分布

我国产云南。生于海拔300～1300m的沟边或林下潮湿处。越南也有分布。

迁地栽培形态特点

多年生直立草本，高0.5～1m。

🌿 茎 近圆柱形，被两列短柔毛，其余疏被短柔毛。

🍃 叶 同一节上的叶片通常不等大；叶片卵形至椭圆形，长2～15cm，宽1～5cm，顶端渐尖至锐尖，全缘，基部楔形，侧脉每边5～7条，两面被柔毛、短柔毛至无毛；叶柄长0.5～4cm，被短柔毛。

🌸 花 穗状花序顶生或腋生，长4～9cm；花序梗长0.5～3cm，被短柔毛，花序轴被短柔毛；苞片、小苞片被微柔毛，边缘膜质、透明，宽0.5～1mm；苞片4列，仅2列可育；不育苞片椭圆形或卵形，长约1.1cm，宽4~5mm，绿色，可育苞片椭圆形或披针形，长约1cm，宽2~3mm，浅绿色；小苞片椭圆形、舟状，长约8mm，宽约2.5mm，浅绿色；花萼5深裂，裂片狭披针形，长约7mm，宽1.1~1.5mm，其中1枚较宽，密被微柔毛；花长约1.6cm，花冠白色带蓝紫色斑纹，外面被微柔毛，冠管圆柱状，长约9mm，白色，冠檐二唇形，上唇微凹，下唇3裂，裂片顶端钝圆；雄蕊2枚，花丝长约4mm，无毛，花药上方药室与药隔被短柔毛，下方药室无毛，基部具距；子房长约1.5mm，无毛，花柱中下部疏被微柔毛，长约1.3cm。

果 蒴果椭圆形，长约8mm，基部具柄，外面密被短柔毛；种子卵圆形，浅黄色，长约2.5mm，宽约2mm。

引种信息

西双版纳热带植物园 本地原生种；生长状态良好。

华南植物园 登录号20190118，2014年引自西双版纳热带植物园沟谷雨林；生长状态良好。

物候

西双版纳热带植物园 花期2月至4月下旬，其中盛花期2月中旬至4月上旬；果期3~5月。

华南植物园 棚内栽培，花期2~3月，其中盛花期2月下旬至3月中旬；果期4~5月。

迁地栽培要点

喜凉爽、湿润、半荫蔽的栽培环境，以疏松、透气的壤土为宜。

主要用途

观赏植物，可用于园林绿化、庭院观赏，亦可作为林下地被植物推广应用。

茎、叶和花序

蜂鸟花属

Ruttya Harv., London J. Bot. 1: 27. 1842.

通常为灌木，具钟乳体。茎直立或攀缘状。叶对生，叶片通常卵形，全缘，叶脉无彩色；叶具短柄。花多朵排成长或短的总状花序、聚伞花序；苞片和小苞片小，线形；花萼5深裂，裂几至基部，裂片狭，线形，相等，花冠5裂，二唇形，无毛或近无毛，冠管狭钟状，上唇浅2裂或深2裂，直立，下唇3裂，裂片椭圆形，开展或稍反折，与冠管近等长；雄蕊2枚，着生于冠管中上部近冠管口部，伸出，花药1室，基部无距，具2枚退化雄蕊，内藏；子房长圆形，无毛，2室，每室具2枚胚珠。蒴果矛状，基部具长柄，表面光滑，最多具种子4粒，珠柄钩粗壮；种子盘状。

本属有3种，主要分布于东非地区。我国植物园栽培有1种，为引入栽培。

112
蜂鸟花

Ruttya fruticosa Lindau, Bot. Jaarb. 20: 45. 1894.

自然分布

原产于东非热带地区。我国部分植物园有栽培。

迁地栽培形态特点

灌木，高50~80cm。

茎 幼茎稍扁圆柱形，稍具沟槽，被细柔毛，后渐无毛，老茎灰白色，表面呈纤维状脱落。

叶 叶片纸质，卵形，长3.5~6cm，宽2.2~3.6cm，顶端渐尖，边缘全缘，基部阔楔形至稍圆形，下延几至基部，侧脉3~5对，在叶面稍下凹，在背面明显凸起；叶柄长0.5~1cm。

花 总状花序顶生或近枝顶腋生，花序轴被微柔毛；苞片1枚，狭卵形至线状披针形，脱落性，长约1.5mm，被柔毛；小苞片2枚，线形，长0.8~1.2mm；花柄长5~10mm，具节；萼裂片5枚，披针形，仅基部联合，长4~5mm，光滑；花冠黄色、橙黄色至橙红色，长4~6cm，内面疏被头状腺毛，冠管圆柱形，短，长2~2.5mm，具大量花蜜，向上渐扩大，冠檐近二唇形，上唇2中裂，裂片卵形，长9~10mm，宽约10mm，基部重叠约至1/2处，下唇3深裂，裂片开展，常反折，中间裂片卵形，长2~2.5cm，宽1.2~1.5cm，内面密具深棕色至暗红色斑点，两侧裂片斜卵形，长1.5~2cm；雄蕊2枚，花丝中下部与花冠壁合生，离生部分长8~10mm，花药狭卵形，2室，纵裂；子房锥形，绿色，长约3mm，无毛，花柱长2.4~2.8cm，白色，近顶端带淡黄色。

果 蒴果倒卵形，长3.5~5cm，棕色至棕褐色，顶端渐尖，具尖头，基部具长柄，具种子4粒；种子扁平，圆形或近圆形，径6~8mm，淡黄棕色，表面光滑无毛。

引种信息

华南植物园 登录号20113250，2011年引自美国；生长状态良好。

物候

华南植物园 棚内栽培，花期从11月下旬至翌年3月上旬，盛花期从12月中旬至翌年2月中旬；果期从12月上旬至翌年4月中旬。

迁地栽培要点

喜温暖、湿润的栽培环境，喜光照，适度修剪能促进侧枝的发展和更多花芽的形成。

主要用途

花形奇特，观赏性强，用于园林绿化和庭院观赏，适于片植、丛植、花境配置。

花朵富含花蜜，是蜜源植物之一，对蜜蜂、蝴蝶和鸟类具有很好的吸引力。

黄脉爵床属

Sanchezia Ruiz et Pav., Fl. Peruv. Prodr. 5, t. 32. 1794.

多年生草本至灌木。茎直立、坚硬或柔弱。叶对生，叶片大，通常椭圆形、长椭圆形至卵状椭圆形，边缘全缘或具锯齿，顶端锐尖或渐尖，叶面沿主脉和侧脉具明显黄色或白色斑纹；叶具叶柄。花序顶生，穗状或圆锥状，或多数组成大型圆锥花序；具苞片、小苞片，通常具色彩鲜艳；花萼5裂，裂几至基部，裂片长圆形、条形，不等大，通常具鲜艳色彩；花冠管状，通常为黄色、橙黄色、红色或紫色，冠管圆筒形，有时中上部稍肿大，不扭转180°，冠檐裂片5枚，裂片通常小，反折；雄蕊2枚，伸出，花药2室，两侧药室基部均具距；退化雄蕊2枚，内藏，花药2室，子房每室具3~4粒胚珠，花柱顶端稍2裂。蒴果具6~8粒种子，具珠柄钩。

本属约有20种，主要分布于中美洲和南美洲。我国植物园栽培有1种，为引入栽培。

113 小苞黄脉爵床

Sanchezia parvibracteata Sprague et Hutch., Bull. Misc. Inform. Kew 1908: 253. 1908.

自然分布

原产南美洲。我国引入栽培。

迁地栽培形态特点

灌木，高1~2m。

🌿 **茎** 四棱形，棱上常具皮孔状凸起，节稍膨大，常红色至红棕色，老时木质化，稍圆柱形，灰色至灰棕色。

🌿 **叶** 叶片纸质，椭圆形至长椭圆形，长10~35cm，宽5.8~13.5cm，顶端渐尖，具尾尖，边缘具波状浅齿，基部楔形，下延，侧脉10~18对，叶面深绿色，沿脉具黄色斑纹，生荫蔽处斑纹有时不明显，背面绿色；叶柄长1~3.5cm，上面稍具沟槽，边缘具狭翅。

🌿 **花** 穗状花序顶生和近枝顶腋生，呈圆锥状，长10~24cm，花序常偏向一侧，下部具一对叶状总苞片，卵形至卵状披针形，长3~4.2cm，宽1.2~1.6cm，基部具宽柄；苞片、小苞片、萼裂片顶端具1至数枚条形腺点；苞片卵形，长1.6~2.2cm，宽1.1~1.4cm，顶端钝尖，具小尖头，具7~9条脉；小苞片条形、匙形至狭卵状披针形，长1~1.6cm，宽2.2~6mm；花萼筒状，裂片5枚，膜质，不等大，条形或匙形，长2~2.5cm，宽2.5~4.6mm；花长5~6.5cm，花冠黄色，筒状，冠管长9~10mm，喉部具明显横皱纹，向上具细网纹，稍增大，冠檐5裂，裂片卵圆形，长5~5.5mm，宽约4mm，近等大，反折；雄蕊4枚，2枚花丝伸出花冠筒，长4.5~5cm，被2列长柔毛，2枚不育，长1.5~1.8cm，疏被长柔毛，花药狭卵形，密被白色柔毛，2室，纵裂，两侧基部具一枚钩状附属物；子房狭卵状锥形，长5~5.5mm，白色至淡黄色，具光泽，花柱淡黄色至黄色，长5~6.5cm，长于花药，顶端不等2分叉。

🌿 **果** 蒴果狭卵状锥形，长1.4~1.6cm，成熟时棕色，顶端具小尖头，外面光滑无毛，具种子8粒；种子肾形，长0.9~1.1mm，宽1.5~1.7mm，扁平，淡黄色，表面无毛。

引种信息

西双版纳热带植物园 登录号00,1978,0154，1978年引自云南景洪市；生长状态良好。

华南植物园 登录号20081222，2008年引自广州；生长状态良好。

厦门市园林植物园 引种信息不详；生长状态良好。

昆明植物园 登录号CN.2015.0181，2015年引自云南西双版纳傣族自治州勐仑镇；生长状态良好。

上海辰山植物园 登录号20102173，2010年引自西双版纳热带植物园；生长状态良好。

南京中山植物园 登录号2007I-0705，2007年引自西双版纳热带植物园；生长状态良好。

物候

西双版纳热带植物园 9月现蕾期，花期10月至翌年6月；果期11月至翌年6月。

华南植物园 现蕾期3月上旬至中旬，花期3月下旬至10月上旬，其中盛花期4月中旬至8月中旬；果期4~10月。

厦门市园林植物园 1月开始现蕾期，3月中下旬始花期，4~6月盛花期，7月末花期；果期5~9月。

昆明植物园 温室栽培，一直处于生长期，未见开花结果。

上海辰山植物园 温室栽培，2月上旬现蕾期，2月下旬始花期，3月上旬至4月上旬盛花期，4月下旬花末期；后陆续有少量花序抽出，6月上旬新一轮花序抽出，6月下旬至8月上旬盛花期，8月中、下旬花末期；未见到结果实。

南京中山植物园 温室栽培，8月上旬现蕾期，8月中旬始花期，8月下旬至9月上旬盛花期，9月中旬花末期；未见结果实。

迁地栽培要点

生性强健，喜温暖、湿润、阳光充足的栽培环境，稍耐旱，稍耐寒。

主要用途

本种观花、观叶俱佳，用于园林绿化、庭院观赏，适于片植、丛植，用于花境点缀、绿篱和作为边界植物，也可作为道路中间的花坛植物或盆栽。

金羽花属

Schaueria Nees, Del. Sem. Hort. Vratisl. 3. 1838.

通常为高大灌木，稀矮小草本。茎圆柱形或具棱，直立或倾斜，基部常木质化。叶对生，叶片卵圆形、椭圆形、长椭圆形或椭圆状披针形，通常全缘或近全缘，顶端渐尖；叶具叶柄。圆锥花序顶生，由多枝穗状花序组成，花密集；苞片、小苞片线形，黄色或绿色，被毛，远长于花萼；花萼5裂，裂几至基部，裂片狭披针形或线形；花管状，细长，黄色或白色，冠檐5裂，二唇形，上唇2裂，下唇3深裂，裂片狭披针形或线形；雄蕊2枚，伸出，花药2室，药室不等高，较低1枚基部具距，距呈钩状；子房卵圆形或卵状锥形，无毛；蒴果，基部具柄，具种子4粒，种子压扁，圆形或近圆形，无毛。

本属约有20多种，分布在南美洲巴西。我国植物园栽培有1种，为引入栽培。

114 白金羽花

Schaueria flavicoma N. E. Br., Gard. Chron., n.s. 1: 14. 1883.

西双版纳热带植物园栽培

自然分布

原产巴西。我国部分植物园有栽培。

迁地栽培形态特点

多年生草本至亚灌木，高50~80cm。

🌱 茎 粗壮，分枝少，稍具四棱，棱上常具皮孔状凸起，幼时具2列柔毛，节处被柔毛，老时无毛，近圆柱形，节膨大呈膝曲状，基部常匍匐，稍木质化，节上生不定根。

🍃 叶 叶片厚纸质至薄革质，狭卵形、狭卵状披针形至椭圆状披针形，长8~20cm，宽1.3~6cm，顶端长渐尖至尾尖，边缘近全缘或稍波状，基部楔形至狭楔形，下延，侧脉每边6~9条，叶脉在上面稍凸起，在背面明显凸起；叶柄长0.5~1.5cm，具狭翅，向上渐短，幼时疏被长柔毛，后无毛。

🌸 花 复聚伞圆锥花序顶生或近顶端腋生，由多枝穗状花序组成，长8~12cm，有时略呈头状，花序梗长2~2.5cm，四棱形，被2列无色柔毛；花序下面具一对叶状总苞片，线形至狭披针形，长4~6cm，宽2~3mm，脉上及边缘疏被刚毛；苞片、小苞片线形，长3~4.5cm，宽0.9~1.1mm，淡黄色、黄色至黄绿色，密被刚毛；花萼筒状，长1.8~2.2cm，萼裂片5枚，狭披针形，长1.6~2cm，黄色至淡黄色，密被柔毛，中上部边缘具缘毛；花长5~5.5cm，花冠白色，冠管短筒状，长2~2.2mm，无毛，冠筒细管状，长1.6~2.2cm，向上稍弯曲、稍扩大，外面被头状腺毛，冠檐二唇形，上唇狭卵状披针形，长1.8~2.5cm，宽0.6~0.8cm，直立，顶端稍2裂，下唇3深裂，裂片条形，长1.6~2cm，宽0.5~0.6cm，开展呈鸟趾状，稍反卷；雄蕊2枚，伸出冠筒，花丝中下部与冠筒壁的纵棱合生，被头状腺毛，花丝长1.8~2cm，白色至淡黄色，无毛，花药淡黄色至黄绿色，2室，"个"字形着生，不等高；子房狭卵状锥形，长2~2.2mm，黄绿色，光滑无毛，花柱长3.5~4cm，白色，近基部疏被刚毛状微柔毛。

🍎 果 蒴果倒卵形，长1.8~2cm，顶端钝圆，具小尖头，基部具柄，外面密被柔毛，具种子4粒；种子近圆形，径3.5~4mm，稍扁平，表面皱缩，无毛。

引种信息

华南植物园 登录号20113235、20113240，2013年引自美国；生长状态良好。

厦门市园林植物园 登录号20170023，2017年引自仙湖植物园；生长状态良好。

物候

华南植物园 花期近全年，盛花期5~6月、9~11月；果期10月至翌年1月中、下旬。

厦门市园林植物园 盆栽，花期近全年，盛花期5~6月、10~11月；未观察到果实。

迁地栽培要点

喜温暖、湿润的栽培环境，稍耐旱，不耐寒，在半日照条件下生长状态良好。

主要用途

花形独特，似一簇簇金色的翎毛，花期长，观赏性强，用于园林绿化、庭院观赏，适于丛植、花境点缀和花坛布置。

华南植物园栽培

华南植物园温室栽培

叉柱花属

Staurogyne Wall., Pl. Asiat. Rar. 2: 80. 1831.

一年生或多年生草本或小灌木，无钟乳体。茎短缩或伸长。叶对生或有时上部的互生，通常具叶柄，叶片边缘全缘或近全缘。总状花序或穗状花序，顶生或腋生；苞片叶状；具小苞片；花萼5裂，裂几至基部，裂片相等或不等，冠筒圆筒状或基部圆筒状，喉部钟状漏斗形，冠檐稍二唇形，5裂，裂片近相等；雄蕊4枚，2强，花丝通常被毛；花药2室，通常等长，具退化雄蕊或无；子房柱状，两侧室内具12~60枚胚珠，排列成2(~4)列；花柱无毛，柱头2裂，等大或不等大。蒴果长圆形，具种子多数，无珠柄钩；种子近球形或长方体。

约140种，主要分布于热带地区。我国植物园栽培有2种，均为本土物种，产华南、东南等地。

叉柱花属分种检索表

1a. 茎短缩，叶莲座状着生；叶片最宽处在中部以上；花萼长5~6mm，花冠长约1cm ·· 115. 叉柱花 *S. concinnula*

1b. 茎伸长，叶茎生；叶片最宽处在中部以下；花萼长1.5~2.2cm，花冠长3~4cm ·· 116. 大花叉柱花 *S. sesamoides*

115 叉柱花

Staurogyne concinnula (Hance) Kuntze, Revis. Gen. Pl. 2: 497. 1891.

自然分布

我国产广东、海南、福建、台湾。生于低海拔林下。日本也有分布。

迁地栽培形态特点

多年生草本，高7~12cm。

茎 短缩，被柔毛。

叶 呈莲座状，叶片匙形、倒卵形至倒卵状披针形，长1.5~5cm，宽0.7~1.8cm，顶端渐尖至钝圆，边缘近全缘或波状，侧脉每边4~6条，叶面疏被柔毛，叶脉及背面被毛稍密，叶面绿色，背面灰白色；叶柄长0.5~2.5cm，被柔毛。

花 总状花序顶生或近顶端腋生，长5~10cm，花序轴、花梗、苞片、小苞片被微柔毛；苞片狭卵状披针形至匙状线形，长3~4mm；花梗长2~3mm；小苞片2枚，匙状线形至线形，长2.5~3mm；花萼长5~6mm，裂片5枚，线形，几裂至基部，等长；花长9~10mm，紫红色；冠檐5裂，裂片近圆形，等大；雄蕊4枚，2长2短，花丝分别长约7mm和5mm，稍弯曲，无毛或仅基部疏被少数几根短柔毛，子房长圆形，黄绿色，无毛，花柱长7~8mm，无毛，柱头不等2裂。

果 蒴果长4~5mm，外面无毛，具种子30~40粒；种子小，长圆形、方形或稍不规则，长约0.3mm，宽约0.2mm，表面被微柔毛，褐色。

引种信息

华南植物园 登录号20171628，2017年引自海南琼中黎族苗族自治县黎母山；生长状态良好。

物候

华南植物园 棚内栽培，2月上旬抽出花序轴，2月下旬至5月上旬花期，其中盛花期3月中旬至4月中旬；果期3月下旬至5月。

迁地栽培要点

喜湿润，半荫蔽的栽培环境。

主要用途

全草入药，具有降血压、消炎、解毒、消肿，用于治疗淋巴结肿大、疟腮、高血压等症。

116
大花叉柱花

Staurogyne sesamoides (Hand.-Mazz.) B. L. Burtt, Notes Roy. Bot. Gard. Edinburgh 22 (4): 310. 1958.

自然分布

我国产广东、广西。生于海拔800m以下的林下潮湿处。越南也有分布。

迁地栽培形态特点

多年生草本，高15~30cm。

🌿 茎 粗壮，稍肉质，稍具四棱，密被白色柔毛。

🍃 叶 叶片狭卵状披针形至披针形，长6~10cm，宽1.8~3.6cm，顶端长渐尖至尾尖，边缘近全缘或稍浅波状，基部阔楔形至楔形，叶面无毛，背面被短柔毛，脉上尤甚，老时仅脉上被毛明显，侧脉每边11~14条；叶柄长1~2.5cm，被白色茸毛。

🌸 花 总状花序顶生或腋生，具2至数朵花，花序常偏向一侧花序轴、花梗、苞片、小苞片、萼裂片被柔毛；花柄粗壮，长3~4mm；苞片狭卵状披针形至披针形，长6~7mm，宽约2mm，具3条脉；小苞片线状披针形，长9~10mm，宽1.2~1.5mm，具1条脉；花萼长1.8~2.1cm，裂片5枚，几裂至基部，狭披针形，不等大，长1.5~2.2cm，宽1.5~3mm，其中后面2枚裂片最大，两侧裂片稍小而狭；花冠淡蓝紫色至淡红色，长3.5~4.2cm，冠管内面染黄色，喉部漏斗形，内面具深紫色纵纹，冠檐裂片5枚，近圆形，径8~9mm，近等大，边缘全缘或稍波状，内部染紫色；雄蕊4枚，2强，花丝分别长约1.5cm和1.2cm，被毛，基部染淡黄色，花药2室，卵形，乳白色，边缘被毛，具残余雄蕊1枚；子房长约3mm，淡黄绿色，仅上部被微柔毛，花柱白色，长2~2.2cm，稍弯曲，疏被微柔毛，柱头2裂，不等大，前裂片卵圆形，后裂片阔卵形，边缘流苏状。

🍎 果 蒴果狭椭圆形，长1.8~2.2cm，外面密被短柔毛；种子小，表面蜂窝状。

引种信息

华南植物园 登录号20170783，2017年引自广东阳春；生长状态良好。

物候

华南植物园 棚内栽培，花期3月下旬至6月中旬，其中盛花期4月中旬至5月中旬；果期4月下旬至5月下旬，果量少。

迁地栽培要点

喜湿润，半日照。

主要用途

观赏性强，可推广应用于园林绿化、美化，适于山石旁、水边丛栽点缀和盆栽。

马蓝属

Strobilanthes Blume, Bijdr. Fl. Ned. Ind. 781, 796.1826.

多年生草本、亚灌木或灌木。茎常四棱形，常具槽。叶对生，叶具柄或无柄，钟乳体线形，边缘全缘、波状或具锯齿。花序顶生或腋生，头状、穗状、聚伞状、总状、圆锥花序；苞片形状差异大，宿存或早落；小苞片2枚或缺；花萼常5深裂几至基部，果期常增大，裂片等大或中间一枚较长，有时部分联合；花冠常为蓝紫色或带蓝色，稀白色、黄色或粉红色，管状或漏斗状，除部分种类外，内面支持花柱附近被2列柔毛，其余无毛；冠檐5裂，裂片近相等或不等，圆形或卵形；可育雄蕊常4枚，2强，或2枚退化，或4枚可育雄蕊、中央具1枚退化雄蕊；花药内藏或外露，2室，卵状长圆形或亚球形，平行、直立或弯曲，无毛，基部突出；花粉球形或椭圆形，具刺形或肋状纹饰，常具3条沟；子房长圆形至倒卵形，2室，每室具2（～8）个胚珠；花柱丝状，纤细，柱头2裂，一长一短。蒴果椭圆形、长圆形、狭倒卵形，有时梭形至狭椭圆形，稍扁平，具种子（2～）4（～16）粒，具珠柄钩，弯曲；种子通常卵形或圆形，扁平，通常被短柔毛。

本属约400种。分布于热带亚洲。我国植物园有26种（含1变种），其中本土物种21种，主要产华南、华东、东南、西南、华中等地，7种为我国特有种；引入栽培5种。

马蓝属分种检索表

1a. 子房每室具胚珠3至多粒；果实具种子6至多数。
  2a. 灌木或亚灌木，通常高于50cm；穗状花序球形或近球形。
    3a. 花萼裂片卵形，顶端具短尖头；小苞片2枚，线形；花黄色 ………… 121. 黄球花 **S. chinensis**
    3b. 花萼裂片线形；无小苞片；花淡红色至淡紫红色 ………… 139. 马来马蓝 **S. schomburgkii**
  2b. 低矮草本，有时茎平卧或斜伸，上部直立，通常矮于30cm；穗状花序伸长。
    4a. 茎匍匐；苞片匙形 ………… 137. 匍匐半插花 **S. reptans**
    4b. 茎直立或斜伸；苞片狭卵形至狭长圆形 ………… 117. 灰姑娘 **S. alternata**
1b. 子房每室具胚珠2粒；果实具种子4粒。
  5a. 可育雄蕊2枚 ………… 127. 南一笼鸡 **S. henryi**
  5b. 可育雄蕊4枚。
    6a. 花序为开展的圆锥花序；每一节上花单生 ………… 126. 叉花草 **S. hamiltoniana**

6b. 花序为穗状花序，单生或分枝；每一节上具2朵花，有时其中一侧花不发育，但具宿存的苞片。
  7a. 穗状花序短缩成头状，有时伸长，具长花序梗；长雄蕊直立，短雄蕊弯曲，不等长，花药药室球形。
    8a. 花序穗状，常多枝排成圆锥状；苞片、小苞片宿存·················131. 蒙自马蓝 *S. lamiifolia*
    8b. 花序头状；苞片和小苞片早落。
      9a. 叶异型；叶片卵形、卵状披针形、长椭圆形至椭圆形，长5~13cm，宽2~5cm，花萼长9~12mm··················124. 球花马蓝 *S. dimorphotricha*
      9b. 叶同型；叶片披针形，长2.5~7cm，宽0.5~1.5cm；花萼长约5mm··················134. 桃叶马蓝 *S. persicifolia*
  7b. 花序伸长，花序梗短；苞片宿存，稀早落；雄蕊直立；花药药室长圆形。
    10a. 茎四棱形，棱上具翅··················133. 翅枝马蓝 *S. pateriformis*
    10b. 茎圆柱形或稍具四棱，无翅。
      11a. 花萼二唇形，后方3枚裂片合生至1/3以上。
        12a. 叶具叶柄，叶片基部楔形；苞片卵形至椭圆形，疏被柔毛··················123. 串花马蓝 *S. cystolithigera*
        12b. 叶无柄，叶片基部耳状抱茎；苞片椭圆形，密被柔毛··················118. 红背耳叶马蓝 *S. auriculata* var. *dyeriana*
      11b. 花萼5裂至近基部。
        13a. 花在花序上间断，苞片疏远。
          14a. 花萼裂片不等大，通常1枚大于其余4枚；苞片早落··················122. 板蓝 *S. cusia*
          14b. 花萼裂片等大；苞片宿存。
            15a. 苞片背具2个凸起的囊泡状结构··················120. 湖南马蓝 *S. biocullata*
            15b. 苞片背面无凸起的囊泡状结构··················135. 阳朔马蓝 *S. pseudocollina*
        13b. 花在花序上密集着生，苞片覆瓦状排列。
          16a. 苞片被红色或棕色髯毛··················129. 红毛马蓝 *S. hossei*
          16b. 苞片无毛，或被毛时不为红色或棕色髯毛。
            17a. 苞片线形至狭倒披针形，顶端凹··················136. 波缘半插花 *S. repanda*
            17b. 苞片顶端圆或锐尖。
              18a. 苞片长于花萼。
                19a. 苞片线形、披针形，两面被长柔毛和腺状柔毛··················125. 白头马蓝 *S. esquirolii*
                19b. 披针形或多少披针形，无毛··················128. 异序马蓝 *S. heteroclita*
              18b. 苞片短于花萼。
                20a. 花冠外面无毛；植株具肉质根状茎··················138. 菜头肾 *S. sarcorrhiza*
                20b. 花冠外面被毛；植株不具肉质根状茎。
                  21a. 花冠直。
                    22a. 苞片匙形，最宽处在顶端··················141. 糯米香 *S. tonkinensis*
                    22b. 苞片披针形，最宽处在中部以下··················142. 云南马蓝 *S. yunnanensis*
                21b. 花冠多少弯曲。
                  23a. 叶片披针形，长约为宽的4倍，无毛，边缘近全缘··················130. 垂序马蓝 *S. japonica*
                  23b. 叶片不为披针形，长约为宽的1~2.5倍，多少被毛，边缘具齿。
                    24a. 苞片疏被短柔毛··················140. 四子马蓝 *S. tetrasperma*
                    24b. 苞片两面密被柔毛。
                      25a. 苞片倒披针形、倒卵形、近长圆形或匙形，近顶端最宽··················119. 华南马蓝 *S. austrosinensis*
                      25b. 苞片线形、披针形或长圆形椭圆形，中下部最宽··················132. 少花马蓝 *S. oligantha*

117 灰姑娘

Strobilanthes alternata (Burm.f.) Moylan ex J.R.I.Wood, Novon 23 (3): 389 (2014).

自然分布

原产印度和印度尼西亚爪哇岛。我国部分植物园有栽培。

迁地栽培形态特点

多年生草本，高10~25cm。

茎 四棱形，稍具沟槽，被弯曲糙柔毛，老时毛渐脱落，紫红色或染紫红色，基部常匍匐，节上生不定根。

叶 叶片纸质，卵圆形、椭圆形至卵状椭圆形，长2.2~6cm，宽1.4~4.8cm，顶端急尖或钝尖，边缘具圆锯齿，基部圆形或心形，有时稍不对称，侧脉每边约5条，两面被短倒向糙毛，脉上尤甚，叶背面紫红色，有时叶面染紫红色；叶柄长1.2~4cm，被短柔毛，紫红色。

花 花序顶生或近枝顶腋生，花梗、苞片、花萼均紫红色或染紫红色；苞片常排成4列，狭长圆形至狭卵形，长1~1.3cm，宽4~4.5mm，被柔毛；花萼长7~9mm，裂片5枚，线形，不等长，被短柔毛，边缘被缘毛；花长1.1~1.2cm，花冠白色，外面密被微柔毛，内面除喉部被髯毛外其余无毛，冠檐裂片5枚，卵圆形，近等大；雄蕊4枚，2强，花丝分别长约3mm和0.5mm，无毛；子房圆筒状锥形，长约2.5mm，仅近顶端被微柔毛，花柱长约7mm，疏被刺状微毛。

果 未观察到结果实。

引种信息

西双版纳热带植物园 登录号C17018，引种年份不详，引自云南昆明市普宁区；生长状态良好。

华南植物园 登录号20180031，2018年引自西双版纳热带植物园；生长状态良好。

物候

西双版纳热带植物园 始花期1月中旬至2月下旬，盛花期3月上旬至5月上旬，花末期5月中旬至6月上、中旬；未能观察到果实。

华南植物园 棚内栽培，2月下旬至8月下旬，间断有花开放，花量不大，盛花期不明显；未能观察到果实。

迁地栽培要点

喜含腐殖质丰富、排水良好的土壤，在温暖、湿润、半荫蔽的栽培环境下生长状态良好，稍耐阳。

主要用途

作地被植物，用于园林绿化、庭院观赏，适于片植、丛植。

作药用植物，在印度尼西亚，该植物有止血、利尿的功效，用于治疗痢疾和性病。

118 红背耳叶马蓝

Strobilanthes auriculata var. *dyeriana* (Masters) J. R. Wood, Kew Bull. 58 (1): 92. 2003.

华南植物园栽培

自然分布

原产缅甸、马来西亚。我国部分植物园有栽培。

迁地栽培形态特点

多年生草本至亚灌木，高50~80cm。

🌿 **茎** 幼时四棱形，具沟槽，被糙毛，稍"之"字形曲折，节基部稍膨大，老时渐呈圆柱形，木质化。

🌿 **叶** 叶片纸质，长卵状椭圆形、长椭圆形、卵形至卵状心形，长1.5~24cm，宽1~7.8cm，顶端渐尖，具尾尖，边缘具细锯齿，具缘毛，基部耳状抱茎，侧脉每边5~16条，叶面疏被刺状柔毛，叶面绿色，具淡紫色至深紫红色斑块，背面紫红色；无叶柄。

🌿 **花** 穗状花序腋生和顶生，长3~8cm，花序梗四棱形，长1.5~3cm，被腺毛和丝状长柔毛；苞片、小苞片、萼裂片密被柔毛、腺毛和丝状长柔毛，具芳香；苞片卵形、卵状披针形，长9~1.1cm；小苞片2枚，匙形，长3.5～5mm，稍反折；花萼筒状，长1～1.1cm，裂片5枚，匙形至条形，不等大；花长3.5～4cm，花冠紫蓝色，外面被短柔毛和头状腺毛，冠管细管状，长1～1.2cm，冠檐5深裂，裂片卵圆形，近等大，稍反折；雄蕊4枚，2强，花丝分别长8～9mm和1.5～2mm，无毛，花药淡黄色至乳白色，狭卵状椭圆形，2室，纵裂；子房卵状锥形，黄绿色，光滑，花柱长3～3.2cm，无毛，顶端2分叉。

🍎 果 蒴果狭卵状披针形，长9～10mm，稍扁平，顶端具小尖头，棕褐色，光滑，具种子4粒；种子卵形，长1.6～2mm，宽约1.5mm，乳白色，表面被贴伏柔毛，遇水展开。

引种信息

　　西双版纳热带植物园　登录号00,2001,3266，2001年引自广东广州市；生长状态良好。
　　华南植物园　登录号20132357，2013年引自西双版纳热带植物园；生长状态良好。
　　厦门市园林植物园　登录号20170025，2017年引自仙湖植物园；生长状态良好。
　　昆明植物园　登录号CN.2016.0237，2016年引种，原温室植物，引种信息不详；生长状态良好。

物候

　　西双版纳热带植物园　1月中上旬现蕾期，1月下旬至3月中旬花期，盛花期2月中旬至3月上旬。
　　华南植物园　2月下旬现蕾期，3月下旬始花期，4月上旬至下旬盛花期，5月上旬至中旬花末期；果期4～5月（仅有少量果实）。
　　厦门市园林植物园　生长期，尚未观察到开花结果。
　　昆明植物园　温室栽培，3月下旬现蕾期，4月下旬始花期，5月盛花期，6月上旬进入末花期；未见结果。

迁地栽培要点

　　喜温暖、潮湿的栽培环境，全日照、半日照均可，不择土壤，但以肥沃、疏松、排水性好的壤土和砂质壤土为佳。

主要用途

　　优良的观叶植物。该种较耐阴，适宜盆栽和室内种植，也适宜半荫蔽处绿化和美化。
　　全草入药，具有活血散瘀、清热解毒的功效，用于湿热痢疾、月经不调、产后恶露不尽、痄腮、跌打损伤、骨折、疔疮痈肿等症。

仙湖植物园栽培

厦门市园林植物园栽培

119
华南马蓝

Strobilanthes austrosinensis Y. F. Deng et J. R. I. Wood, J. Trop. Subtrop. Bot. 18 (5): 470, f. 1. 2010.

自然分布

我国特有，产广东、广西、湖南、江西。生于海拔100～1500m的溪边、林缘、灌丛或路旁。

迁地栽培形态特点

多年生草本，高25～50cm。

茎 四棱形，密被白色短柔毛，基部常匍匐，节上生不定根。

叶 叶片椭圆形或近圆形，长3～6cm，宽2～2.8cm，顶端渐尖至钝尖，边缘具浅锯齿，基部楔形至阔楔形，稍下延，侧脉每边4～5条，两面被白色短柔毛；叶柄长0.8～1.8cm，被白色短柔毛。

花 穗状花序顶生，常短缩呈头状，长1.5～2.5cm，花序轴长3～5mm，密被白色柔毛；苞片叶状，卵形、倒卵形至圆形，长0.6～3cm，宽0.6～2cm，向上渐小，两面被白色短柔毛，近基部被白色髯毛；小苞片2枚，匙形，长7～9mm，宽2～2.5mm，被短柔毛和髯毛；花萼长8～9mm，稍扁，裂片5枚，倒狭卵状披针形，裂几至基部，稍不等大，被短柔毛和髯毛，宿萼果期稍增大，长0.9～1.1cm；花长2.2～3cm，花冠淡蓝紫色，喉部漏斗状，外面被白色柔毛，内面被丝状长柔毛，冠檐裂片5枚，阔卵形至卵圆形，长4.5～6mm，宽5.5～6.5mm，不等大，顶端截平或微凹；雄蕊4枚，2强，花丝分别长约6mm和3mm，被丝状长柔毛，花药长卵形，淡黄色，2室，纵裂；子房狭卵形锥形，淡黄绿色，中上部密被短柔毛，花柱长1.8～2.5cm，被刺状微柔毛。

果 蒴果倒卵状披针形，长7～8mm，仅近顶端被短柔毛，其余无毛，干时棕黄色，具种子4粒；种子卵形至卵圆形，长2～2.3mm，宽1.5～1.8mm，棕色，密被短柔毛。

引种信息

华南植物园 登录号20033192，2003年引自广东连州；生长状态良好。

桂林植物园 本地原生种；生长状态良好。

湖南省森林植物园 登录号xz201743007013，2017年引自湖南邵阳市新宁县新宁林科所；生长状态良好。

物候

华南植物园 棚内栽培，7月下旬始花期，8月中、下旬至10月上旬盛花期，10月中旬至下旬末花期；果期从8月上旬至11月下旬。

桂林植物园 8月下旬现蕾期，9月上旬始花期，9月中旬至11月下旬盛花期，12月上旬花末期；果期11～12月。

湖南省森林植物园 8月下旬现蕾期，8月中旬始花期，9月上旬至10上旬盛花期，11月下旬花末期；果期9月下旬至12月下旬。

迁地栽培要点

喜半荫蔽、湿润的栽培环境，稍耐旱。

主要用途

可用作林下地被植物。亦可用于庭院观赏，适于溪边、水旁及石块周围的点缀。

120
湖南马蓝

Strobilanthes biocullata Y. F. Deng et J. R. I. Wood, Novon 20 (4): 406–410, f. 1 & 2. 2010.

自然分布

我国特有，产广东、广西、湖南。生于海拔200～800m的溪边岩石旁。

迁地栽培形态特点

多年生草本至亚灌木，高70～150cm。

🜉 茎　近圆柱形或稍具四棱，无毛，节基部膨大呈膝曲状，常带棕红色。

🜉 叶　叶片纸质，倒卵形、倒卵状披针形至长椭圆形，长4～12cm，宽2.1～5cm，顶端渐尖或钝尖，具尾尖，边缘具锯齿，基部楔形至狭楔形，下延，侧脉5～7对，叶脉在两面均明显，在叶面凸起，在背面稍凸起或平坦，两侧脉间具密的小横脉；叶柄长1～3cm，无毛，稍扁平。

🜉 花　穗状花序腋生，长5～12cm，花序轴无毛，花两两对生于花序轴上；苞片1枚，卵形至卵状披针形，长5~14mm，宽约5mm，顶端渐尖、长渐尖至尾尖，中下部具一对囊泡状的凸起；小苞片2枚，稍斜卵形，长8~9mm，宽3.5~4mm，向两端渐尖，中部具2~3个大小不等的囊泡状凸起；花萼5深裂，裂片狭卵状披针形，长1.2~1.3cm，宽2.3~2.5mm，外侧3枚稍大，裂片外面及边缘被淡棕黄色细毛，边缘密被卷曲毛，内面近光滑；花长4~5cm，花冠蓝色至蓝紫色，冠管白色，细圆柱形，长9~10mm，径1.6~1.8mm，喉部向上渐扩大，呈漏斗状，弯曲近90°，外面光滑无毛，内面仅喉部被柔毛及沿雄蕊延伸的花冠内壁被两列长柔毛，相对的一侧具紫色细脉纹，冠檐5裂，裂片阔卵形，长6~8mm，宽9~10mm，等大，顶端钝尖，反折；雄蕊4枚，2强，花丝中下部与冠筒壁合生，花丝长的为8~9mm，短的仅2~3mm，被白色长柔毛，花药长卵状椭圆形，花药2室，纵裂，淡黄色；子房卵圆形，长2~2.2mm，径1.1~1.2mm，黄绿色，近顶端疏被柔毛，下部光滑无毛，花柱长3~3.2cm，白色，被丝状细柔毛。

果 蒴果长1.5~2cm，仅顶端疏被柔毛，具种子4粒；种子卵形至卵圆形，长3.6~4mm，宽约3mm，凸透镜状，表面密被贴伏短柔毛，黑褐色。

引种信息
华南植物园 登录号20160212，2016年引自仙湖植物园；生长状态良好。
武汉植物园 登录号20113232，2011年引自湖南湘西土家族苗族自治州永顺县；生长状态良好。

物候
华南植物园 棚内栽培，1月中旬现蕾期，2月中旬至7月花期，花量少，盛花期不明显；果期4~8月。
武汉植物园 5月上旬现蕾期，5月下旬至6月上旬始花期，6月中旬至8月上旬盛花期，8月中期至9月下旬花末期；果期7~9月。

迁地栽培要点
喜半荫蔽、稍湿润的栽培环境。花后常因盛花营养耗尽而死亡，花后应及时修剪或重新播种种植。

主要用途
观赏性强，可用作林下地被、园林绿化、庭院观赏，适于丛植，花境配置。

盛花期

花序和花

121 黄球花

Strobilanthes chinensis (Nees) J. R. I. Wood et Y. F. Deng, Bot. J. Linn. Soc. 150: 388. 2006.

华南植物园栽培

自然分布

我国产广东、广西、海南。生于海拔1300m以下的沟边、溪旁或潮湿的山谷。柬埔寨、老挝、越南也有分布。

迁地栽培形态特点

多年生草本至亚灌木，高30~60cm，有时攀附着物体，高可达1.2m。

茎 四棱形，被硬毛，茎基部常匍匐蔓延，节上生不定根。

叶 叶片纸质，倒卵形至倒卵状椭圆形，长2.5~10cm，宽1.1~4.5cm，顶端渐尖至尾尖，边缘具锯齿，基部楔形至狭楔形，下延，侧面每边4~5条，两面疏被硬毛，背面毛被稍密、稍长；叶柄长0.5~1cm，被硬毛。

花 穗状花序顶生和腋生，卵圆形或近球形；苞片覆瓦状排列，卵形或阔卵形，长1.5~2.2cm，顶端喙状，被硬毛和腺状柔毛；小苞片线形，长9~10mm，密被腺状柔毛和长柔毛；花萼5深裂，裂片线形，长8~11mm，不等大，密被腺状柔毛和长柔毛；花长1.8~2cm，花冠黄色，外面密被短柔毛，冠管细筒状，喉部狭漏斗状，内面被长柔毛，冠檐裂片5枚，圆形，近等大；雄蕊4枚，2强，花丝无毛，花药长圆形；子房密被短柔毛，近顶端被腺状短柔毛，花柱长1~1.1cm，被刺状短柔毛。

🟦**果** 蒴果长约1cm，外面被短柔毛，具种子6~8粒；种子卵圆形至近圆形，长1.6~2mm，宽1.6~1.9mm，成熟时棕黄色，无毛。

引种信息

西双版纳热带植物园 登录号00,2001,3270，2001年引自广东广州市；生长状态良好。

华南植物园 登录号20160194，2016年引自广西药用植物园；生长状态良好。

物候

西双版纳热带植物园 花期1月中旬至4月下旬，其中盛花期3月上旬至中旬；果期3月中旬至5月上旬。

华南植物园 现蕾期8月下旬至9月上旬，花期9月下旬至翌年3月，其中盛花期10月中旬至翌年1月；果期11月至翌年3月。

迁地栽培要点

喜温暖、湿润的栽培环境，稍耐旱。

主要用途

可作林下地被，用于园林绿化、庭院观赏，适于片植、丛植和石旁、水边的点缀。

全株入药，具有清热解毒、消肿止痛的功效，用于治疗小儿皮肤疱疮、口腔破溃、痢疾、跌打损伤、皮肤瘙痒等症。

花结构

122 板蓝

别名： 马蓝、大青、山蓝

Strobilanthes cusia (Nees) Kuntze, Revis. Gen. Pl. 2: 499. 1891.

华南植物园栽培

自然分布

我国产广东、广西、福建、贵州、海南、湖南、四川、台湾、西藏、云南、浙江。生于海拔100~2000m的林下潮湿处或坡地。孟加拉国、不丹、印度、老挝、缅甸、泰国、越南也有分布。

迁地栽培形态特点

多年生草本至亚灌木，高50~120cm。

🌿 **茎** 稍具四棱，多分枝，幼时密被柔毛，后毛渐脱落，节稍肿胀，老时基部木质化。

🍃 **叶** 叶片纸质，二型，营养枝上的叶片大，卵形、椭圆形至卵状椭圆形，长8~16cm，宽3.7~6.6cm，侧脉每边7~9条，顶端渐尖，具尾尖，边缘具锯齿，基部楔形，下延，叶柄长

2.8~4.5cm；生殖枝（短枝）上的叶片小，着生较密，匙形或椭圆形，长2~6.5cm，宽1~2.5cm，顶端渐尖、钝尖至圆形，边缘具锯齿或锯齿不明显，侧脉每边4~6条，叶柄短，长0.5~1.2cm；幼时叶两面、脉上、叶柄均被柔毛，后毛渐脱落至无毛。

🌸 穗状花序顶生，长5~18cm；苞片对生，匙形、倒卵形至倒披针形，长2~3cm，宽0.8~1.1cm；小苞片2枚，小，匙形至狭倒披针形，长5~9mm，宽1.5~3mm，顶端钝尖，具小尖头，具1条中脉，花萼筒状，萼裂片5枚，条形至倒狭卵状披针形，长1.3~2cm，不等大，顶端具小尖头；苞片、小苞片、萼片两面密被细柔毛；花紫色至紫红色，长4~5cm，冠管弯曲，下部细圆柱状，白色，向上渐肿胀呈扁漏斗形，内面具紫色至深紫色脉纹，冠檐5裂，裂片长圆形，近等大，顶端2浅裂；雄蕊4枚，2强，花丝分别长0.7~0.9cm和0.3~0.4cm，花药卵状长圆形，淡黄色，2室，纵裂；子房黄绿色，长约3mm，被微柔毛，花丝长3.5~3.8cm，被刺状微柔毛。

🍎 蒴果倒卵状披针形，长1.8~2.2cm，无毛，具种子4粒；种子卵形、卵圆形或近圆形，长3.5~4mm，宽3.2~3.6mm，黑褐色。

引种信息

西双版纳热带植物园 登录号C12087，引种信息不详；生长状态良好。

华南植物园 登录号19730084，来源地不详；生长状态良好。登录号20113766，2011年引自福建永春县；生长状态良好。

厦门市园林植物园 登录号20150401，2015年引自海南；生长状态良好。

华侨引种园 引种信息不详；生长状态良好。

昆明植物园 登录号82-875，1982年引自云南金平；生长状态良好。

桂林植物园 本地原生种；生长状态良好。

湖南省森林植物园 登录号xz201743007008，2017年引自湖南邵阳市新宁县新宁林科所；生长状态良好。

峨眉山生物站 登录号84-0654-01-EMS，1984年引自四川峨眉山本地；生长状态良好。

南京中山植物园 登录号2008I-0534，2008年引自西双版纳热带植物园；生长状态良好。

物候

西双版纳热带植物园 12月下旬现蕾期，翌年1月至2月上旬花期，其中盛花期为1月上旬至下旬；幼果期2月上旬至3月上旬，果熟期3月上旬至中旬。

华南植物园 11月下旬至翌年2月上旬为花期，其中12月下旬至1月下旬为盛花期；果期12月至翌年3月下旬。

厦门市园林植物园 盆栽，11月中、下旬现蕾期，12月上旬始花期，翌年1月至2月中旬盛花期，2月下旬至3月花末期；果期翌年1月下旬至4月中旬。

华侨引种园 11月中、下旬现蕾期，12月上旬始花期，翌年1月至2月中旬盛花期，2月下旬至3月花末期；果期翌年1月下旬至4月上旬。

昆明植物园 温室栽培，9月下旬始花期，10月下旬至翌年1月盛花期，2月花末期，果期从10月至翌年3月；露地栽培，12月上旬始花期，12月下旬至翌年2月上旬盛花期，2月下旬进入末花期，果期1~3月。

桂林植物园 9月中旬现蕾期，11月中、下旬始花期，12月上旬至翌年2月上旬盛花期，2月中旬至3月下旬花末期；果期3月下旬至4月下旬。

湖南省森林植物园 花期11月至翌年1月下旬；果期11月至翌年2月上旬。

南京中山植物园 温室栽培，9月中旬现蕾期，9月下旬始花期，10月上旬至12月中旬盛花期，12月下旬至翌年1月上旬花末期；未见结果实。

迁地栽培要点

生性强健，喜温暖、湿润、半荫蔽的环境，稍耐旱。

主要用途

本种可推广作林下地被植物，观赏性强，用于园林绿化、庭院观赏，适于片植、丛植和与其他植物配置。

其叶含蓝靛染料，可制作染料。

其根、叶入药，有清热解毒、凉血消肿之效，可预防流脑、流感，治中暑、腮腺炎、肿毒、毒蛇咬伤、菌痢、急性肠炎、咽喉炎、口腔炎、扁桃体炎、肝炎、丹毒等。

123
串花马蓝

Strobilanthes cystolithigera Lindau, Bull. Herb. Boissier 5: 651. 1893.

自然分布

我国产广西、海南、云南。生于海拔800~1200m的石灰岩山丘、峡谷或溪流边。越南也有分布。

迁地栽培形态特点

灌木或亚灌木，高60~100cm。

茎 粗壮，幼茎四棱形，具沟槽，无毛，后渐木质化，表皮灰白色，多具皮孔状凸起。

叶 叶片厚纸质至薄革质，卵圆形至椭圆形，长2~11.5cm，宽0.9~6cm，顶端渐尖、长渐尖，具尾尖，边缘具浅锯齿，基部阔楔形至圆形，有时基部长稍不对称，下延，侧脉每边4~6条，叶面疏被短糙毛或背面无毛；叶柄长0.5~1.6cm，无毛。

花 穗状花序腋生，长3.5~10cm，间断；苞片倒卵形、匙形至长椭圆形，长5~11mm，宽3~6mm，有时叶状；小苞片2枚，条形、倒狭卵状披针形，长5~8mm，边缘及近顶端被纤毛；花萼长9~10mm，裂片5枚，线状披针形，不等大，内面3枚裂片中下部合生，外面2枚裂片几裂至基部，顶端钝，近顶端被腺毛；花长3~4.5cm，花冠淡蓝紫色，冠管柱状，长8~10mm，喉部向上渐扩大呈漏斗形，弯向一侧，脉纹明显，冠檐裂片5枚，阔卵形至卵圆形，近等大；雄蕊4枚，2强，花丝分别长约5mm和2~2.5mm，疏被长柔毛，花药长圆形，淡黄色；子房长约2mm，无毛，花柱长2.3~2.5cm，中上部疏被刺状短柔毛。

果 蒴果长圆形，长1.3~1.5cm，外面无毛，具4粒种子，具珠柄钩；种子卵形至卵圆形，长4~5mm，宽3.5~4.2mm，被柔毛。

引种信息

华南植物园 登录号20020305，2002年引自广西那坡；生长状态良好。

物候

华南植物园 花期2月中旬至4月下旬，其中盛花期3月；果期3~5月，结实量少。

迁地栽培要点

喜湿润，以含石灰岩质的肥沃、疏松、排水性好的壤土为宜，全日照、半日照均可；本种花后易因营养耗尽而死亡，宜花前适度扦插扩繁或大面积开花后修剪枝条、补充养分。

主要用途

观赏性强，可用于园林绿化、庭院观赏，适于丛植，作石块旁、水边的绿化点缀。

124 球花马蓝

Strobilanthes dimorphotricha Hance, J. Bot. 21 (12): 355. 1883.

华南植物园栽培作林下地被植物

自然分布

我国产广东、广西、重庆、福建、贵州、海南、湖北、湖南、江西、四川、台湾、云南、浙江。生于海拔200~2200m的石灰岩丘陵、坡地及林下的溪流旁。印度、老挝、缅甸、泰国、越南也有分布。

迁地栽培形态特点

多年生草本至亚灌木，高60~70cm。

🌿 **茎** 四棱形，具沟槽，无毛，节稍膨大，常带一圈紫红色，茎上部常呈"之"字形曲折，老时近圆柱形，具皮孔状凸起，基部常木质化。

🌿 **叶** 同一节上的叶常不等大，叶片纸质，卵形、卵状披针形、长椭圆形至椭圆形，长5~13cm，宽2~5cm，顶端长渐尖，具尾尖，边缘具锯齿或浅锯齿，基部楔形、阔楔形至圆形，稍下延，侧脉每边5~9条，在叶面稍凸起，中脉稍粗壮，在背面凸起，侧脉间小横脉和网脉明显，幼时叶面密被白色短毛，背面毛疏，老时仅脉上疏被短柔毛，其余无毛或近无毛；叶柄长0.5~2cm，向上叶柄渐短，疏被短柔毛或无毛。

🌸 穗状花序顶生或近枝顶腋生，多枝排成圆锥状，小花序梗四棱形，长1.5~3.5cm，具狭翅，被白色短柔毛，小花序常短缩呈头状或亚球形，具2~4朵花；苞片卵形至卵状椭圆形，长1~1.2cm，宽4~5mm，边缘被柔毛状缘毛，常染紫红色，脱落性；小苞片披针形，长5~6mm，宽1.5~1.8mm，脱落性；花萼呈狭钟状，长9~12mm，萼裂片5枚，线状披针形，长7~10mm，稍开展，仅仅基部联合，不等长，其中一枚稍长，另4枚近等长，外面密被白色柔毛及腺毛；花长3~4cm，花冠紫红色、蓝紫色、淡蓝紫色至白色，外面被腺毛，内面除花丝附近被白色髯毛外其余无毛，冠管下部细圆柱形，中部向上渐扩大呈漏斗状，冠檐5深裂，裂片卵圆形或近圆形，长5.5~6.5mm，宽5~6mm，顶端微凹；雄蕊4枚，2强，长的花丝长5~7mm，无毛，短的长约2mm，花药球形，淡黄色，横裂；子房圆柱状锥形，长2~2.2mm，淡黄绿色，中上部被腺毛，花柱长3~3.7cm，疏被腺毛。

🍑 蒴果狭卵状梭形，长1.1~1.4cm，向两端渐狭，干时棕色至棕褐色，表面被短腺毛，具种子4粒；种子卵圆形或近圆形，长2.2~2.6mm，宽2.5~2.8mm，稍扁平，棕褐色，表面被贴伏棕色短柔毛。

本种不同来源地的花色、大小有一定差异。

引种信息

华南植物园 登录号20130042，2013年引自贵州荔波县水春河；生长状态良好。登录号20140482，2014年引自湖北恩施土家族苗族自治州；生长状态良好。登录号xx275056；生长状态良好。

桂林植物园 引种年份不详，引自广西那坡、靖西、隆安等县市；生长状态良好。

湖南省森林植物园 登录号xz201743007009，2017年引自湖南邵阳市新宁县新宁林科所；生长状态良好。

物候

华南植物园 花期11月下旬至翌年3月下旬，盛花期12月中、下旬至翌年2月下旬；果期3月至4月下旬。

桂林植物园 11月上旬至中旬为现蕾期，12月下旬始花期，翌年1月上旬至3月上旬盛花期，3月中旬至4月中旬花末期；果期4月上旬至5月上旬。

湖南省森林植物园 花期12月至翌年3月下旬，盛花期翌年1月上旬至2月下旬；果期从翌年4月至月上旬。

迁地栽培要点

喜温暖、湿润、半荫蔽的栽培环境，稍耐旱。

主要用途

本种观赏性强，可推广作为林下地被植物，亦可用于庭院观赏，适于片植、丛植和水边、石旁的点缀。

全草入药，具有消肿、散瘀的功效，用于咽喉肿痛、跌打损伤、毒蛇咬伤、风湿痹痛等症。

种子

广西药用植物园栽培 | 杭州植物园栽培作林下地被植物

茎 | 叶 | 花序和花（花紫色内面白色）

花色白色 | 花色淡紫红色

花色紫红色 | 果实

花局部 | 花结构

125 白头马蓝

Strobilanthes esquirolii H. Lév., Repert. Spec. Nov. Regni Veg. 12: 18. 1913.

自然分布

我国产贵州、云南。生于海拔200~800m的山边坡地。越南、老挝、泰国也有分布。

迁地栽培形态特点

多年生草本至亚灌木状，高50~60cm。

🌿 茎 四棱形，具沟槽，密被白色柔毛，略呈"之"字形曲折。

🌿 叶 同一节上的叶不等大，叶片纸质，卵状椭圆形至长卵状椭圆形，长4~12cm，宽2.2~5.2cm，顶端渐尖，具尾尖，边缘具波状浅齿或圆齿，两面密被柔毛，脉上尤甚，叶脉在叶面稍凹下，在背面凸起，侧脉每边5~8条，近叶缘网结；叶柄长1~4cm，被白色柔毛。

🌿 花 花序顶生和近顶端腋生，花序穗状，有时短缩呈头状，长2~3.5cm，花序梗长2~3.5cm，四棱形，密被白色柔毛；苞片排成4列，狭卵状披针形至卵状披针形，长0.8~5cm，宽0.4~1.5cm，两面密被白色长柔毛和腺状柔毛，下部的苞片具宽柄，近基部具髯毛；小苞片2枚，狭舌形，长6.5~7.5mm，两面密被白色长柔毛和腺状柔毛；花萼裂片5枚，仅基部联合，4长1短，长的8~10mm，短的4~5mm，两面密被白色长柔毛和腺状柔毛；花长3~3.5cm，花冠淡蓝紫色，外面密被短柔毛，内面仅雄蕊着生处被白色长髯毛；冠管上方扭曲，喉部漏斗形，冠檐裂片5片，卵圆形，近等大，长5~6mm，基部宽5~5.5mm；雄蕊4枚，2强，花丝分别长7~8mm和2.5mm，花药狭卵形，长约2mm，2室，纵裂；子房狭卵状椭圆形，长约2mm，中、上部密被白色长柔毛，花柱长约2.5cm，向顶端长渐尖，疏被白色刺状短毛。

🌿 果 蒴果狭卵形，稍压扁，长7~8mm，棕黄色，顶端渐尖，近顶端密被白色长柔毛，具种子2~4粒；种子卵圆形或近圆形，直径1.8~2.2mm，褐色至棕褐色，被贴伏短柔毛，遇水开展。

引种信息

华南植物园 登录号20170608，原科研温室物种，引种信息不详；生长状态良好。

物候

华南植物园 棚内栽培，花期2月上旬至6月中旬，盛花期3月中旬至5月上旬；果期3~7月。

迁地栽培要点

喜温暖、潮湿、半荫蔽的栽培环境。

主要用途

本种可作林下地被植物，亦可用于园林绿化和庭院观赏，适于片植和水边、石块旁的点缀。

126 叉花草

Strobilanthes hamiltoniana (Steud.) Bosser et Heine, Bull. Mus. Natl. Hist. Nat., B, Adansonia, sér. 4 10: 148. 1988.

西双版纳热带植物园栽培作庭院观赏

自然分布

我国产西藏。生于海拔800～2000m的林下或山坡。不丹、印度、缅甸、尼泊尔也有分布。

迁地栽培形态特点

多年生草本至亚灌木状，高80～150cm。

茎 四棱形，直立，稍粗壮，多分枝，棱上常具皮孔状凸起，无毛，节膨大，具一圈紫棕色的带纹，基部稍木质化，灰色至灰褐色。

叶 叶片卵形、卵状椭圆形至卵状长椭圆形，长6～18cm，宽2.2～7.8cm，顶端长渐尖，具尾尖，边缘具锯齿，基部楔形、阔楔形，稍下延，两面光滑无毛，侧脉每边6～7条；叶柄长可达8cm，无毛，向上叶柄渐短至无。

花 穗状花序顶生和近枝顶腋生，组成大型、疏松的圆锥花序；苞片、小苞片、萼片均光滑无毛，苞片1枚，倒卵圆形，长约4mm，宽约2.5mm，顶端钝圆，黄绿色，中部略带红色，脱落性；小苞片2枚，倒卵形，长2～2.5mm，宽约1.5mm，膜质，淡绿色至乳白色，脱落性；花萼筒状，长8～10mm，萼裂片5枚，狭倒卵状椭圆形，长6~7mm，宽2~2.5mm，仅基部联合，顶端截平至微凹，近等大，无毛，染紫红色；花长4~4.5cm，花冠紫红色至浅紫色，冠管细筒状，喉部狭漏斗形，内面除花丝着生附近具两列白色的长柔毛外，其余无毛，冠檐5裂，裂片阔卵形至卵圆形，顶端微凹，基部稍重叠；雄蕊4枚，2强，花丝分别长5~6.5mm和1~1.5mm，无毛，花药近圆形，淡黄色至乳白色，径1~1.5mm；子房卵状锥形，长约2.5mm，黄绿色，花柱长3~3.5cm，白色，疏被刺状微毛。

果 蒴果狭长圆形，长1.2~1.5cm，向两端渐狭，棕色至棕褐色，具种子4粒；种子卵圆形至近圆形，长2.5~3mm，宽2.2~2.8mm，具小尖头，被贴伏棕黄色长柔毛。

引种信息

西双版纳热带植物园 登录号38,2002,0194，2002年引自泰国；生长状态良好。
华南植物园 登录号20132358，2013年引自西双版纳热带植物园；生长状态良好。
厦门市园林植物园 引种信息不详；生长状态良好。
昆明植物园 登录号CN.2015.0204，2015年引自云南西双版纳傣族自治州勐仑镇；生长状态良好。
桂林植物园 引种信息不详；生长状态良好。
峨眉山生物站 登录号06-0214-EM，本地原生种；生长状态良好。

物候

西双版纳热带植物园 7月下旬现蕾期，花期8月中旬至翌年3月中旬，其中盛花期9月中旬至12月；果期12月至翌年3月。
华南植物园 7月中旬现蕾期，8月下旬始花期，10月上旬至翌年1月中旬盛花期，1月下旬至3月下旬花末期；果期翌年1~3月。
厦门市园林植物园 6月下旬至7月现蕾期，8月上旬进入花期，9月中、下旬至翌年1月盛花期，2~3月为末花期；果期翌年1~3月。
桂林植物园 7月下旬现蕾期，8月下旬始花期，10月中旬至翌年2月中旬盛花期，2月下旬至3月上旬花末期；果期2~3月。

迁地栽培要点

喜温暖、湿润的栽培环境，稍耐寒，全日照、半日照均可，需水量稍大。

主要用途

本种花姿摇曳，颇为淡雅，而且花期长，观赏性强，适合在热带、温带地区栽培种植，是花境点缀、边缘地带绿化和美化的优良选材。

西双版纳热带植物园栽培作林下、林缘地被植物

仙湖植物园栽培作庭院观赏

127 南一笼鸡

Strobilanthes henryi Hemsl., J. Linn. Soc., Bot. 26 (175): 240–241. 1890.

昆明植物园栽培

自然分布

我国特有,产湖北、湖南、贵州、四川、西藏、云南、广东、广西。生于海拔1000~2800m的山坡、灌丛或疏林下。

迁地栽培形态特点

多年生草本至亚灌木状,高30~50cm。

🟢 **茎** 四棱形,多分枝,被倒生柔毛,后毛稍疏,节稍膨大,基部匍匐或斜展,节上生不定根,老时基部常木质化。

🟢 **叶** 叶片纸质,狭卵形、狭卵状披针形至狭倒卵状披针形,长3~8cm,宽1.2~4cm,顶端渐尖,中、上部边缘具浅圆齿,基部楔形、狭楔形,稍下延,侧脉每边5~6条,两面被柔毛,叶面柔毛后渐脱落；叶柄长1～3cm，被柔毛。

🌸 穗状花序顶生和近枝顶腋生，长5～12cm，有时有分枝，每一节具2朵对生小花；苞片、小苞片、花萼、花冠外面密被腺毛；苞片匙形、狭卵状披针形至线状披针形，长4.5～7mm，花后稍延伸，有时最下部一对苞片叶状，卵圆形；小苞片线状披针形，长5～6；花萼筒状，长1.1～1.2cm，裂片5枚，线形，6～7mm，稍不等大；花长2～2.5cm，花冠白色至乳白色，冠管细筒状，喉部一面扩大呈漏斗状，弯曲，内面具紫色斑点，冠檐二唇形，裂片5枚，圆形至阔圆形，稍不等大；雄蕊4枚，可育雄蕊2枚，花丝长1～1.1cm，外露，中下部被柔毛，花药狭卵状长圆形，2室，纵裂，不育雄蕊2枚，长约3.5mm，无毛；子房长圆形，仅顶端被腺毛，花柱长2.3～2.5cm，无毛，外露。

🍑 蒴果狭卵形至狭倒卵形披针形，长8～10mm，顶端具小尖头，仅近顶端被腺毛，干时黄褐色，具种子4粒；种子卵形至卵圆形，长1.8～2.2，宽1.7～1.9mm，两侧压扁，黑褐色，密被贴伏柔毛，遇水开展。

引种信息

华南植物园 登录号20160189，2016年引自广西药用植物园；生长状态良好。

昆明植物园 无登录号，引种年份为2016年或以前，引自广西药用植物园；生长状态良好。

峨眉山生物站 登录号07-0377-EMS，2007年引自四川峨眉山本地；生长状态良好。

物候

华南植物园 棚内栽培，9月中旬现蕾期，10月上旬至翌年3月下旬为花期，花量不大，盛花期不明显；果期11月至翌年4月。

昆明植物园 8月中旬现蕾期，9月下旬始花期，10月中旬至11月下旬盛花期，12月中旬花末期；果期10月至翌年3月。

峨眉山生物站 4月下旬始花期，6月上旬至8月上旬盛花期，8月中旬至9月上旬花末期；果期5～9月。

迁地栽培要点

喜温暖、湿润、半荫蔽的栽培环境，稍耐寒。

主要用途

可推广作地被植物，亦可用于园林绿化、庭院观赏，适于片植、丛植和水边、石块旁的点缀。

全草入药，具有祛风解表、消肿止咳的功效，用于治疗感冒发热、肺热咳嗽、肝炎等症。

南山植物园栽培

果期

128 异序马蓝

Strobilanthes heteroclita D. Fang et H.S. Lo, Guihaia 17 (1): 32–33. 1997.

自然分布

我国特有，产广西。生于海拔100~500m的石灰岩山的密林下。

迁地栽培形态特点

多年生草本或亚灌木，高50~120cm。

茎 稍具四棱，具沟槽，棱上常具皮孔状凸起，节膨大，无毛或仅节处疏被黄棕色短柔毛。

叶 叶片阔卵形、阔卵状椭圆形、椭圆形，长10~21cm，宽6~10.8cm，顶端渐尖，具尾尖，边缘具锯齿，基部阔楔形至圆形，稍下延，侧脉每边9~11条，侧脉间小横脉明显，无毛；叶柄长1~2.5cm，无毛。

花 穗状花序顶生和近枝顶腋生，长2.5~5cm，常多枝排成圆锥状，花序轴四棱形，花密；苞片、小苞片、萼裂片被黄褐色短柔毛；苞片覆瓦状排成4列，长圆状披针形、狭卵状披针形至披针形，长1.3~2.5cm，向上渐小，中脉向基部增粗；小苞片2枚，狭卵状披针形至披针形，长1.6~2cm，具1条中脉；花萼裂片5枚，狭披针形，长1.1~1.7cm，裂至基部，不等大，其中2枚稍长；花长4.5~5cm，花冠蓝紫色至浅蓝色，外面无毛，喉部内面被长柔毛，冠檐裂片5枚，卵圆形或近圆形，稍不等大；雄蕊4枚，2强，花丝分别长6mm和2mm，被白色丝状长柔毛，花药长卵形，2室；子房卵状锥形，长2.5~3mm，仅近顶端疏被微柔毛，淡黄色，花柱长2.5~3.2cm，被刺状微柔毛。

果 蒴果。幼果光滑无毛，淡黄色。

引种信息

华南植物园 登录号20160185，2016年引自桂林植物园；生长状态良好。

桂林植物园 引种年份不详，引自广西隆安；生长状态良好。

物候

华南植物园 棚内栽培，未见开花结果。

桂林植物园 8月中旬至9月上旬现蕾期，9月中、下旬始花期，10月上旬至11月下旬盛花期，12月上旬花末期。

迁地栽培要点

喜半荫蔽、潮湿的环境。

主要用途

株形整齐，观花、观叶俱佳，可推广用于园林绿化、美化，适于庭园丛植、花坛布置和石头旁边种植点缀。

129 红毛马蓝

Strobilanthes hossei C. B. Clarke, Bot. Jahrb. Syst. 41: 67.1907.

自然分布

我国产广西、云南。生于海拔1000~1800m的丛林下或山坡。泰国、缅甸、越南、马来西亚、老挝也有分布。

迁地栽培形态特点

多年生草本，高20~35cm。

茎 四棱形，稍具沟槽，被淡红色至红褐色刚毛，多分枝，基部常匍匐，节上生不定根。

叶 叶片纸质，卵形至卵状披针形，长1.8~9cm，宽1.3~4.8cm，顶端渐尖、长渐尖至尾尖，边缘具锯齿，基部阔楔形至圆形，稍不对称，侧脉每边5~6条，叶两面密被刚毛，叶面深绿色，沿中脉常具灰绿色斑块，背面紫红色；叶柄长0.5~2cm，被红褐色至淡红色刚毛。

花 穗状花序顶生，长1.8~3.2cm，有时短缩呈头状，花后侧芽生长延长，使花序呈腋生状；苞片覆瓦状排成4列，匙形，长1~1.5cm，宽0.6~0.9cm，向上渐小，被白色至淡红色刚毛；小苞片2枚，舌形，长6~8mm，被白色至淡红色刚毛；花萼长8~9mm，裂片5枚，线状披针形，长6~7mm，仅基部联合，两面密被白色长柔毛；花长2.5~3.5cm，花冠蓝紫色，外面被微柔毛，冠管细管状，喉部狭漏斗形，冠檐5深裂，裂片阔卵形，有时边缘波状或顶端具缺刻；雄蕊4枚，2强，花丝分别长约10mm和2mm，被柔毛，花药狭卵状椭圆形，2室，纵裂；子房长约2mm，淡黄绿色，近顶端密被柔毛，花柱长2~2.3cm。

果 蒴果纺锤形，长7~8mm，稍压扁，干时棕黄色至浅棕色，顶端具短尖头，被短柔毛，具种子4粒；种子卵圆形或近圆形，长1.8~2mm，宽约2mm，压扁，棕褐色。

引种信息

华南植物园 登录号20112906，2011年引自海南；生长状态良好。

物候

华南植物园 棚内栽培，花期11月下旬至翌年4月中旬，其中盛花期12月中旬至翌年1月中旬；果期从12月下旬至翌年4月下旬。

迁地栽培要点

喜温暖、湿润、半荫蔽的栽培环境，稍耐阳。

主要用途

可作为林下地被植物，观赏性强，亦可作为观叶植物，用于庭院观赏，适于片植、丛植花坛布置。

130 日本马蓝

别名： 垂序马蓝

Strobilanthes japonica (Thunb.) Miq., Ann. Mus. Bot. Lugduno-Batavi 2: 124. 1866.

华南植物园栽培

自然分布

我国产湖北、湖南、四川、重庆、贵州。生于海拔500～1100m林下、坡地或潮湿的地方。日本也有分布。

迁地栽培形态特点

多年生草本，高25～50cm。

🌿 **茎** 四棱形，多分枝，幼时具狭翅，紫红色，疏被柔毛，后渐无毛，节膨大，老时茎圆柱形。

🌿 **叶** 叶片纸质，狭椭圆形至狭椭圆状披针形，长2～6cm，宽0.8～2cm，顶端长渐尖至短尾尖，边缘具浅圆齿或锯齿不明显，基部楔形至狭楔形，下延，侧脉每边3～5条，叶面疏被柔毛，背面被柔毛，脉上尤甚，后渐脱落至无毛，叶面绿色至深绿色，背面常带紫红色；叶柄长1～2cm，幼时两侧疏被柔毛，后无毛。

🌸 穗状花序假顶生，长2~6cm，花后侧芽生长使花序呈腋生状；苞片、小苞片、萼裂片被柔毛，边缘具缘毛；苞片覆瓦状排成4列，稍张开，叶状，长圆状披针形至匙形，长0.7~2.5cm，宽3.5~9mm，向上渐小；小苞片2枚，线形或匙形，长5~7mm；花萼筒状，长6~7.5mm，萼裂片5枚，线形，不等大；花长1.5~1.8cm，花冠淡紫色至白色，外面被短柔毛，冠管细筒形，喉部漏斗状，内面被长柔毛，冠檐裂片5枚，长椭圆形，等大，顶端圆形、截平或微凹；雄蕊4枚，2强，花丝分别长4~5mm和1.5~1.8mm，无毛，花药长圆形；子房仅近顶端被柔毛，花柱长1.5~1.6cm，被刺状柔毛，顶端不等2裂。

🍎 蒴果狭倒卵圆形，长约7mm，顶端具小尖头，除近顶端被毛后其余无毛，具种子4粒；种子卵形，长约3mm，密被短柔毛。

引种信息

华南植物园 登录号20160072，2016年引自广东广州市神农草堂；生长状态良好。xx110206来源不详，为1974—1981年之间引种种植；生长状态良好。

厦门市园林植物园 登录号20170033，2017年引自仙湖植物园；生长状态良好。

峨眉山生物站 登录号84-0655-01-EMS，本地原生种；生长状态良好。

海医大药植园 2008年3月1日引自四川二郎山；生长状态良好。

物候

华南植物园 花期7~10月，其中盛花期8月至9月中旬；果期8~11月。

厦门市园林植物园 盆栽，7月上旬现蕾期，7月中旬始花期，8~11月盛花期，12月至翌年5月花末期；果期9月至翌年1月。

峨眉山生物站 花期6月上旬至9月下旬，其中盛花期7~8月；果期7月至10月上旬。

海医大药植园 花期6月上旬至9月下旬，其中盛花期7月上旬至8月下旬；果期6月下旬至10月中旬。

迁地栽培要点

喜湿润、半荫蔽的栽培环境。

主要用途

用作水边、石头旁的绿化、点缀和林下荫蔽、潮湿处地被植物。

全草入药，具有消瘀行水、疏肝解郁、活血通经的功效，用于治疗月经不调、产后淋漓腹痛、血晕、症瘕、痈肿、跌打损伤、身面水肿等症。

广州市神农草堂栽培

厦门市园林植物园栽培

131
蒙自马蓝

Strobilanthes lamiifolia (Nees) T. Anderson, J. Linn. Soc., Bot. 9: 476. 1867.

自然分布

我国产云南、贵州、四川及西藏。生于海拔1000~2600m的林下或草地。印度、不丹、尼泊尔也有分布。

迁地栽培形态特点

多年生草本，高40~6cm。

茎 四棱形，具沟槽，多分枝，无毛，节上稍膨大，基部匍匐，常节上生根。

叶 叶片卵形至卵状椭圆形，长7~14cm，宽3.5~5.2cm，顶端渐尖至尾尖，边缘具锯齿，基部楔形至阔楔形，稍下延，侧脉每边5~7条，两面疏被短柔毛；叶柄长0~3.5cm，向上叶柄渐短至无，被短柔毛。

花 穗状花序顶生和近枝顶腋生，组成圆锥状，花序长3~5cm，花序梗长2~6cm，被短柔毛；苞片对生，覆瓦状排列，卵形，长1~1.2cm，宽5.5~6.5mm，顶端渐尖，具短尾尖，中上部具3~5枚浅齿，背面被短柔毛，绿色，早脱落；小苞片2枚，狭卵状披针形，长6~7mm，宽1.5~1.8mm，膜质，淡绿色至白色，背面被微柔毛；花萼钟状，稍开展，萼裂片5枚，狭卵状披针形，长1~1.2cm，宽1.6~2mm，仅基部联合，其中一枚稍长，外面密被柔毛和腺毛，内面毛疏；花长3.5~4.5cm，花冠蓝紫色，冠管圆柱形，白色，向上冠筒扭转、渐扩大呈狭漏斗状，稍弯曲，外面被短柔毛，内面喉部雄蕊着生处上方被白色长柔毛，对面具明显的紫红色细脉纹，冠檐裂片5枚，裂片圆形，近等大，径5~6mm，顶端微凹；雄蕊4枚，2强，花丝分别长约7mm和1.5~2mm，被柔毛，花药卵圆形，乳白色；子房卵形，长约2mm，黄绿色，仅中上部被腺毛和短柔毛，花柱长3.2~3.5cm，疏被微柔毛至无毛。

果 蒴果倒狭卵形，长1.3~1.6cm，顶端渐尖，具小尖头，无毛；萼裂片果期稍增大，长1.3~1.5cm；具种子2~4粒；种子卵圆形，径2~2.2mm，表面具颗粒状凸起及纵纹，熟时褐色至黑褐色。

引种信息

昆明植物园 引种信息不详；生长状态良好。

物候

昆明植物园 花期8月下旬至11月，盛花期9~10月；果期9月下旬至11月；冬季地上部分枯萎，翌年3月萌蘖期，4月下旬展叶期。

迁地栽培要点

喜稍凉爽、湿润、半荫蔽的栽培环境，稍耐旱。

主要用途

用于园林绿化、庭院观赏，适于片植、丛植和水边、石旁的点缀。

132
少花马蓝

Strobilanthes oliganthus Miq., Ann. Mus. Bot. Lugduno-Batavi 2: 124. 1866.

杭州植物园林下栽培

自然分布

我国产安徽、福建、江西、浙江。生于海拔100～800m的林下、潮湿荫蔽的草地。日本、韩国也有分布。

迁地栽培形态特点

多年生草本，高45～65cm。

🌿 **茎** 四棱形，具沟槽，疏被倒生柔毛，棱上毛被明显，多分枝。

🌿 **叶** 叶片薄纸质，卵形至椭圆形，长5～8cm，宽1.8～5cm，顶端长渐尖，边缘具粗锯齿，基部阔楔形下延，侧脉每边4～6条，叶面疏被短柔毛至无毛，背面被短柔毛，脉上尤甚；叶柄长1.5～3cm，被短柔毛。

🌸 **花** 穗状花序顶生和近枝顶腋生，长1.5～4cm；苞片覆瓦状排成4列，倒卵形至倒卵状椭圆形，长1.5～3.2cm，宽0.8～1.8cm，向上渐小，被白色长毛；小苞片条形，长7～8mm，被白色长毛；花萼长1～1.2cm，5深裂，仅基部联合，中上部疏被长毛，花长4～4.2cm，花冠蓝紫色至淡蓝紫色，冠管长约1.5cm，喉部向一侧弯曲、肿大，冠檐裂片5枚，卵圆形，稍不等大；雄蕊4枚，2强，花丝分别长

5~6mm和2.5~3mm，仅长的花丝及其与冠筒合生部分被柔毛，花药狭长，长约2mm；子房狭卵状锥形，仅上部被短柔毛，花柱长3~3.4cm，疏被短柔毛。

果 蒴果，长约1cm，顶端具小尖头，被短柔毛，具4粒种子；种子卵形，长2.3~2.5mm，宽2~2.2mm，扁平，外面被短柔毛。

引种信息

杭州植物园 登录号17C11004-00，2017年引自浙江金华磐安大盘山；生长状态良好。

南京中山植物园 引种信息不详；生长状态良好。

物候

杭州植物园 7月上旬现蕾期，7月中、下旬始花期，8月上旬至9月中、下旬盛花期，10月上、中旬花末期；果期8月下旬至11月上旬；11月下旬地上部分枯萎休眠。

南京中山植物园 4月下旬开始展叶，5月上旬展叶末期，8月中旬抽出花序轴，8月下旬始花期，9月上旬盛花期，11月下旬花末期；果期9月下旬至12月上旬。

迁地栽培要点

喜半荫蔽的林下。

主要用途

可作为林下地被植物，亦可用于庭院观赏。

全草入药，具有清热凉血的功效，用于治疗感冒高热、外伤出血等。

花

133 翅枝马蓝

Strobilanthes pateriformis Lindau, Bull. Herb. Boissier 5: 653. 1897.

昆明植物园温室栽培

自然分布

我国产广西、贵州、海南、四川、云南。生于海拔400~1700m的密林下。印度尼西亚、老挝、泰国、越南也有分布。

迁地栽培形态特点

多年生草本，高40~55cm。

茎 四棱形，棱上具翅，翅稍波状，宽1.5~3.5mm，无毛。

叶 叶片长圆形至披针形，长2~15cm，宽1.2~4.5cm，顶端渐尖至长渐尖，具尾尖，边缘具浅齿或锯齿，基部楔形下延，侧脉每边4~6条，两面无毛；叶柄长1~3cm，无毛。

🌸 穗状花序顶生或近枝顶腋生，长3~12cm；苞片狭卵形至披针形，长3.5~6.5mm；小苞片稍匙形，长5~7mm；花萼筒状，长8~11mm，5深裂，裂片线形，苞片、小苞片、萼片无毛；花长4~5cm，花冠淡紫色至蓝紫色，外面无毛，冠管圆柱状，长1.4~1.6cm，扭转，喉部狭漏斗状，内面被2裂柔毛，冠檐裂片5枚，卵圆形，近等大，顶端2浅裂，边缘波皱状；雄蕊4枚，2强，花丝分别长5~5.5mm和1.2~1.6mm，长的花丝密被刺状短毛，短的花丝无毛或近无毛，花药长椭圆形，2室，纵裂；子房仅近顶端疏被微毛，花柱长2.5~3cm，中、上部被腺状短柔毛。

🍎 蒴果长1.2~1.4cm，除近顶端疏被短毛外，其余无毛，具种子4粒。

引种信息

昆明植物园 登录号CN.2015.0887，2015年引种，原温室植物，来源地不详；生长状态差。

物候

昆明植物园 温室栽种，9~11月为花期，其中9月下旬至11月上旬为盛花期；果期11月下旬至12月中旬，翌年由于病虫害严重致死。

迁地栽培要点

喜稍凉爽、湿润、半荫蔽的栽培环境；在密闭、不通风环境下易感染飞虱病。

主要用途

株形奇特，观赏性强，可作为林下地被、园林绿化和庭院观赏植物，适于片植、石头旁、水边的绿化点缀。

花序和花

134
桃叶马蓝

Strobilanthes persicifolia (Lindl.) J. R. I. Wood, Kew Bull. 64: 27. 2009.

自然分布

原产印度和东南亚地区。我国部分植物园有栽培。

迁地栽培形态特点

多年生草本至亚灌木，高40~65cm。

🌿 **茎** 四棱形，多分枝，具狭翅，无毛，节膨大。

🍃 **叶** 叶片纸质，披针形，长2.5~7cm，宽0.5~1.5cm，顶端长渐尖，具尾尖，中、上部边缘具浅锯齿，基部狭楔形，稍下延，侧脉每边4~5条，在上面凸起，在背面平坦，中脉在两面均凸起，无毛；叶柄长0~6m，无毛。

🌸 **花** 穗状花序短缩，近头状，顶生、近顶端腋生或组成聚伞圆锥花序状，苞片、小苞片被短柔毛；苞片狭卵形至狭卵状披针形，长5~6mm；小苞片条形至狭卵状条形，长约3mm；花萼裂片5枚，条形至条状披针形，长约5mm，等长或近等长，仅基部联合，被腺状短柔毛和短柔毛；花长2.5~3cm，淡蓝色至浅蓝紫色，外面密被短柔毛和疏被腺状短柔毛，冠管细筒状，长约7mm，喉部扁漏斗形，长1.4~1.6cm，冠檐展开直径约1.5cm，裂片5枚，裂片近圆形至卵圆形，长、宽5~6mm。顶端微凹；雄蕊2强，被两列长柔毛，花药椭圆形，2室，横裂；子房长约1.5mm，仅近顶端被柔毛，花柱长2.5~2.7cm，疏被柔毛。

🍎 **果** 蒴果倒狭卵状长圆形，长约8mm，顶端急尖，外面被腺状短柔毛和短柔毛，具种子4粒；种子卵形至卵圆形，长1.8~2mm，宽1.5~1.6mm，扁平，表面被贴伏短柔毛，褐色。

引种信息

华南植物园 登录号20181577，2018年引自浙江嘉兴；生长状态良好。

物候

华南植物园 棚内栽培，12月上旬现蕾期，12月中旬始花期，盛花期12月下旬至翌年3月中旬，花末期翌年3月中旬至4月上旬；果期2月下旬至4月中、下旬。

迁地栽培要点

喜温暖、潮湿的栽培环境，以肥沃、排水良好的壤土为佳，在半荫蔽至阳光充足条件下均能生长状态良好。

主要用途

可开发作为于林下地被植物，用于园林绿化和庭园观赏，亦可作绿篱。

135 阳朔马蓝

Strobilanthes pseudocollina K. J. He et D. H Qin, Acta Phytotax. Sin. 45: 701. 2007.

自然分布

我国特有，产广西阳朔。生于海拔100~300m的石灰岩、丘陵的林下。

迁地栽培形态特点

多年生草本至亚灌木，高20~50cm。

茎 幼时稍四棱形，稍具沟槽，被短柔毛，老时茎圆柱形，无毛，具皮孔状凸起，基部稍木质化。

叶 叶片革质，卵形至卵状披针形，长2.8~8cm，宽1.4~4.2cm，顶端渐尖具尾尖，边缘具浅锯齿或波状浅锯齿，基部阔楔形至圆形，侧脉每边5~7条，两面无毛或近边缘疏被柔毛；叶柄长0.5~2cm，仅幼时被短柔毛。

花 穗状花序近枝顶腋生，长7~18cm，苞片倒卵状披针形，长5~7.5mm，向上渐小，上面疏被微柔毛或无毛，背面被微柔毛，边缘疏被微毛；小苞片2枚，线形，长约5mm，近边缘具缘毛；花萼筒状，长7~12mm，5深裂，裂片线形，果期稍增大，边缘被缘毛；花长3~3.6cm，花冠蓝紫色，外面无毛，冠管筒状，白色，扭转，喉部向一侧弯曲，另一侧渐扩大呈狭漏斗状，内面冠管壁与花丝合生处被柔毛，其余无毛，冠檐裂片5枚，卵圆形；雄蕊4枚，2强，花丝无毛，分别长2.5~3mm和4.5~5mm，花药狭卵形，2室，纵裂，子房无毛，花柱长约3cm。

果 蒴果长1.5~2cm，长椭圆形，向两端渐尖，无毛，顶端具小尖头，具种子4粒；种子卵圆形，长4.5~5.5mm，宽3~4mm，外面被短柔毛，成熟时黑褐色。

引种信息

桂林植物园 本地原生种；生长状态良好。

物候

桂林植物园 7月下旬现蕾期，9月中旬始花期，9月下旬至11月上旬盛花期，11月上旬至中旬花末期；果期10~12月。

迁地栽培要点

喜温暖、湿润、半荫蔽栽培环境，以疏松、肥沃、稍含碱性或含石灰岩质的壤土为宜。

主要用途

本种可推广作林下地被，观赏性强；适于片植、丛植和石块旁点缀。

桂林植物园栽培　华南植物园栽培　叶　花序　花　果实　花结构　茎和叶背面　果实和种子

136
波缘半插花

别名： 齿叶半插花

Strobilanthes repanda (Blume) J. R. Benn., Kew Bull. 58: 56. 2003.

自然分布

原产马来西亚。我国部分植物园有栽培。

迁地栽培形态特点

多年生草本，高5~12cm。

🌿 **茎** 多分枝，基部匍匐，上部斜升，四棱形，紫红色，具沟槽，被柔毛。

🌿 **叶** 叶片纸质，狭卵状长椭圆形至狭卵状披针形，长2.5~6cm，宽0.8~1.4cm，顶端渐尖，边缘具波状齿，基部阔楔形至圆形，有时不对称，侧脉每边4~5条，叶面深绿色，叶脉紫红色，背面紫红色，幼叶边缘具紫红色长丝状髯毛；叶柄长1~2cm，紫红色，被柔毛。

🌸 **花** 穗状花序顶生小枝顶端，除花外均呈紫红色，长1.5~3cm，花序梗长2~3.5cm；苞片对生，线形至狭倒披针形，长1~1.6cm，向上渐小，中、上部边缘具缘毛；花萼长8~10mm，细筒状，中下部具5条纵棱，裂片5枚，线状披针形，长4~5mm，近等大，顶端长渐尖至丝状，近顶端被丝状长柔毛，顶端呈2叉刺状；花长1.8~2cm，花冠白色，外面密被短柔毛，冠管细筒状，喉部漏斗状，内面仅花丝着生附近被白色长丝状髯毛，其余无毛，冠檐5裂，裂片卵圆形，长4.5~5.5mm，宽3~4mm，顶端钝尖至钝圆形；雄蕊4枚，2长2短，花丝分布长约3mm和0.2~0.3mm，有时具1枚残余雄蕊，花药狭卵状椭圆形，2室，纵裂，带紫红色；子房圆柱状，黄绿色，长2~2.2mm，仅顶端密被白色微柔毛，花柱白色，被刺状微柔毛，长9~10mm。

🍎 **果** 未能观察到果实。

引种信息

华南植物园 登录号20160691，2016年引自厦门市园林植物园；生长状态良好。

厦门市园林植物园 引种信息不详；生长状态良好。

昆明植物园 登录号CN.2016.0202，2016年引自西双版纳热带植物园；生长状态良好。

物候

华南植物园 全年零星有花开，盛花期3月下旬至5月下旬；未观察到结果。

厦门市园林植物园 3月现蕾期，4月始花期，5~8月盛花期，9~10月花末期；果期5~11月。

昆明植物园 温室栽培，花期11月至翌年6月；未见结果。

迁地栽培要点

喜温暖、湿润、半荫蔽的栽培环境，以肥沃、疏松、排水性好的壤土或砂质壤土为佳。

主要用途

可用作地被，亦可用于庭园荫蔽处点缀、花坛美化。

中国迁地栽培植物志·爵床科·马蓝属

西双版纳热带植物园栽培 | 华南植物园栽培
厦门市园林植物园栽培 | 茎和叶背面
花序 | 花
花 | 雄蕊
 | 花结构

137
匍匐半插花

Strobilanthes reptans (G. Forst.) Moylan ex Y. F. Deng et J. R. I. Wood, Fl. China 19: 390–391. 2011.

西双版纳热带植物园栽培

自然分布

我国产台湾。菲律宾、日本也有分布。

迁地栽培形态特点

多年生草本，高5~8cm。

🌿 茎 平卧或斜升，近圆柱形，被淡紫色柔毛。

🌿 叶 叶片纸质，卵状椭圆形至卵圆形，长3~8cm，宽1.8~3.8cm，顶端钝圆或圆形，基部心形或截平，边缘稍具浅圆齿或近全缘，侧脉每边5~6条，叶面绿色，叶脉及背面常染紫红色，叶面疏被柔毛，脉上被紫色长刺毛，背面密被短柔毛，脉上尤甚；叶柄长1~2cm，常红棕色，被长柔毛。

🌿 花 穗状花序顶生，长2~6cm，常数枝排成聚伞状，总花梗纤细，长2~6cm，被白色长柔毛；花常两两对生于每一小穗的节上；苞片匙形、卵状匙形，长8~13mm，顶端渐尖、钝尖至圆形，被细柔毛，基部具柄，柄上被长柔毛；花萼筒状，长6~8mm，萼裂片5枚，线状披针形，长4~5mm，中下部联合，其中一枚稍长，花后稍延伸，被柔毛和长柔毛；花长1~1.3cm，花冠淡紫色至白色，外面疏被微毛，冠管筒状，喉部漏斗形，仅内面花丝着生处被长柔毛，冠檐5裂，裂片卵圆形，长2~2.5mm，宽2.5~3mm，顶端钝圆或微凹；雄蕊4枚，2长2短，长的2枚雄蕊稍外伸，花丝长约2mm，被长柔毛，短的不足1mm，无毛，花药狭卵形，乳白色至淡黄色，2室，纵裂，长约1mm；子房圆柱状，长2.5~2.8mm，绿色至黄绿色，近顶端密被白色微柔毛，花柱白色，长约1cm，被刺状微柔毛。

果 蒴果狭卵状梭形，向两端渐狭，长7~8mm，顶端具小尖头，外面密被短柔毛，具种子8粒；种子扁平，圆形，径1~1.2mm，被微毛。

引种信息

西双版纳热带植物园 引种信息不详；生长状态良好。

华南植物园 登录号20160213，2016年引自仙湖植物园；生长状态良好。

厦门市园林植物园 登录号20150402，2015年引自海南；生长状态良好。

物候

西双版纳热带植物园 花期、果期全年，盛花期3~11月。

华南植物园 除冬季1~2月寒冷时花少或无花外，花期近全年，盛花期3月下旬至10月中旬；果期近全年。

厦门市园林植物园 3月上中旬现蕾期，3月下旬始花期，4月中下旬至10月盛花期，11~12月花末期；果期4月下旬至翌年1月。

迁地栽培要点

生性强健，不择土壤，喜温暖、湿润的栽培环境，稍耐旱，不耐寒，全日照、半日照均可。

主要用途

植株低矮，可作地被植物，但本种的种子飞散，传播较快，宜谨慎使用。

华南植物园栽培

厦门市园林植物园栽培

138 菜头肾

Strobilanthes sarcorrhiza (C. Ling) C. Z. Cheng ex Y. F. Deng et N. H. Xia, Novon 17: 154–155. 2007.

自然分布

我国特有,产浙江。生于海拔200~600m的林下或山谷中。

迁地栽培形态特点

多年生草本,高25~40cm。

🌱 茎 具肉质根状茎,直立茎不分枝,四棱形,具沟槽,被短柔毛。

🍃 叶 叶片薄纸质,长圆状披针形,长6~15cm,宽1.8~3cm,顶端长渐尖,边缘具不规则浅齿,基部狭楔形下延几至基部,侧脉每边6~9条,叶面疏被短柔毛,背面密被短柔毛,脉上尤甚;叶柄长0~5mm。

🌸 花 穗状花序顶生,短缩呈头状,长2~3cm;苞片倒卵状椭圆形,长1.2~1.6cm,宽5~8mm,边缘具缘毛;小苞片2枚,条形,长0.8~1cm,边缘疏被缘毛;花萼长1.3~1.5cm,5深裂几至基部,裂片线形,中上部边缘具长缘毛;花长4~4.5cm,花冠淡蓝紫色,冠管长约7mm,喉部弯曲成90°,外面无毛,内面仅花丝与冠筒合生处被柔毛,雄蕊4枚,2强,花丝分别长5~6mm和3~4mm,短的花丝无毛,长的花丝被柔毛,花药长圆形,长约1.5mm,子房无毛,花丝长3~3.2cm,中上部疏被刺状微毛。

🍎 果 蒴果无毛,具4粒种子;种子卵圆形,长2.2~2.5mm,宽1.9~2.2mm,密被短柔毛。

引种信息

杭州植物园 引种时期较久远,信息记录不详;生长状态良好。

物候

杭州植物园 现蕾期8月中、下旬,始花期8月下旬至9月上旬,盛花期9月中旬,花末期9月下旬;果期9月下旬至11月上旬(果量少);12月上旬地上部分枯萎休眠。

迁地栽培要点

喜湿润、半荫蔽的栽培环境。

主要用途

株形整齐,观赏性性强,适于推广作林下地被植物。

药用,为温州民间著名的草药,具有养阴补肾、清热解毒的功效,用于治疗肾虚腰痛、阴虚牙痛、肝炎、肾炎水肿、疔疮疖肿、肌腱扭伤等。

139 马来马蓝

Strobilanthes schomburgkii (Craib) J. R. I. Wood, Kew Bull. 64: 46. 2009.

自然分布
原产泰国、马来西亚、印度尼西亚、柬埔寨、老挝、越南。我国引入栽培。

迁地栽培形态特点
多年生草本至亚灌木，高60~70cm。

🌿 **茎** 稍具四棱，具沟槽，节稍膨大。

🌿 **叶** 叶片披针形，长8~12cm，宽2~2.8cm，顶端长渐尖，全缘，边缘稍向下反卷，基部狭楔形下延，侧脉每边4~7条，叶脉常带红色至紫红色，无毛；叶柄长0~0.5cm，无毛。

🌿 **花** 穗状花序顶生，花密，有时花序短缩略呈头状，长2~5cm，花序轴被长柔毛，稍弯曲；苞片排成4列，卵状披针形至狭卵状披针形，长1.1~1.5cm，宽5~6.5mm，向上渐小，两面被柔毛及丝状长柔毛，边缘被丝状长柔毛；花萼长1-1.1cm（果期稍增大，长1.3~1.4cm），裂片5枚，线状披针形，稍不等大，两面被丝状长柔毛；花长3~3.5cm，花冠淡红色至淡紫红色，外面疏被柔毛，内面无毛，具黄色、紫红色斑块，冠檐5裂，裂片卵圆形，长5.5~6mm，宽6~6.5mm，近等大，内面具深紫色脉纹；雄蕊4枚，2强，不伸出，花丝分别长约4mm和1~1.1mm，长的花丝具1列白色髯毛，短的花丝无毛，花药狭卵形，2室，纵裂，淡黄色；子房仅近顶端被微柔毛和腺状短柔毛，花柱长2.2~2.4cm，被刺状微柔毛。

🌿 **果** 蒴果。幼果长约1cm，狭卵状倒披针形，表面密被微柔毛，近顶端被腺状短柔毛。

引种信息
华南植物园 登录号20160202，2016年引自仙湖植物园；生长状态良好。

物候
华南植物园 棚内栽培，2月中旬现蕾期，3月上旬始花期，3月中旬至4月上旬盛花期，4月中、下旬花末期，花后仅能观察到幼果；露地栽培，上一年12月上旬现蕾期，上一年12月中、下旬进入始花期，2月上旬至4月上旬盛花期，4月中旬至5月上旬花末期。

迁地栽培要点
喜温暖、潮湿的栽培环境，稍耐旱，全日照至半日照均可。

主要用途
可作为路边绿篱种植，亦可用于庭园观赏植物，适合路边丛植、片植和花境配置。

140 四子马蓝

Strobilanthes tetrasperma (Champ. ex Benth.) Druce, Rep. Bot. Soc. Exch. Club Brit. Isles 1916: 649. 1917.

华南植物园栽培

自然分布

我国产广东、广西、福建、贵州、海南、湖南、湖北、江西、四川、重庆等地。生于海拔100~1000m的森林、溪流及路边岩石旁。越南也有分布。

迁地栽培形态特点

多年生草本，高20~35cm。

🌿 **茎** 四棱形，被短柔毛，茎基部常生不定根，老时稍木质化。

🍃 **叶** 叶片纸质，卵形至卵状椭圆形，长3~7cm，宽1.2~3.8cm，顶端渐尖至长渐尖，边缘具锯齿，被缘毛，基部圆形，稍下延，侧脉每边4~5条，叶面无毛或幼时被柔毛，背面被短柔毛，脉上尤甚；叶柄长0.5~1.5cm，被柔毛。

🌸 **花** 穗状花序顶生或近顶端腋生，花序短缩，常呈头状；苞片叶状，倒卵形至匙形，长1~2.5cm，宽0.4~1.6cm，疏被柔毛或近无毛，边缘被缘毛；小苞片2枚，稍匙形，长5~7mm，疏被柔毛，边缘被缘毛；花萼筒状，5深裂，裂片线形，长5~7mm，两枚稍大，被柔毛，边缘被柔毛；花长1.5~2cm，花冠淡蓝色至蓝紫色，外面被短柔毛，冠管短，喉部渐扩大呈漏斗状，内面被长柔毛，冠檐裂片5枚，长圆形，顶端钝或微凹，近等大；雄蕊4枚，2强，长的花丝长4~5mm，被柔毛，短的花丝长1.5~2mm，疏被柔毛或近无毛；花药椭圆状长圆形，2室；子房仅顶端被短柔毛，其余无毛，花柱长1.5~1.8cm，被刺状柔毛。

🍎 **果** 蒴果长0.8~1cm，顶端具小尖头，仅顶端疏被短柔毛，其余无毛，基部具柄，具种子2~4粒；种子卵圆形或近圆形，长2.5~3mm，宽2~2.6mm，黑褐色，被短柔毛。

引种信息

华南植物园 登录号20011443，2001年引自广东阳春；生长状态良好。登录号20142072，2014年引自广东清远牛鱼嘴原始生态风景区；生长状态良好。

厦门市园林植物园 登录号20170493，2017年引自福建永泰天门山；生长状态良好。

昆明植物园 引种信息不详；生长状态良好。

湖南省森林植物园 登录号xz201743007025，2017年引自湖南邵阳市新宁县新宁林科所；生长状态良好。

峨眉山生物站 登录号06-0220-EM，本地原生种；生长状态良好。

物候

华南植物园 棚内栽培，10月下旬现蕾期，11月中旬始花期，11月下旬至翌年1月上旬盛花期，1月中下旬花末期；果期12月上旬至翌年3月上旬。

厦门市园林植物园 盆栽，9月下旬至10月上旬现蕾期，10月中旬始花期，11月盛花期，12月花末期；果期11月下旬至翌年1月。

昆明植物园 花期近全年，未见果实。

湖南省森林植物园 温室栽培，11月中旬现蕾期，12月中旬始花期，12月下旬至翌年1月下旬盛花期，1月中下旬花末期；果期12月中下旬至翌年4月上旬。

峨眉山生物站 花期6~9月上旬，其中盛花期6月下旬至7月下旬；果期7~9月。

迁地栽培要点

喜温暖、湿润、半荫蔽的栽培环境，不择土壤，但以富含有机质、疏松、排水性好的壤土为佳。

主要用途

可推广作林下地被植物，亦可用于园林绿化、庭院观赏，适于片植、丛植和水边、石块旁的点缀。

全草入药，具有清热解表、消肿、解毒的功效，用于治疗实热内结之热毒斑疹、风热感冒、便血、小便不利、肿毒疔疮、跌打损伤、红肿出血等症。

中国迁地栽培植物志·爵床科·马蓝属

昆明植物园栽培 | 杭州植物园栽培
茎 | 叶
花 | 果实
花序和花 | 花结构 1cm | 果实和种子

450

141
糯米香

Strobilanthes tonkinensis Lindau, Bull. Herb. Boissier 5 (8): 651. 1897.

西双版纳热带植物园栽培

自然分布

我国产广西、云南。生于海拔200～1500m林下湿润的地方。泰国和越南也有分布。

迁地栽培形态特点

多年生草本，高0.5～1m，全株具浓郁糯米香味。

🌿 **茎** 幼时四棱形，密被短柔毛，后毛渐脱落，近圆柱形，基部匍匐，节上生不定根。

🌿 **叶** 叶片纸质，卵形、椭圆形至长椭圆形，长4～12cm，宽2.7～5cm，顶端渐尖至急尖，边缘具波状圆齿或浅锯齿，基部楔形、阔楔形至圆形，稍下延，侧脉每边4～7条，叶面疏被短柔毛，背面被毛稍密，老时毛渐脱落；叶柄长0.7~1.8cm，被短柔毛。

🌸 穗状花序顶生和近枝顶腋生，有时假顶生，长5~12cm，花序密被柔毛和腺毛；苞片匙形，长1~1.2cm；小苞片2枚，线形，长5~6mm；花萼筒状，长约9mm，裂片5枚，线形，等大（果期增大至1.2cm），仅基部联合；花长2.6~3.2cm，花冠白色，外面疏被腺毛，内面喉部具2列长柔毛，冠管圆筒形，喉部稍弯曲，狭漏斗形，冠檐裂片5枚，长圆形，等大，边缘啮齿状；雄蕊4枚，2强，花丝分别长约4mm和1~1.2mm，无毛，花药长椭圆形；子房倒长卵形，中上部被短腺毛，花柱长1.7~2.3cm，疏被刺状微柔毛。

🍎 蒴果狭倒卵形，长1~1.1cm，被短腺毛，顶端具小尖头，具种子4粒；种子卵圆形，长约3mm，宽2~2.8mm，黄棕色。

引种信息

西双版纳热带植物园 登录号00,2002,0316，2002年引自云南盈江县洪崩河；生长状态良好。
华南植物园 登录号20033067，2003年引自海南兴隆热带植物园；生长状态一般。
昆明植物园 登录号87-248，1987年引自云南西双版纳傣族自治州；生长状态良好。

物候

西双版纳热带植物园 1月上旬现蕾期，1月下旬至5月上旬为花期，其中盛花期3月上旬至4月上旬；果期4~7月。
华南植物园 2月下旬始花期，3月中旬至4月中旬盛花期，4月下旬至5月上旬花末期；果期3~5月。
昆明植物园 温室栽培，花期12月下旬至翌年5月，其中盛花期1月中旬至4月下旬，5月上旬进入末花期，未见结果。

迁地栽培要点

喜温暖、湿润、半荫蔽的栽培环境，稍耐旱。

主要用途

可用作林下地被植物，亦可用于园林绿化和庭园观赏。
全草入药，具有清凉解毒、健脾益胃的功效，可用于治疗小儿疳积和妇女白带等疾病。
本种具有浓郁的糯米香味，用作芳香植物，可调配香精，亦可作茶饮品配料。

华南植物园栽培

华侨引种园栽培作林下地被

142 云南马蓝

Strobilanthes yunnanensis Diels, Notes Roy. Bot. Gard. Edinburgh 5 (25): 164. 1912.

自然分布
我国特有，产云南、甘肃、四川和西藏。生于海拔800~2800m的林下、稍阴或潮湿的地方。

迁地栽培形态特点
亚灌木，高1~1.2m。

茎 稍粗壮，圆柱形，灰白色，嫩枝略具四棱，被柔毛。

叶 叶片卵形至卵状椭圆形，长5~8cm，宽3~5cm，顶端渐尖，边缘具锯齿，基部狭楔形并下延，两面密被白色柔毛，侧脉每边7~10条，叶面深绿色，背面淡绿色，叶脉基部常带红色；叶柄长1~3cm，具狭翅，被柔毛。

花 穗状花序顶生或近枝顶腋生，长2~5cm，花序梗短至无；苞片、小苞片、萼裂片外面被柔毛和长纤毛；苞片叶形，卵形至卵状披针形，长1.3~5cm，向上渐小；小苞片卵状披针形，长3~4mm，绿色或淡绿色，常具红色或淡红色中脉；花萼5深裂，裂片稍开展，狭卵形至狭卵状披针形，长1~1.1cm，膜质，白色至淡绿色；花长4~4.5cm，花冠蓝紫色至淡蓝色，外面被柔毛，内面具深紫色细脉纹，冠管圆筒形，喉部狭漏斗形，稍弯曲，冠檐裂片5枚，近圆形，径6.5~7.5mm，近等大，顶端凹缺；雄蕊4枚，2强，花丝分别长约5~7mm，和1.5~2mm，被柔毛和长柔毛，花药卵状长椭圆形，淡黄色至乳白色；子房卵状椭圆形，长2~2.5mm，淡黄绿色，被长柔毛，花丝长2.7~3cm，疏被刺状柔毛，柱头不等2分叉。

果 未见结果实。

引种信息
华南植物园 登录号20095186，2009年引自云南；生长状态良好。

物候
华南植物园 高山温室栽培，花期近全年，盛花期10月上旬至翌年1下旬，未能观察到果实，2016年3月下旬修剪后死亡。

迁地栽培要点
喜凉爽、湿润的栽培环境。

主要用途
观赏性强，可用于园林绿化、庭院观赏，适于丛植和石头、假山旁的点缀。

全草入药，具有清热解毒、凉血止痛、散瘀消肿、截疟杀虫的功效，用于治疗流行性感冒、毒蛇咬伤、痄腮、丹毒疔疮、无名肿痛、跌打损伤等症。

溪君木属

Suessenguthia Merxm., Mitt. Bot. Staatssamml. München 6: 178. 1953.

灌木。茎直立或缠绕。叶对生，叶片通常具浅锯齿；叶具短柄。聚伞圆锥花序大型，通常顶生和近顶端腋生；小花序近头状，具3至多朵花；苞片、小苞片通常卵形、狭卵形至披针形，外面密被丝状长柔毛；花萼5深裂，裂片线形至线状披针形，由外向内渐狭，外面被同样丝状长柔毛；花冠管筒状，喉部扁漏斗形，冠檐裂片5枚，长圆形，顶端圆形、波状或微凹，伸展，通常不反折；雄蕊4枚，均为可育雄蕊，2长2短，着生于喉部基部，2枚伸出，2枚内藏或仅触及冠管喉部顶端，花药2室，药室背面被腺毛和柔毛，2侧药室基部均具1枚长距；子房锥形，中部稍扁，近顶端通常被腺状短柔毛，每室具4粒胚珠。蒴果，通常稍压扁，最多具种子8粒，具珠柄钩。种子轮廓近圆形或卵圆形，通常无毛被。

本属有6种，主要分布于南美洲秘鲁南部、玻利维亚和巴西阿克里州的低地和安第斯山麓。我国植物园栽培有1种，为引入栽培。

143 林君木

Suessenguthia multisetosa (Rusby) Wassh. et J. R. I. Wood, Proc. Biol. Soc. Wash. 116 (2): 269. 2003.

华南植物园栽培

自然分布

原产秘鲁。我国部分植物园有栽培。

迁地栽培形态特点

灌木至小乔木，高2～4m。

🟣 **茎** 粗壮，直立或缠绕，四棱形，棱上常具皮孔状凸起，节基部常膨大呈膝曲状，幼时被长柔毛，后无毛，老时呈圆柱形，木质化。

叶 叶片纸质，椭圆形、长椭圆形至卵状椭圆形，长15~28cm，宽5.5~12.5cm，顶端渐尖，具尾尖，边缘具锯齿，基部楔形，稍下延，侧脉每边8~11条，叶两面、脉上及叶柄仅幼时被柔毛；叶柄长2~7cm。

花 聚伞圆锥花序顶生和近枝顶腋生，长10~25cm，总花序轴、花序轴常深紫红色，密被棕色柔毛；总苞片一对，叶状，狭卵状披针形，长2.5~4cm，宽0.9~1.4cm，两面密被柔毛，背面中下部被髯毛；苞片卵形披针形至狭卵状披针形，长2.8~3.2cm，宽1~1.4cm，顶端长渐尖至尾尖；小苞片狭卵状披针形，长2.8~3.2cm，宽0.5~1cm，较苞片狭，顶端长渐尖至尾尖；花萼筒状，萼裂片5~6枚，狭披针形，深裂几至基部，长3~3.6cm，宽3~4.5mm；苞片、小苞片、萼裂片背面被淡棕色至白色长髯毛，内面无毛；花长6~7cm，花冠紫红色，冠筒圆柱形，长约1.5cm，喉部扁，筒状，长2.5~3cm，冠檐5裂，裂片长圆形，不等大或近等大，边缘波状，内面具深紫色脉纹；雄蕊4枚，2长2短，花丝分别长3.8和3cm，被2列柔毛，花药卵状椭圆形，2室，被腺毛和柔毛，基部具距；子房近顶端，近顶端密被腺体和微柔毛，花柱长4.2~4.5cm，仅近基部疏被微柔毛。

果 蒴果圆锥形，长约1.2cm，近顶端密被腺体，干时棕黄色，具种子8~10粒；种子椭圆形，小，长1~1.2mm，宽1.3~1.5mm，棕褐色。

引种信息
华南植物园 登录号20125090，2012年引自菲律宾；生长状态良好。

物候
华南植物园 2月下旬至3月上旬现蕾期，3月下旬至4月上旬始花期，4月中旬至5月中旬盛花期，5月下旬至6月上旬花末期；果期5~6月。

迁地栽培要点
喜温暖、湿润的栽培环境，稍耐旱，全日照、半日照均可，以肥沃、疏松的壤土为宜。

主要用途
观赏性强，用于园林绿化、庭院观赏，适于丛植和花境配置。

茎

幼茎

山牵牛属

Thunbergia Retz., Physiogr. Sälsk. Handl. 1(3): 163. 1780.

藤本或灌木，无钟乳体。叶对生，叶片边缘全缘、浅裂或齿状，具羽状脉、掌状脉或三出脉，叶具叶柄。花单生，或成对生于叶腋，或总状花序顶生、腋生；苞片叶状；小苞片2枚，常合生或佛焰苞状包被花萼，常宿存；花萼较小苞片短小，具10~20枚小齿或退化成环状；花冠大而艳丽，冠管短圆筒状，喉部扩大呈漏斗状，冠檐5裂，裂片近等大；雄蕊4枚，全部能育，着生于花冠管的基部，通常内藏，花药2室，药室长圆形或卵球形，平行，基部常有距；花盘短状或垫状；子房肉质，每室具2个胚珠，花柱无毛或被短柔毛，柱头2裂，全缘或流苏状。蒴果基部通常球形或近球形，顶端具长喙，具2~4粒种子，无珠柄钩；种子半球形至卵球形。

本属约有100种，主要分布于热带非洲、亚洲及澳大利亚。我国植物园栽培有9种（含1亚种），其中4种为本土物种，产华南、西南、东南沿海等地，引入栽培5种。

本属物种观赏性强，除了直立山牵牛为灌木外，其余均为藤本，花色艳丽或素雅，花期长，为藤架、廊桥绿化美化的优良候选物种。

山牵牛属分钟检索表

1a. 灌木；叶具羽状脉 ·· 146. 直立山牵牛 *T. erecta*
1b. 藤本；叶片具掌状脉或三出脉。
  2a. 木质藤本；花萼裂片少、不明显或近指环状。
    3a. 叶片阔卵形，具掌状脉5~7条，被短柔毛或柔毛 ·············· 149. 山牵牛 *T. grandiflora*
    3b. 叶片长圆形至长圆状披针形，具三出脉，两面无毛。
      4a. 茎四棱形，棱上具狭翅；花长3~3.5cm ····················· 145. 红花山牵牛 *T. coccinea*
      4b. 茎圆柱形或稍具四棱，无翅；花长5.5~7.5cm。
        5a. 小苞片长圆形，长3~4cm，绿色；花冠蓝色、蓝紫色 ······· 150. 桂叶山牵牛 *T. laurifolia*
        5b. 小苞片斜卵形，长2.5~2.8cm，红色；花冠黄色，冠檐裂片具橙黄色至红棕色斑块 ······
          ·· 151. 黄花老鸦嘴 *T. mysorensis*
  2b. 草质藤本；花萼具10~20枚细长、钻形裂片。
    6a. 叶柄具翅；花黄色或橙黄色 ································· 144. 翼叶山牵牛 *T. alata*
    6b. 叶柄无翅；花白色。
      7a. 叶片纸质，长卵形至卵状椭圆形，掌状脉5条，叶面无毛或近无毛，背面被短柔毛；叶柄长3~5cm，被短糙毛；花期近全年 ············ 147. 碗花草 *T. fragrans* subsp. *fragrans*
      7b. 叶片厚纸质，卵状披针形至长圆状披针形，具3条基出脉，两面被柔毛；叶柄短，长0.8~1.2cm，被柔毛，花期7~11月 ············ 148. 海南山牵牛 *T. fragrans* subsp. *hainanensis*

144 翼叶山牵牛

别名： 黑眼花

Thunbergia alata Bojer ex Sims, Bot. Mag. 52: t. 2591.1825.

华南植物园栽培

自然分布

原产热带非洲。我国部分植物园有栽培。

迁地栽培形态特点

一、二年生至多年生草质藤本，长 1~2m；全株密被柔毛。

茎 扁圆柱形，幼时具棱，稍具沟槽。

叶 叶片薄纸质，卵形至阔卵形，长 3.2~6.5cm，宽 2.8~5.5cm，顶端渐尖至钝尖，边缘具 3~5 对三角形钝齿，基部戟形至深心形，两面被短柔毛，背面脉上密被柔毛和长柔毛，掌状脉 5 条；叶柄长 3~5cm，具翅，翅宽 0.6~1mm。

花 花单生叶腋，花柄长 3.5~5.5cm，密被长柔毛；小苞片卵形，长 1.5~1.8cm，宽 1.1~1.3cm，两面被柔毛，边缘被缘毛；花萼齿状，萼齿11～13枚，线形，长0.8～1.5mm，不等大，被柔毛和腺毛；花长3～3.5cm，花冠黄色，喉部内面紫黑色，被柔毛，冠檐5深裂，裂片倒卵形，顶端截平；雄蕊4枚，内藏，花丝分别长4.5～5mm和2.6～2.8mm，无毛，花药狭卵形，纵裂，密被白色髯毛，基部具距，距长1.2～1.3mm；子房黄绿色，无毛，花柱长1.4～1.6cm，无毛，柱头2裂，裂片不等大。

果 蒴果长1.6～2cm，外面密被柔毛，基部扁球形，高5～6.5mm，径约9mm，喙长1.2～1.4cm，干时淡棕色，具种子4粒；种子半球形，径约4mm，褐色，半球形，表面略呈蜂窝状。

本种具多个栽培品种，花色白色、粉色、橙色至紫红色不等，具有很好的观赏应用价值。

引种信息

西双版纳热带植物园 登录号00,2014,0019，2014年引自厦门市园林植物园；生长状态良好。

华南植物园 登录号19630615，1963年引自加纳；最初生长状态良好，后因过阴而死亡。登录号20040737，2004年引自厦门市园林植物园，生长状态良好。

物候

西双版纳热带植物园 花期近全年，盛花期5月中旬至11月；果期全年。

华南植物园 花期近全年，盛花期6～11月；果期全年。

迁地栽培要点

喜温暖、湿润的栽培环境，稍耐旱，半日照、全日照均可，不择土壤，但以肥沃、疏松的壤土为佳。

主要用途

观赏性强，可做庭院小型棚架、花架选材，还可用于花坛布置、地被和盆栽。

全株入药，具有消肿止痛的功效，用于治疗跌打肿痛。

西双版纳热带植物园栽培于墙边

145
红花山牵牛

Thunbergia coccinea Wall., Tent. Fl. Napal. 1: 48–49, pl. 37. 1826.

西双版纳热带植物园栽培

自然分布

我国产云南、西藏。生于海拔800~1000m的山地林中。缅甸、老挝、泰国也有分布。

迁地栽培形态特点

大型藤本，长5~6m；茎、叶幼时疏被短柔毛，后渐脱落至无毛。

茎 四棱形，棱上具狭翅，节稍膨大，常带紫棕色，老时茎木质化，近圆柱形。

叶 叶片纸质，卵形、卵状披针形、卵状长椭圆形至披针形，长7~15cm，宽3.5~7cm，顶端渐尖、长渐尖至尾尖，边缘具波状浅齿，基部圆形至戟形，掌状脉（3~）5条，无毛；叶柄长2~5cm，无毛。

花 总状花序顶生或近枝顶腋生，长10~50cm，下垂，总花梗、花序轴、花梗、苞片、小苞片被短柔毛；每一节上具叶状苞片2枚，狭卵状披针形至狭披针形，长1~1.2cm，宽3~4mm，早脱落，每一苞片内具1~3朵花；花梗长2~3.5cm；小苞片2枚，长卵圆形，长2.5~2.8cm，宽1.1~1.4cm，佛焰苞状，外面红色，内面浅黄绿色；花萼环状，长约1.5~2mm，无毛；花长3~3.5cm，花冠红色、橙红色至橙黄色，无毛，冠管短，长5~6mm，喉部稍肿胀和弯曲，长1.6~2.1cm，冠檐5裂，上面2枚裂片稍大，卵圆形，下面3枚裂片略呈倒卵圆形，顶端截平；雄蕊4枚，花丝分别长1.1~1.2cm和1.4~1.5cm，扁平，淡黄色，花药稍外露，卵状椭圆形，长5~5.5mm，花药基部具长距；子房锥形，无毛，花柱长2.5~2.8cm，无毛，上部稍弯曲，顶端2裂，裂片近相等，淡黄色。

果 蒴果长3.5~4cm，外面无毛，基部球形，径1.3~1.5cm，高约1cm，顶端具长喙，喙长2.2~2.5cm，干时褐色，具种子2粒；种子半球形，径8~10mm，腹面微凹，表面凹凸不平，黑褐色。

引种信息

西双版纳热带植物园 登录号00,2015,0798，2015年引自云南勐腊县勐远仙境景区旁；生长状态良好。

华南植物园 登录号20131965，2013年引自香港；生长状态良好。

昆明植物园 登录号CN.2016.0013，2016年引自西双版纳热带植物园；温室栽培，生长状态良好。

物候

西双版纳热带植物园 花期1~3月，盛花期1月下旬至2月中、下旬；月果期2~4月。

华南植物园 棚内栽培，花期从12月上旬至翌年4月中旬，其中盛花期1月下旬至3月中旬，果期1~5月；露地栽培，花期10月上旬至1月下旬，其中盛花期10月中、下旬至12月下旬，果期翌年1~4月。

昆明植物园 温室栽培，12月中下旬至翌年1月有少量花开。

迁地栽培要点

喜温暖、湿润的栽培环境，以富含有机质、疏松的壤土为宜。

主要用途

观赏性强，可用于花廊、棚架的绿化和美化。

本种可入药，具有平肝阳、清湿热的功效，用于治疗肝阳头晕头痛、肠胃炎、湿热泄泻、痢疾、外伤感染等症。

华南植物园栽培

华南植物园栽培

146
直立山牵牛

别名： 硬枝老鸭嘴、立鹤花

Thunbergia erecta (Benth.) T. Anderson, J. Proc. Linn. Soc., Bot. 7: 18. 1864.

自然分布

原产热带非洲。我国南方城市和部分植物园有栽培。

迁地栽培形态特点

灌木，高0.8~2m。

茎 四棱形，幼时具狭翅，枝、叶幼时疏被柔毛，后渐变无毛，老枝灰色至灰褐色，具皮孔状凸起。

叶 叶片纸质，卵形至倒卵形，长3~6cm，宽1.4~4cm，顶端渐尖至长渐尖，基部楔形至圆形，近全缘或中上部边缘波状锯齿，侧脉每边3~4条，无毛；叶柄长2~5mm，无毛。

花 单生叶腋，萼齿外面、花冠外面、花丝被腺毛，花柱上部疏被微柔毛；花柄长2~2.8cm，小苞片2枚，卵形，长1.6~2cm，宽1.1~1.5cm，宿存或脱落，膜质，白色，具5~7条脉，无毛；萼齿线形，11~16枚，不等大，长0.2~1.8mm；花长5.5~7cm，花冠蓝紫色，冠筒外面密被柔毛，白色，内面橙黄色至黄色，冠檐5深裂，裂片倒卵形，近等大，长1.5~1.8cm，宽2~2.3cm，顶端圆或稍截平；雄蕊4枚，2长2短，花丝分别长1.5~1.7cm和1~1.2cm，花药狭卵状披针形，纵裂，不等高，具2列白色长柔毛；子房阔卵状锥形，长1~1.5mm，淡黄绿色，光滑；花柱长3.3~3.6cm，顶端2裂，裂片不等大，乳白色。

果 蒴果长2.5~3cm，下部球形或近球形，径1~1.4cm，顶端具长喙，喙扁平，三角状披针形，长1.2~1.5cm，褐色，无毛，萼齿果期稍增大，无毛，具种子4粒；种子半球形，稍扁，径4~6mm，表面凹凸不平或皱缩状，棕褐色至褐色。

引种信息

西双版纳热带植物园 登录号38,2008,0719，2008年引自泰国；生长状态良好。

华南植物园 登录号19561260，引种信息不详；生长状态良好。登录号20131520，2013年引自西双版纳热带植物园；生长状态良好。

厦门市园林植物园 引种信息不详；生长状态良好。

昆明植物园 登录号CN.2016.0007，2016年引自西双版纳热带植物园；温室栽培，生长状态良好。

物候

西双版纳热带植物园 花期近全年，盛花期1~5月和9~11月；果期近全年。

华南植物园 除冬季温度过低时停止生长外，花期近全年，盛花期4~9月；果期4月至翌年1月。

厦门市园林植物园 花期近全年，盛花期4~6月、9~12月；果期7月至翌年1月。

昆明植物园 温室栽培，目前仍然处生长期，未见开花结果。

迁地栽培要点

喜温暖、湿润的栽培环境，喜阳光，稍耐旱，喜肥沃、排水良好的壤土或砂质壤土。

主要用途

本种花色艳丽，花期长，观赏性强，用于园林绿化、庭院观赏，可丛植、片栽或与其他花卉配植。

147
碗花草

别名： 铁贯藤

Thunbergia fragrans Roxb., Pl. Coromandel. 1: 47. 1795.

自然分布

我国产广东、广西、贵州、海南、四川、云南、台湾。生于海拔800~2300m的山坡、灌丛中。柬埔寨、印度、印度尼西亚、老挝、菲律宾、斯里兰卡、泰国、越南也有分布。

迁地栽培形态特点

草质缠绕藤本，长1~2m；茎、叶柄及幼嫩部分被短柔毛。

🌱 茎 稍四棱形，具沟槽，被糙毛，节略膨大。

🍃 叶 叶片纸质，长卵形至卵状椭圆形，长6~9cm，宽3.5~5cm，顶端渐尖，边缘具钝齿或不明显的波状齿，基部截平或略呈心形，掌状脉5条，叶面无毛或近无毛，背面被短柔毛，脉上尤甚；叶柄长3~5cm，被短糙毛，基部稍膨大，常扭转。

🌸 花 单生于叶腋，花柄长3.5~5.5cm，四棱形，向上部渐粗，被细柔毛；小苞片2枚，卵状心形，长1.2~1.5cm，宽约1cm，膜质，具掌状脉7~9条，外面密被微柔毛，内面近无毛，宿存或脱落；萼齿13~16枚，长0.5~1.2mm，不等大，淡绿色，密被微柔毛，果期增大至1.2~2.5mm；花长4~4.5cm，花冠白色，冠筒外面密被长柔毛，内面无毛，冠檐5深裂，裂片倒卵状三角形，长1.8~2.2cm，宽2.3~2.5cm，顶端近截平或具不整齐缺刻；雄蕊4枚，2长2短，花丝着生附近密被白色柔毛，花丝分别长约7mm和2~2.5mm，花药狭卵状披针形，长约4mm，淡黄色；子房圆锥形，长约2mm，密被微柔毛，绿色，花柱长1.8cm，无毛，白色，柱头2裂，不等大，白色或淡黄色。花期几全年。

🍎 果 蒴果长1.8~2.2cm，外面密被微柔毛，基部扁球形，长6~7mm，直径约1cm，顶端具长喙，长1.4-1.6，喙底部宽5~5.5mm，具种子2粒；种子半球形，直径约4mm，灰褐色，表面乳突状。

在 *Flora of China* 中，碗花草（*T. fragrans* subsp. *fragrans*）和海南山牵牛（*T. fragrans* subsp. *hainanensis*）归并为一种，将海南山牵牛（*T. fragrans* subsp. *hainanensis*）作为碗花草（*T. fragrans*）的异名处理，认为两者叶片的形态、毛被不同为个体差异，但经过我国数个植物园长期的栽培观察和比较，两者除了叶形、质地、毛被差异外，花期物候也不同，两者在药用功能上也有差异。故支持将海南山牵牛（*T. fragrans* subsp. *hainanensis*）作为种下亚种处理。

引种信息

西双版纳热带植物园 登录号00,2019,1090，2019年引自云南景洪悠乐山龙帕；生长状态良好。

华南植物园 登录号19630616，1963年引自加纳；生长状态良好。

物候

西双版纳热带植物园 1月上旬现蕾期，1月下旬始花期，盛花期4月上旬至6月上旬，花末期11月；果期4~11月下旬。

华南植物园 花期几全年，花零星开放，盛花期不明显；果期全年。

迁地栽培要点

喜温暖、湿润的栽培环境，半日照、全日照均可。

主要用途

本种作药用，具有健胃消食、解毒消肿、泻肺平喘、解毒止痒的功效，用于治疗消化不良、脘腹肿痛、腹泻、痈肿疮疖、湿热黄疸、痰饮喘咳、皮肤瘙痒等症。

148 海南山牵牛

别名: 海南老鸦嘴

Thunbergia fragrans subsp. *hainanensis* (C. Y. Wu et H. S. Lo) H. P. Tsui, Fl. Hainan. 3: 591 et 544. 1974.

自然分布

我国产海南、广东、广西南部沿海地区。生于海拔1100~2300m的山坡灌丛中。印度、斯里兰卡、中南半岛、印度尼西亚、菲律宾等也有分布。

迁地栽培形态特点

与原种碗花草 *T. fragrans* 相比，本亚种的叶片厚纸质，卵状披针形至长圆状披针形，边缘具1~3对浅齿或近全缘，基部稍戟形，具3条基出脉，两面被柔毛，叶柄短，长0.8~1.2cm，被柔毛。花期7~11月。

引种信息

华南植物园 登录号20053083，2005年引自海南热带作物研究院；生长状态一般。

厦门市园林植物园 登录号2009209，2009年引自海南热带作物研究院；生长状态良好。

物候

华南植物园 花期7月下旬至11月中旬，花量少，盛花期不明显；果期8~12月，果量少。

厦门市园林植物园 9月下旬至10月现蕾期，11~12月花期，盛花期不明显。

迁地栽培要点

喜温暖、湿润的栽培环境，稍耐旱。

主要用途

作药用植物，具有泻水下气、解毒的功效，可用于治疗疮疡红肿、皮肤瘙痒、肿痛、腹胀及毒蛇咬伤等症。

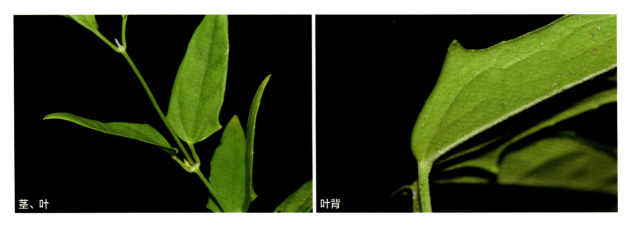

茎、叶　　叶背

149 山牵牛

别名： 大花山牵牛、大花老鸦嘴

Thunbergia grandiflora Roxb. Bot. Reg. 6: pl. 495. 1820.

华南植物园栽培

西双版纳热带植物园栽培

自然分布

我国产广东、广西、海南、云南和福建。生于海拔400~1500m的灌丛或林下。印度、缅甸、泰国、越南也有分布。

迁地栽培形态特点

大型木质藤本，长可达10m以上；茎、叶、叶柄、花梗、苞片、小苞片密被柔毛，茎节下、花梗上部、苞片、小苞片常具黑色腺体。

🌿 **茎** 四棱形，常扭转，老时近圆柱形，灰白色，木质化，常具纵裂纹。

🌿 **叶** 叶片厚纸质，阔卵形，长6~12cm，宽5~10cm，顶端急尖，边缘具三角形的裂片，基部心形至深心形，掌状脉5~7条；叶柄长5~8cm。

🌿 **花** 单生叶腋或成总状花序顶生，花序长而下垂，长50~100cm；苞片叶状，阔卵形至卵形，长1~4.5cm，宽3.5~4.2cm；花梗长4~8cm，密被白色细柔毛；小苞片2枚，卵形，长约3.5cm，宽2~2.3cm，略偏斜，顶端具短尖头，外面被短柔毛和黑色腺体，内面无毛，呈佛焰苞状；萼齿不明显，花萼指环状；花长5.5~7cm，花冠蓝紫色至浅蓝色，冠管白色，无毛，喉部漏斗形，长2.5~3cm，内面淡黄色，外面白色，冠檐5裂，裂片圆形至阔卵形，长2.3~3cm，宽2.5~3cm，顶端常微凹，淡蓝色至蓝紫色；雄蕊4枚，花丝分别长1.2~1.3cm和0.7~0.8cm，无毛，花药淡黄色，长7~8mm，具棕黄色长髯毛，基部具长2~3mm附属物；子房阔卵形锥形，长2~2.5mm，疏被微柔毛或近无毛，花柱长约3cm，无毛，近顶端弯曲，柱头2裂，对折。

🌿 **果** 蒴果，长3.5~4.2cm，基部球形，径约1.5cm，喙长约2.5cm，外面被短柔毛或无毛；种子卵圆形，稍扁，表面具瘤状凸起。

引种信息

西双版纳热带植物园 登录号00,2001,2133，2001年引自云南勐腊县勐仑镇曼仑；生长状态良好。

华南植物园 登录号19595010，1959年引自广州；生长状态良好。

厦门市园林植物园 引种信息不详；生长状态良好。

昆明植物园 登录号CN.2016.0019，2016年引自西双版纳热带植物园；温室栽培，生长状态良好。

桂林植物园 引种信息不详；生长状态良好。

庐山植物园 登录号LSBG1989-4，1989年引自厦门；生长状态良好。

物候

西双版纳热带植物园 12月下旬至翌年4月上旬、8月至10月下旬为花期，其中盛花期为翌年1月上旬至3月上旬；果期3~5月。

华南植物园 除1、2月遇寒潮时花少或无花外，花期近全年，盛花期为6~11月；未能观察到果实。

厦门市园林植物园 花期近全年，其中4~11月花量相对较多；未观察到结果实。

昆明植物园 温室栽培，暂未见花开。

桂林植物园 6月上旬现蕾期，6月下旬始花期，7月下旬至11月下旬盛花期，12月上旬花末期。

庐山植物园 温室栽培，花期8~10月，未见结果实。

迁地栽培要点

喜温暖、湿润的栽培环境，喜阳光，稍耐旱，不择土壤，但以肥沃、疏松的壤土为佳。

主要用途

本种四季常绿，花期长，观赏性强，常用于花廊、棚架的绿化和美化。

本种入药，用于治疗风湿痹痛、跌打损伤、骨折、蛇咬伤、疮疖肿毒、痛经等症。

150 桂叶山牵牛

别名： 樟叶老鸦嘴

Thunbergia laurifolia Lindl., Gard. Chron. 1856: 260. 1856.

自然分布

原产印度至中南半岛，我国部分城市和植物园有栽培。

迁地栽培形态特点

藤本；枝、叶无毛。

🌿 茎 稍具四棱或近圆柱形，节稍膨大，节上具少数巢状腺点。

🍃 叶 叶片厚纸质，卵状披针形至卵形长圆形，长10~15cm，宽3~7cm，顶端渐尖、长渐尖，具尾尖，边缘全缘、稍波状或具数枚波状齿，基部截平或圆形，基出脉3条；叶柄长2~4cm，常扭转，基部稍膨大。

🌸 花 总状花序顶生或近枝顶腋生，长10~30cm，下面具一对叶状总苞片，卵形，长3~4.5cm，宽1.7~2.3cm，顶端渐尖至长渐尖，基出3脉；花梗长2~2.8cm；苞片卵形至卵状心形，长1.8~2.5cm，宽1.6~2cm，基出3脉；小苞片2枚，长圆形，长3~4cm，宽1.7~2.4cm，顶端渐尖，边缘粘连成佛焰苞状；花萼指环状，萼齿不明显；花长5.5~6.5cm，花冠蓝色，冠管长6~7mm，白色，喉部呈漏斗形，外面白色，内面淡黄色，冠檐5深裂，裂片圆形至阔卵形，长2.3~2.8cm，宽3~3.8cm，稍不等大；雄蕊4枚，内藏，花丝分别长1.5cm和1cm，花药狭卵形，长7~7.5mm，2室，纵裂，具淡棕色髯毛，基部具距，距长约2mm；子房阔卵状锥形，长2.6~3mm，淡黄绿色，光滑，花柱长2.6~3.2cm，无毛，柱头2裂。

🌰 果 蒴果木质，长2.8~3.3cm，基部近球形，径1.4~1.6cm，稍扁，高1~1.1cm，上部具长喙，喙三角状狭披针形，长2.2~2.4cm，棕褐色，成熟时2片裂，具种子2粒；种子近半球形，长8~10mm，宽8~9mm，稍扁，表面具放射性菊花斑纹，棕色。

引种信息

西双版纳热带植物园 登录号00,2001,3625，2001年引自福建福州市；生长状态良好。

华南植物园 登录号20112616，2011年引自海南；生长状态良好。

厦门市园林植物园 引种信息不详；生长状态良好。

昆明植物园 登录号CN.2016.0013，2016年引自西双版纳热带植物园；生长状态良好。

物候

西双版纳热带植物园 花期9月至翌年4月，盛花期为11月至翌年3月；果期11月至翌年4月。

华南植物园 9月下旬始花期，12月中旬至翌年3月上旬盛花期，翌年3月中旬至4月中旬花末期，4月中旬开始重新萌蘖；果期10月至翌年5月。

厦门市园林植物园 花期近全年，其中3~4月、8~9月花量相对较多；未观察到结果实。

昆明植物园 温室内栽培，12月中、下旬有少量花开；未能观察到果实。

迁地栽培要点

喜温暖、湿润的栽培环境，喜阳光，不择土壤，但以肥沃、排水性好的壤土为佳。

主要用途：

本种四季常绿，花期长，观赏性强，可用于蔓篱、花廊或阴棚的绿化美化，亦可作地被或坡被植物。

本种的根、叶用作解热药，叶亦可用于解毒和用于治疗胃病、耳聋、眼病及月经过多等症。

151 黄花老鸦嘴

别名： 跳舞女郎

Thunbergia mysorensis (Wight) T. Anderson, J. Linn. Soc., Bot. 9: 448. 1867.

华南植物园温室栽培

自然分布

原产印度南部。我国部分植物园有栽培。

迁地栽培形态特点

藤本；枝、叶无毛。

茎 纤细，近圆柱形，具沟槽，常扭转，节基部膨大，老时木质化，灰色至灰白色，具纵裂纹。

叶 叶片厚纸质至薄革质，狭卵状披针形至狭卵状椭圆形，长8~16cm，宽3~6cm，顶端长渐尖，具尾尖，边缘具波状齿，基部戟形，基出脉3~5条，两面无毛；叶柄长1~2.2cm，两端稍膨大，无毛。

🌸 总状花序腋生，长0.5~1.2m，花序轴、苞片、小苞片、花梗红色至橙红色，无毛；基部具一对叶状总苞片，狭卵形，长3~4.8cm，宽1.1~1.8cm，顶端长渐尖至尾尖，基部圆形，具3条脉，柄短至无，长0~2mm；花梗长3~4.2cm；苞片披针形至狭卵状披针形，长0.6~1.5cm，宽1~5mm；小苞片2枚，斜卵形，长2.5~2.8cm，宽1.3~1.5cm，顶端渐尖，具小尖头，具5条脉，呈佛焰苞状；花萼指环状，高1~2.5mm，边缘啮齿状；花长6~7.5cm，花冠黄色，冠管长约5mm，喉部呈斜漏斗状，冠檐裂片5枚，阔卵形，稍不等大，长1.8~2.3cm，宽2.4~2.8cm，内面近顶端具橙红色斑块；雄蕊4枚，近等长，花丝扁而粗壮，长3.6~4cm，无毛，花药狭卵形，长5.5~6mm，2室，纵裂，被白色长髯毛，基部具长距，距长5~7mm；花盘环状，凸起，淡黄色；子房阔卵状锥形，长2~2.5mm，光滑，淡黄色至淡黄绿色，花柱长4~4.5cm，无毛，柱头淡黄色至淡黄绿色，呈扁漏斗状。

🍎 未能观察到果实。

引种信息

华南植物园 登录号20085529，2008年引自广州；生长状态良好。

厦门市园林植物园 引种信息不详；生长状态良好。

昆明植物园 登录号CN.2015.0377，2015年引种，引种地不详；温室栽培，生长状态良好。

物候

华南植物园 温室栽培，1月中旬现蕾期，2月上旬始花期，2月下旬至5月上旬盛花期，5月中旬至7月中旬花末期；室外栽培，2月上旬现蕾期，2月下旬始花期，3月上旬至6月上旬盛花期，6月中旬至7月下旬末花末期，均未能观察到果实。

厦门市园林植物园 温室内栽培，3~5月观察到为花期；未观察到结果实。

昆明植物园 温室内栽培，11月至翌年4月有花开，盛花期不明显；未能观察到结果实。

迁地栽培要点

喜温暖、湿润的栽培环境，稍耐寒，稍耐旱，在具散射光的室内环境中生长较室外生长状态良好、花量大。

主要用途：

本种花形奇特、花量大，为热带、亚热带花园、暖房和温室内受欢迎的观赏植物，可用于花架、廊架或阴棚的绿化和美化。

本种花蜜量大，能吸引太阳鸟、蜂鸟及其他小型鸟类前来造访，为用于观鸟的优良蜜源植物之一。

华南植物园栽培

花序和花

中国迁地栽培植物志·爵床科·山牵牛属

花　茎　幼茎　叶　花　小苞片、花萼及子房　花结构

白蜡烛属

Whitfieldia Hook., Bot. Mag. 71: t. 4155. 1845.

多年生草本或灌木，有时小乔木状，具钟乳体。茎直立，被毛或无毛。叶对生，叶片通常椭圆形至卵状椭圆形，通常全缘、近全缘或稍波状；叶具叶柄。聚伞圆锥花序顶生和近枝顶腋生；苞片通常对生，通常具色彩，卵形至倒卵形，具3条脉，顶端锐尖，通常被毛；小苞片2枚，与苞片类似；花萼围成筒状，深4裂或5裂，具色彩，裂片披针形或条形，通常被毛，近等大或稍不等大，长于或短于苞片、小苞片；花冠介于钟形和管状之间，长约为花萼的2倍，冠管细长，圆筒形，喉部稍扩张，冠檐5裂，稍二唇形，上唇稍小，2裂，下唇3深裂，裂片卵形至椭圆形；雄蕊4枚，2枚稍短，着生于喉部基部，均为可育雄蕊，稍伸出或内藏，花药线状椭圆形，2室，纵裂；子房锥形，稍扁平，通常无毛，每室具2枚胚珠，花柱伸出，长于雄蕊，柱头头状，稍2裂。蒴果倒卵形，基部具长柄，最多具种子4粒，具珠柄钩；种子圆形或近圆形，盘状，通常无毛被。

本属有14种，主要分布于热带非洲地区。我国植物园栽培有1种，为引入栽培。

152 白蜡烛

Whitfieldia elongata (P. Beauv.) De Wild. et T. Durand, Bull. Soc. Roy. Bot. Belgique 38: 110. 1899.

华南植物园温室栽培

自然分布

原产热带非洲。我国部分植物园有栽培。

迁地栽培形态特点

多年生草本至灌木，高40～180cm。

🌿 茎 稍四棱形，仅幼时被两列柔毛，其余无毛，老时木质化，近圆柱形，灰色。

🌿 叶 叶片纸质，卵状椭圆形至长椭圆形，长10～16cm，宽3.2～5.2cm，顶端尾尖，具钝尖头，全缘或稍波状，基部楔形，稍下延，侧脉每边5～7条，无毛；叶柄长1～2cm，无毛。

🌿 花 聚伞圆锥花序顶生，长10～18cm，苞片2枚，倒卵形，长1.4～1.7mm，宽8～10mm，顶端具短尖头，淡绿色；小苞片2枚，倒卵形，长9～11mm，宽4～5mm，白色至浅绿色；花萼筒状，长2.3～3cm，5深裂，裂片舌形至倒卵状披针形，不等大；苞片、小苞片、萼裂片均密被白色腺毛；花长5～6.5cm，花冠白色，外面被白色柔毛，喉部狭漏斗形，冠檐裂片5枚，长椭圆形，长1～1.4cm，宽6～7mm，近等大，顶端圆形至钝尖；雄蕊4枚，外侧两枚稍长，花丝长1.1～1.4cm，花药狭卵状披针形，长约2mm，土黄色；子房倒卵形，长2.5～2.8mm，黄绿色，无毛，稍扁，花柱白色，长5～5.5cm，无毛，柱头2裂，稍不等长。

🌿 果 蒴果倒卵形，长2.8～3.2cm，顶端具短尖头，基部具长柄，棕色至棕褐色，具种子4粒；种子圆形或近圆形，径8～9mm，扁平，淡黄色至乳白色，光滑无毛。

引种信息

华南植物园 登录号20113369，2011年引自美国；生长状态良好。

厦门市园林植物园 登录号20170026，2017年引自仙湖植物园；生长状态良好。

中国科学院植物研究所北京植物园 引种信息不详；温室栽培，生长状态良好。

物候

华南植物园 棚内栽培，8月中、下旬现蕾期，9月中旬至10月中旬始花期，10月下旬至翌年2月上旬盛花期，2月中旬至3月下旬花末期，果期11月至翌年2月；露地栽培生长状态稍差，10月下旬现蕾期，11月中旬至翌年1月下旬为花期，花少，未能观察到果实。

厦门市园林植物园 引种未久，尚未观察到开花结果。

中国科学院植物研究所北京植物园 温室栽培，10月下旬现蕾期，11月下旬至翌年1月花期；未观察到果实。

迁地栽培要点

稍耐旱，不耐寒，喜富含有机质、排水良好的壤土。

主要用途

观赏植物，用于园林绿化和庭园观赏。

在原产地非洲，嫩叶可作为蔬菜食用。

作药用植物，用于治疗支气管炎、醉酒导致的胃痛及食物中毒。

叶可以制作黑色染料。

茎可用作纺锭。

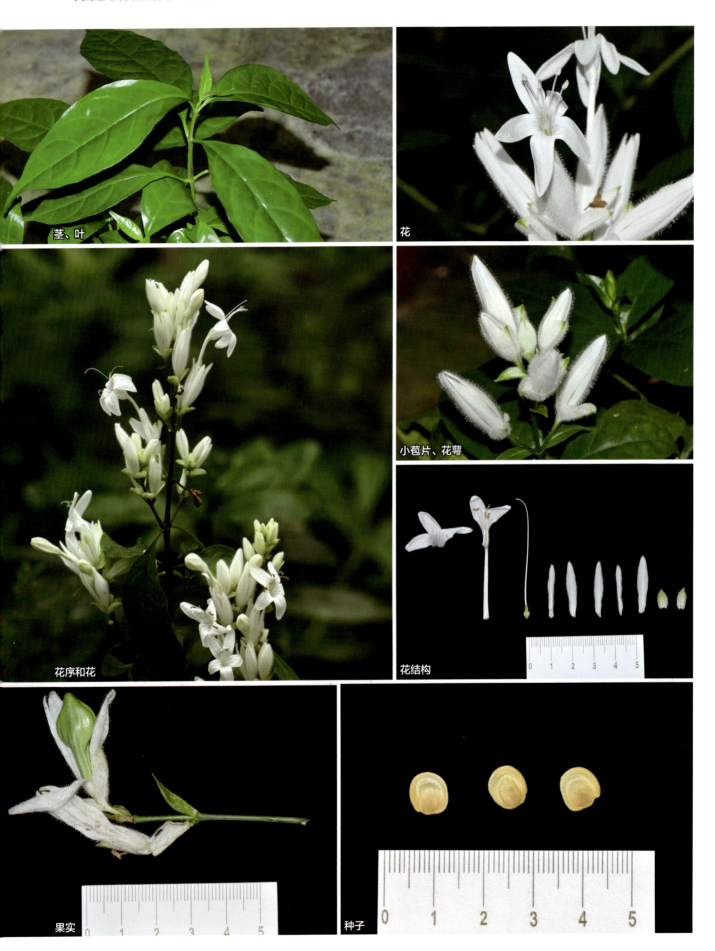

参考文献
References

蔡汉, 王小明. 2008. 园林新优宿根花卉——翠芦莉[J]. 中国花卉园艺, (10): 24-25.
蔡文燕, 周桃凤. 2012. 翠芦莉与大花芦莉染色体核型分析[J]. 江苏农业科学, 5: 134-137.
崔鸿宾, 胡嘉琪. 2005. 国产爵床科山牵牛属6种、叉柱花属和老鼠簕属各1种植物的花粉形态. 植物分类学报, 43(2): 116-122.
陈爱葵, 沈育君, 廖红云. 2002. 穿心莲的染色体核型分析初报[J]. 广东教育学院学报, (2): 57-58.
陈策, 任安祥, 王羽梅. 2013. 芳香药用植物[M]. 武汉: 华中科技大学出版社.
陈恒彬, 陈榕生. 2012. 多姿多彩的老鸦嘴[J]. 中国花卉盆景, (1): 34—35.
陈谦海. 2004. 贵州植物志（第十卷）[M]. 贵阳: 贵州科技出版社.
陈文红, 邓云飞, 税玉民. 2006. 中国爵床科一新记录种-紧贴马蓝[J]. 热带亚热带植物学报, 14(4): 345-346.
戴好富, 郭志凯. 2014. 海南黎族民间验方集[M]. 北京: 中国科学技术出版社.
戴好富, 郑希龙, 邢福武, 等. 2008. 黎族药志[M]. 北京: 中国科学技术出版社.
邓云飞. 2007. 国产广义马蓝属（爵床科）的分类研究[D]. 北京: 中国科学院研究生院.
段朋娜. 2013. 爵床科植物种子形态特征及其分类学意义[D]. 南京: 南京林业大学.
董祖林, 等. 2015. 园林植物病虫害识别于防治[M]. 北京: 中国建筑工业出版社.
冯毓秀, 夏光成, 秦秀芹. 1993. 板蓝根与马蓝根的形态组织特征[J]. 基层中药杂志, (1): 1-3.
高春明. 2010. 国产爵床科（Acanthaceae）的系统发育关系的研究[D]. 北京: 中国科学院研究生院.
高春明, 辛海静, 邓云飞. 2011. 将安龙花转移至马蓝属（爵床科）的形态特征依据[J]. 热带亚热带植物学报, 19(5): 471-479.
高素强, 王丽楠, 刘国瑞, 等. 2008. 药用植物爵床中总木脂素的含量测定[J]. 中国中药杂志, 33(14): 1755-1757.
广西药用植物园. 2009. 药用植物花谱[M]. 重庆: 重庆大学出版社.
国家中医药管理局《中华本草》编委会. 1999. 中华本草[M]. 上海: 上海科学技术出版社.
郝振萍. 2006. 国产爵床科花粉形态及观音草属的分类研究[D]. 北京: 中国科学院研究生院.
郝振萍, 邓云飞, Thomas F D. 2010. 中国爵床科一新组合——尾叶爵床[J]. 热带亚热带植物学报, 18(5): 485-487.
胡嘉琪, 崔鸿宾. 2002. 爵床科[M]//胡嘉琪. 2002. 中国植物志（第七十卷）. 北京: 科学出版社.
胡嘉琪, 崔鸿宾, 张玉龙. 2005. 国产爵床科芦莉花族植物的花粉形态[J]. 植物分类学报, 43(2): 123-150.
胡嘉琪, 傅晓平. 2002. 爵床科[M]//傅立国. 2002. 中国高等植物（第十卷）. 青岛: 青岛出版社.
胡远艳, 陈国良, 朱小鹏. 2009. 扫描电镜技术在爵床亚科植物生药学与分类学鉴定中的意义[J]. 海南大学学报自然科学版, 27(2): 139-143.
华文. 2013. 爵床科观花植物介绍[J]. 花卉, (12): 23-26.
黄芳. 2009. 观花藤本植物新秀——大花老鸦嘴[J]. 南方农业: 园林花卉版, (6): 20-20.
江苏新医学院. 1995. 中药大辞典[M]. 上海: 上海科学技术出版社.
李建友. 2015. 爵床科观赏植物资源及其园林应用[J]. 亚热带植物科学, 44(2): 158-162.
李姗. 2017. 云南传统植物靛蓝的调查与考证[D]. 北京: 中国科学院大学.
李特灵. 2007. 恋岩花属和喜花草属的分类研究——兼爵床科花部维管系统解剖[D]. 长沙: 中南林业科技大学.
李特灵, 邓云飞. 2007. 中国喜花草属（爵床科）一新组合[J]. 热带亚热带植物学报, 15(3): 259-260.

李锡文. 1983. 云南爵床科一新属[J]. 植物分类学报. 21(4)：470-472.
梁欣，张济美，阮家传. 2010. 爵床的栽培与管理[J]. 中国园艺文摘，(2)：105-105，78.
林云甲. 2009. 白网纹草[J]. 花卉，(10)：32-33.
刘兴剑，汪毅，全大治，等. 2012. 几种爵床科观赏植物在温室内的引种栽培[J]. 江苏农业科学，40(2)：157-158.
彭华. 2017. 中国药用植物志（第九卷）[M]. 北京：北京大学医学出版社.
邱茉莉，崔铁成，张寿洲. 2011. 深圳仙湖植物园爵床科植物种类与园林应用特征[J]. 广东园林，33(5)：47-53.
深圳市仙湖植物园. 2010. 深圳植物志（第一卷）[M]. 北京：中国林业出版社.
四川植物志编辑委员会. 1989. 四川植物志[M]. 成都：四川民族出版社.
汤慧敏. 2011. 爵床科植物种子形态及国产爵床属野靛棵组的分类研究[D]. 北京：中国科学院研究生院.
汤慧敏，廖凌娟. 2013. 爵床科植物种类及其在园林中应用[J]. 现代农业科技，10：30.
王祝年，肖邦森. 2009. 海南药用植物名录[M]. 北京：中国农业出版社.
吴涤新. 1999. 花卉应用与设计（修订本）[M]. 北京：中国农业出版社.
吴瑞霞. 2010. 马蓝的形态组织观察与细胞核型分析[D]. 福州：福建农林大学.
辛海静，DoVanHai，邓云飞. 2010. 爵床科蛇根叶属一新组合——越南蛇根叶[J]. 热带亚热带植物学报，18(4)：397-398.
邢福武，等. 2007. 广州野生植物[M]. 贵阳：贵州科技出版社.
邢福武，等. 2009. 中国景观植物[M]. 武汉：华中科技大学出版社.
许甘治. 2009. 大花芦莉[J]. 花木盆景，花卉园艺，(6)：42.
徐晔春，朱根发. 2012. 4000种观赏植物原色图谱[M]. 长春：吉林科学技术出版社.
薛聪贤. 1999. 景观植物实用图鉴1. 宿根草花150种[M]. 昆明：云南科技出版社.
薛聪贤. 2006. 景观植物实用图鉴2. 观叶植物256种[M]. 广州：广东科技出版社.
薛聪贤. 2002. 景观植物实用图鉴3. 蔓性植物、椰子类182种[M]. 郑州：河南科学技术出版社.
薛聪贤. 2004. 景观植物实用图鉴7. 木本花卉196种[M]. 合肥：安徽科学技术出版社.
尹桂豪，章程辉，史海明，等. 2009. 糯米香茶的生物活性研究[J]. 食品研究与开发，(03)：18-20.
赵家荣，等. 2007. 景观植物实用图鉴16. 水生植物187种[M]. 沈阳：辽宁科学技术出版社.
赵盼. 2017. 中国爵床科植物细胞分类学研究[D]. 南京：南京林业大学.
张翠林，陈怀中，陈鹏. 1999. 海南省发展糯米香茶前景分析[J]. 热带作物科技，(4)：62-63.
张留恩，廖宝文，管伟. 2011. 模拟潮汐淹浸对红树植物老鼠簕种子萌发及右面生长的影响[J]. 生态学杂志，(10)：2165-2172.
张晓如. 2001. 观叶佳品金脉爵床[J]. 花木盆景：花卉园艺，(11)：28-29.
张学渝，董卓娅，李伯川. 2012. 中国传统印染与植物染料关系初探——以大理白族扎染于板蓝根为例[J]. 云南农业大学学报（社会科学版），(02)：114-118.
中国科学院华南植物研究所. 2009. 广东植物志（第九卷）[M]. 广州：广东科技出版社.
中国科学院昆明植物研究所. 2006. 云南植物志（第十六卷）[M]. 北京：科学出版社.
周肇基. 2004. 爵床科花卉集萃[J]. 花木盆景，花卉园艺，(7)：9—11.
朱华. 1991. 中国产穿心莲属（爵床科）植物修订[J]. 植物研究，11(1)：45-48.
诸姮，胡宏友，卢昌义. 2008. 盐度对药用红树植物老鼠簕种子萌发和幼苗生长的影响[J]. 厦门大学学报(自然科学版)，(1)131-135.
ANDERSON T, 1867. An enumeration of the Indian species of Acanthaceae[J]. J.Linn. Soc., Bot. 9:425-526.
BALKWILL K, CAMPBELG-YOUNG G, 1999. Taxonomic studies in Acanthaceae: testa microsculpturing in southern Afican species of *Thunbergia*[J]. Bot J Linn Soc, 131: 301-325.
BALKWILL M, BALKWILL K, 1997. Delimitation and infrageneric classification of *Barleria* (Acanthaceae)[J]. Kew Bull,52: 535-573.
BALKWILL K, NORRIS F G, BALKWILL M, 1996. Systematic studies in the Acanthacea: *Dicliptera* in southern Africa[J]. Kew Bull, 51(1): 1-61.
BATYGINA T B, 2006. Embryology of flowering plants: terminology and concepts[J]. Science Publishers, 2:1-786.
BHATNAGAR S P, PURI S, 1970. Morphology and Embryology of Justicia betonica Linn[J]. Österr Bot Z, 118:55-71.
BIR S S, SAGGOO M I S, 1981. Cytopalynology of certain Acanthaceae and Labiatae[J]. J.Palynol, 17:93-102.
BREMEKAMP C E B, 1953. The delimitation of the Acanthaceae[J]. Koninkl. Akad. Wet. Amst, 56: 533-546.
BREMEKAMP C E B, 1965. Delimitation and subdivision of the Acanthaceae[J]. Bull Bot Surv India, 7: 21-30.

参考文献

BRLMEKAMP C E B, HANNENGA-BREMEKAMP H E, 1948. A preliminary survey of the Ruelliinae (Acanthaceae) of the Malay Archipelago and New Guinea[J]. Verh. Acad. Wetensch. Amsterdam Natuurk, 45(1): 1-39.

BURKILL H M, 1985. The useful plants of west tropical Africa. Edition 2. vol. 1: families A-D[M]. Royal Botanic Gardens, Kew. 1-960.

CRONQUIST A, 1981. An integrated system of classification of flowering plant[M]. New York: Columbia University Press, 46:279-287.

DANIEL T F, 2006a. Chromosome numbers of miscellaneous Malagasy Acanthaceae[J]. Brittonia, ,58(4):291-300.

DANIEL T F, 2000b. Chromosome numbers of some Acanthaceae from Papua New Guinea[J]. Austrobaileya, 5:651-659.

DANIEL T F, CHUANG T I, 1998. Chromosome number of cultivated Acanthaceae and systematic implications[J]. Diversity and taxonomy of tropical flowering plants. Calicut, India: Mentor Books, 309-330.

DANIEL T F, CHUANG T I, 1989. Chromosome numbers of some cultivated Acanthaceae[J]. Baileya, 23:86-93.

DANIEL T F, CHUANG T I. 1993. Chromosome number of New World Acanthacee[J]. Syst.Botl, 18:283-289.

DANIEL T F，BALKWILL K, BALKWILL M J, 2000. Chromosome numbers of South African Acanthaceae[J]. Proc.Calif. Acad. Sci., 52:143-158.

DANIEL T F, PARFITT B D, BAKER M A, 1984. Chromosome numbers and their systematic implications in some North American Acanthaceae[J]. Sys.Bot., 9:346-355.

DARBYSHIRE I, 2008. Notes on the genus *Dicliptera* (A canthaceae) in Eastern Africa[J]. Kew Bull, 63:361-383.

DARBYSHIRE I, 2009. Taxonomic notes and novelties in the genus *Isoglossa* (Acanthaceae) from east Africa[J]. Kew Bull, 64: 401-427.

DARBYSHIRE I, PEARCE L, BANKS H, 2011. The genus *Isoglossa* (Acanthaceae) in west Africa[J]. Kew Bull, 66:1-15.

DARBYSHIRE I, VOLLESEN K, 2007. The transfer of the genus *Peristrophe* to *Dicliptera* (Acanthaceae), with a new species described from eastern Africa[J]. Kew Bull, 62: 119-128.

DATTA P C V, MAITI R K, 1970. Relationships of Justicieae (Acanthaceae) based on cytology[J]. Genetica, 41:437-450.

DANIEL T F, 2000. Additional chromosome numbers of American Acanthaceae[J]. Syst. Bot. 25:15-25.

DAVIS P H, HEYWOOD V H, 1963.Principles of angiosperm taxonomy[M]. Edinburgh and London: Oliver and Boyd.

DENG Y F, WANG H, ZHOU S S, 2007. Two newly recorded species of *Strobilanthes* (Acanthaceae) from China[J]. Acta Phytotax Sin, 2007, 45(6): 849-854.

DENG Y F, WU Z Y, 2009. A New Combination in *Mackaya* (Acanthaceae), with lectotypification for *Mackaya tapingensis*[J]. Novon, 19(3): 307-309.

EZCURRA C, WASSHAUSEN D C, 1992. New species of *Ruellia* (Acanthaceae) from southern South America[J]. Brittonia, 44: 69-73.

FREYRE R, MOSELEY A, 2012. Breeding and evaluating for landscape performance and fruitlessness in Mexican petunia (*Ruellia*, Acanthaceae)[J]. Hortscience, 47(9): 1245—1251.

GNANASEKARAN G, MURTHY G V S, DENG Y F, 2016. Resurrection of the genus *Haplanthus*(Acanthaceae: Andrographinae)[J]. Blumea, 61:165-169.

GOOD R, 1947. The geography of the flowering plants[M]. London, New York, Longmans, Green, 1-403.

GOVINDARAJAN T, SUBRAMANIAN D, 1983. Karyomorphological studies in south Indian Acanthaceae[J]. Cytologia, 48:491-504.

GOVINDARAJAN T, SUBRAMANIAN D, 1985. Karyomorphological studies in south Indian Acanthaceae[J]. Cytologia, 50:473-482.

GRAHAM V A W, 1988. Delimitation and infrageneric classification of *Justicia* (Acanthaceae)[J]. Kew Bull, 43(4): 551-624.

GRANT W F, 1955. A Cytogenetic Study in the Acanthaceae[J]. Brittonia, 8(2): 121-149.

GUTTERMAN Y, WITZTUM A, 1977. The movement of integumentary hairs in *Blepharis ciliaris* (L.) Burtt[J]. Bot Gaz,138(1): 29-34.

HANSEN B, 1989. Notes on SE Asian Acanthaceae 1[J]. Nordic J. Bot., 9(2):209-215.

HILSENBECK R, MARSHALL D L, 1983. *Schaueria calycobractea* (Acanthaceae), a new species from Veracruz, Mexico[J]. Brittonia, 35(4): 362-366.

HU J C, DENG Y F, DANIEL T, WOOD J R L, 2011. Acanthaceae[M]//Wu Z Y, Revan P, Hong D Y. 2011. Flora of China. Science Press, Beijing & Missouri Botanical Garden Press, St. Louis, 19: 369-477.

HUTCHINSON J, DALEIEL J M, 1936. Acanthaceae. Flora of Africa [M]. London: 1st ed.grown Agents, 2:244-268.

John A W. 2011. *Parrotiopsis jacquemontiana*: A Collector's Plant for Every Garden[J]. Washington Park Arboretum Bulletin, Spring 21-22.

JOHRI B M, SINGH H, 1959. The morphology, embryology and systematic position of *Elytraria acaulis* (Linn. f)Lindau[J]. Bot Not, 112: 227-251.

JUSSIEU A L de, 1789. Genera Plantarum Secundum Ordines Naturales Disposita[J]. Apud Viduam. Herissant et Theophilum Barrois, Paris.

LINDAU G, 1895. Acanthaceae[M]//Engler A, Prantl K. 1895. Die Natürlichen Pflanzen familienIV(3b) [M]. Leipzg: Englemann, 274-354.

MABBERLEY D J, 2008. The plant book: a portable dictionary of plants, their classification and users[M]. Cambridge: Cambridge University press, 1-42.

MANKTELOW M, 2000. The filament curtain: a structure important to systematics and pollination biology in the Acanthaceae[J]. Bot. Journ. Linn. Soc. 133: 129-160.

MANKTELOW M, MCDADE L A, OXELMAN B,et al, 2001. The enigmatic tribe Whitfieldieae (Acanthaceae): elimitation and phylogenetic relationships based on molecular and morphological data[J]. Syst Bot,26: 104-119.

MCDADE L A, 1988. Recognition of Aphelandra glabrata (Acanthaceae) from Western South America, with notes on phylogenetic relationships[J]. Syst Bot, 13(2): 235-239.

MCDADE L A, MASTA S E, MOODY M L, et al, 2000. Phylogenetic relationships among Acanthaceae: evidence from two genomes[J]. Syst Bot, 25(1): 106-121.

MOHAN R H Y, 1960. The development of the seed in *Andrographis serpyllifolia*[J]. Amer J Bot, 47(3):215-219.

MOROZOWSKA M, CZARNA A, KUJAWA M, et al, 2011. Seed morphology and endosperm structure of selected species of Primulaceae, Myrsinaceae and Theophrastaceae and their systematic importance[J]. Pl Syst Evol, 291: 159-172.

NEES VON ESENBECK C G, 1832. Acanthaceae Indiae Orientalis[M]//Wallich N. 1832. Plantae Asiaticae Rariores.Treuttel Wurtz and Richter, London, 3: 70-122.

NEES VON ESENBECK C G, 1847. Acanthaceae[M]//A. de Candolle. 1847. Prodromus systematis naturalis regni vegetabilis. 11: 46-519.

PHATAK V G, AMBEGAOKAR K B, 1956. Embryological studies in Acanthaceae: endosperm and embryo development in *Barleria prionitis* L.[J]. J Univ Baroda, 5: 74-87.

RAM H Y M, 1996. Seed development in Adhatoda vasica Nees[J]. Can J Bot, 39(1): 207-214.

RAMAMOORTHY T P, URIBE Y H, 1988. A new name and a new species in Mexican *Ruellia* (Acanthaceae)[J]. Pl Syst Evol, 159(3-4): 161-163.

RANGANATH R M, 1981. Morphological and cytological studies in Acanthaceae[J]. Ph.D. Thesis, Banalore.

REVEAL J L, 2012. An outline of a classification scheme for extant flowering plants[J]. Phytoneuron, 37: 1-221.

SAGGOO M I ,BIR S S, 1986. Meiotic studies in certain members of family Acanthaceae from south India[J]. Indian Bot., 65:310-315.

SCOTLAND R W, SWEERE J A, REEVES P A, et al, 1995. Higher-level systematics of Acanthaceae determined by chloroplast DNA sequences[M]. Amer J Bot, 82: 266-275.

SCOTLAND R W, VOLLESEN K, 2000. Classification of Acanthaceae[J]. Kew Bull, 55: 513-589.

SIDWELL, K. J, 1998. A revision of Brillantaisia (Acanthaceae)[J]. Bull. Nat. Hist. Museum, Botany Series. 28: 67-113.

SUBRAMANIAN D, GOVINDARAJAN T, 1980. Cytotaxonomy of some speices of Acanthaceae[J]. J.Cytol.Genet, 15:90-92.

THOMAS E D, 1999. Taxonomic notes on Mexican Ruellia (Acanthaceae)[J]. Brittonia, 51: 124-127.

WASSHAUSEN D C, 1988. Acanthaceae of the Southeastern United States[J]. Castanea, 63(2):99-116.

WASSHAUSEN D C, 1991. New species of *Dicliptera* (Acanthaceae) from the Guianas[J]. Brittonia, 43(1): 1-6.

WASSHAUSEN, D C, WOOD J R I, 2004. *Justicia scheidweileri* V.A.W.Graham. Acanthaceae of Bolivia[J]. Contr. U. S. Natl. Herb. 49: 1-152.

WENK R C, DANIEL T F, 2009. Molecular phylogeny of Nelsonioideae (Acanthaceae) and phylogeography of Elytraria[J]. Proc Calif Acad Sci, 60(5): 53-68.

WOOD J R I, 1994. Notes relating to the Flora of Bhutan XXIX:Acanthaceae,with special reference to Strobilanthes[J]. Edinb.J.Bot. 51:175-274.

XIA C, DENG Y F, 2013. Phlogacanthus yangtsekiangensis, a new combination in Chinese Acanthaceae[J]. Phytotaxa,104(1): 58-60.

附录1　各植物园栽培爵床科植物种类统计表

序号	物种名称	拉丁名	版纳园	仙湖园	华南园	厦门园	华侨园	昆明园	桂林园	湖南园	庐山园	峨眉山	杭州园	武汉园	辰山园	海医园	南京园	北京园	红色名录等级	是否特有物种
1	老鼠簕	*Acanthus ilicifolius*			√														无危（LC）	
2	蛤蟆花	*Acanthus mollis*	√		√								√	√	√					
3	八角筋	*Acanthus montanus*	√		√	√								√					无危（LC）	
4	穿心莲	*Andrographis paniculata*	√		√	√			√											
5	珊瑚塔	*Aphelandra sinclairiana*			√															
6	单药花	*Aphelandra squarrosa*					√									√	√			
7	十万错	*Asystasia nemorum*	√				√												无危（LC）	
8	宽叶十万错	*Asystasia gangetica*			√	√	√													
9	小花十万错	*Asystasia gangetica* subsp. *micrantha*			√	√														
10	白接骨	*Asystasia neesiana*						√		√	√						√		无危（LC）	
11	假杜鹃	*Barleria cristata*	√		√	√		√	√										无危（LC）	
12	花叶假杜鹃	*Barleria lupulina*	√		√															
13	长红假杜鹃	*Barleria repens*			√															
14	紫萼假杜鹃	*Barleria strigosa*			√														无危（LC）	
15	逐马蓝	*Brillantaisia owariensis*		√	√	√													无危（LC）	
16	色萼花	*Chroesthes lanceolata*		√															无危（LC）	
17	鳄嘴花	*Clinacanthus nutans*			√	√													无危（LC）	
18	钟花草	*Codonacanthus pauciflorus*			√														无危（LC）	
19	广西秋英爵床	*Cosmianthemum guangxiense*			√														无危（LC）	是
20	海南秋英爵床	*Cosmianthemum viriduliflorum*			√														无危（LC）	是
21	绒毛荠银花（新拟）	*Crabbea velutina*	√	√																
22	鸟尾花	*Crossandra infundibuliformis*	√		√	√		√						√			√		无危（LC）	
23	金江鳔冠花	*Cystacanthus yangtsekiangensis*						√											无危（LC）	是
24	滇鳔冠花	*Cystacanthus yunnanensis*	√																无危（LC）	是
25	狗肝菜	*Dicliptera chinensis*			√	√													无危（LC）	
26	黄花恋岩花	*Echinacanthus lofuensis*							√										无危（LC）	是
27	长柄恋岩花	*Echinacanthus longipes*			√														无危（LC）	
28	华南可爱花	*Eranthemum austrosinense*	√		√	√													近危（NT）	是
29	喜花草	*Eranthemum pulchellum*	√		√	√			√											

（续）

序号	物种名称	拉丁名	版纳园	仙湖园	华南园	厦门园	华侨园	昆明园	桂林园	湖南园	庐山园	峨眉山	杭州园	武汉园	辰山园	海医园	南京园	北京园	红色名录等级	是否特有物种
30	云南可爱花	*Eranthemum tetragonum*	√	√	√														无危（LC）	
31	网纹草	*Fittonia albivenis*	√			√										√				
32	彩叶木	*Graptophyllum pictum*	√		√															
33	广西裸柱草	*Gymnostachyum kwangsiense*			√														易危（VU）	是
34	矮裸柱草	*Gymnostachyum subrosulatum*							√										无危（LC）	是
35	异叶水蓑衣	*Hygrophila difformis*			√														无危（LC）	
36	小叶水蓑衣	*Hygrophila erecta*			√	√													无危（LC）	
37	大花水蓑衣	*Hygrophila megalantha*			√															是
38	水蓑衣	*Hygrophila ringens*	√		√						√				√				无危（LC）	
39	枪刀菜	*Hypoestes cumingiana*			√	√													无危（LC）	
40	红点草	*Hypoestes phyllostachya*	√		√			√								√				
41	枪刀药	*Hypoestes purpurea*			√														无危（LC）	
42	三花枪刀药	*Hypoestes triflora*						√											无危（LC）	
43	叉序草	*Isoglossa collina*	√		√														无危（LC）	
44	棱茎爵床	*Justicia acutangula*					√												无危（LC）	是
45	鸭嘴花	*Justicia adhatoda*	√		√	√		√						√		√			无危（LC）	
46	细管爵床	*Justicia appendiculata*			√															
47	桂南爵床	*Justicia austroguangxiensis*			√			√							√				无危（LC）	是
48	白脉桂南爵床	*Justicia austroguangxiensis* f. *albinervia*			√			√											无危（LC）	是
49	华南爵床	*Justicia austrosinensis*			√														无危（LC）	是
50	白苞爵床	*Justicia betonica*	√	√	√	√								√						
51	虾衣花	*Justicia brandegeeana*	√	√	√	√		√					√		√					
52	红唇花	*Justicia brasiliana*	√		√	√														
53	心叶爵床	*Justicia cardiophylla*	√		√			√											无危（LC）	
54	珊瑚花	*Justicia carnea*			√		√		√					√						
55	圆苞杜根藤	*Justicia championii*			√														无危（LC）	是
56	小驳骨	*Justicia gendarussa*	√		√	√													无危（LC）	
57	大爵床	*Justicia grossa*			√														无危（LC）	
58	广西爵床	*Justicia kwangsiensis*			√														无危（LC）	是
59	紫苞爵床	*Justicia latiflora*			√			√			√								无危（LC）	是
60	南岭爵床	*Justicia leptostachya*	√		√			√											无危（LC）	是
61	广东爵床	*Justicia lianshanica*			√														无危（LC）	是
62	琴叶爵床	*Justicia panduriformis*						√											无危（LC）	
63	爵床	*Justicia procumbens*			√							√		√						
64	杜根藤	*Justicia quadrifaria*			√				√										无危（LC）	

附录1 各植物园栽培爵床科植物种类统计表

（续）

序号	物种名称	拉丁名	版纳园	仙湖园	华南园	厦门园	华侨园	昆明园	桂林园	湖南园	庐山园	峨眉山	杭州园	武汉园	辰山园	海医园	南京园	北京园	红色名录等级	是否特有物种
65	巴西喷烟花	*Justicia scheidweileri*		√	√			√												
66	针子草	*Justicia vagabunda*		√	√														无危（LC）	
67	滇野靛棵	*Justicia vasculosa*	√		√															
68	黑叶小驳骨	*Justicia ventricosa*	√		√												√		无危（LC）	
69	台湾鳞花草	*Lepidagathis formosensis*			√														数据缺乏（DD）	是
70	海南鳞花草	*Lepidagathis hainanensis*			√														无危（LC）	是
71	鳞花草	*Lepidagathis incurva*	√		√														无危（LC）	
72	飞来蓝	*Leptosiphonium venustum*			√														无危（LC）	是
73	赤苞花	*Megaskepasma erythrochlamys*		√	√	√						√								
74	瘤子草	*Nelsonia canescens*	√		√															
75	美序红楼花	*Odontonema callistachyum*			√															
76	红楼花	*Odontonema strictum*	√		√			√							√	√				
77	绯红珊瑚花	*Pachystachys coccinea*		√		√														
78	金苞花	*Pachystachys lutea*		√	√	√		√			√				√	√				
79	罗甸地皮消	*Pararuellia cavaleriei*			√			√											无危（LC）	是
80	地皮消	*Pararuellia delavayana*			√														无危（LC）	是
81	云南地皮消	*Pararuellia glomerata*	√		√														数据缺乏（DD）	是
82	海南地皮消	*Pararuellia hainanensis*			√			√											无危（LC）	是
83	观音草	*Peristrophe bivalvis*			√											√			无危（LC）	
84	柳叶观音草	*Peristrophe hyssopifolia*			√			√					√							
85	九头狮子草	*Peristrophe japonica*			√							√	√						无危（LC）	
86	美丽爵床	*Peristrophe speciosa*																		
87	肾苞草	*Phaulopsis dorsiflora*	√		√														无危（LC）	
88	广西火焰花	*Phlogacanthus colaniae*		√	√														无危（LC）	
89	火焰花	*Phlogacanthus curviflorus*	√		√														无危（LC）	
90	金塔火焰花	*Phlogacanthus pyramidalis*						√											无危（LC）	
91	糙叶火焰花	*Phlogacanthus vitellinus*			√														无危（LC）	
92	拟美花	*Pseuderanthemum carruthersii*	√		√													√		
93	狭叶钩粉草	*Pseuderanthemum coudercii*			√														无危（LC）	
94	云南山壳骨	*Pseuderanthemum graciliflorum*			√	√		√											无危（LC）	

（续）

序号	物种名称	拉丁名	版纳园	仙湖园	华南园	厦门园	华侨园	昆明园	桂林园	湖南园	庐山园	峨眉山	杭州园	武汉园	辰山园	海医园	南京园	北京园	红色名录等级	是否特有物种
95	山壳骨	*Pseuderanthemum latifolium*			√	√		√											无危（LC）	
96	紫云杜鹃	*Pseuderanthemum laxiflorum*	√		√	√														
97	多花山壳骨	*Pseuderanthemum polyanthum*			√			√											无危（LC）	
98	滇灵枝草	*Rhinacanthus beesianus*						√											无危（LC）	是
99	灵枝草	*Rhinacanthus nasutus*			√	√														
100	灌状芦莉（新拟）	*Ruellia affinis*			√	√														
101	短叶芦莉	*Ruellia brevifolia*			√															
102	火焰芦莉	*Ruellia chartacea*	√												√					
103	缘毛芦莉	*Ruellia ciliosa*															√			
104	大花芦莉	*Ruellia elegans*	√		√	√		√	√					√						
105	马可芦莉草	*Ruellia makoyana*			√	√														
106	蓝花草	*Ruellia simplex*	√		√	√		√												
107	芦莉草	*Ruellia tuberosa*		√	√															
108	缅甸孩儿草	*Rungia burmanica*			√															
109	中华孩儿草	*Rungia chinensis*			√														无危（LC）	
110	孩儿草	*Rungia pectinata*	√		√														无危（LC）	
111	云南孩儿草	*Rungia yunnanensis*			√														无危（LC）	
112	蜂鸟花	*Ruttya fruticosa*			√															
113	小苞黄脉爵床	*Sanchezia parvibracteata*	√		√			√						√	√					
114	白金羽花	*Schaueria flavicoma*			√	√														
115	叉柱花	*Staurogyne concinnula*			√														无危（LC）	
116	大花叉柱花	*Staurogyne sesamoides*			√														无危（LC）	
117	灰姑娘	*Strobilanthes alternata*	√		√															
118	红背耳叶马蓝	*Strobilanthes auriculata* var. *dyeriana*	√		√	√		√											无危（LC）	
119	华南马蓝	*Strobilanthes austrosinensis*			√				√	√									无危（LC）	是
120	湖南马蓝	*Strobilanthes biocullata*			√								√						无危（LC）	是
121	黄球花	*Strobilanthes chinensis*	√		√														无危（LC）	
122	板蓝	*Strobilanthes cusia*	√		√	√	√	√		√					√				无危（LC）	
123	串花马蓝	*Strobilanthes cystolithigera*			√														无危（LC）	
124	球花马蓝	*Strobilanthes dimorphotricha*			√			√	√										无危（LC）	
125	白头马蓝	*Strobilanthes esquirolii*			√														无危（LC）	

附录1 各植物园栽培爵床科植物种类统计表

（续）

序号	物种名称	拉丁名	版纳园	仙湖园	华南园	厦门园	华侨园	昆明园	桂林园	湖南园	庐山园	峨眉山	杭州园	武汉园	辰山园	海医园	南京园	北京园	红色名录等级	是否特有物种
126	叉花草	*Strobilanthes hamiltoniana*	√		√	√	√	√		√									无危（LC）	
127	南一笼鸡	*Strobilanthes henryi*		√			√		√										无危（LC）	是
128	异序马蓝	*Strobilanthes heteroclita*			√			√											数据缺乏（DD）	是
129	红毛马蓝	*Strobilanthes hossei*			√														无危（LC）	
130	日本马蓝	*Strobilanthes japonica*		√	√					√									无危（LC）	
131	蒙自马蓝	*Strobilanthes lamiifolia*						√											无危（LC）	
132	少花马蓝	*Strobilanthes oliganthus*										√			√				无危（LC）	
133	翅枝马蓝	*Strobilanthes pateriformis*						√											无危（LC）	
134	桃叶马蓝	*Strobilanthes persicifolia*																		
135	阳朔马蓝	*Strobilanthes pseudocollina*							√										无危（LC）	是
136	波缘半插花	*Strobilanthes repanda*		√	√		√													
137	匍匐半插花	*Strobilanthes reptans*	√	√																
138	菜头肾	*Strobilanthes sarcorrhiza*												√					无危（LC）	是
139	马来马蓝	*Strobilanthes schomburgkii*		√																
140	四子马蓝	*Strobilanthes tetrasperma*				√		√		√		√							无危（LC）	
141	糯米香	*Strobilanthes tonkinensis*	√		√			√											无危（LC）	
142	云南马蓝	*Strobilanthes yunnanensis*						√											无危（LC）	是
143	林君木	*Suessenguthia multisetosa*			√															
144	翼叶山牵牛	*Thunbergia alata*	√	√																
145	红花山牵牛	*Thunbergia coccinea*	√					√											无危（LC）	
146	直立山牵牛	*Thunbergia erecta*	√		√	√	√													
147	碗花草	*Thunbergia fragrans*	√		√														无危（LC）	
148	海南山牵牛	*Thunbergia fragrans* subsp. *hainanensis*			√	√													无危（LC）	
149	山牵牛	*Thunbergia grandiflora*	√		√	√		√	√		√									
150	桂叶山牵牛	*Thunbergia laurifolia*	√																	
151	黄花老鸦嘴	*Thunbergia mysorensis*			√		√													
152	白蜡烛	*Whitfieldia elongata*			√													√		

注：表中"版纳园""仙湖园""华南园""厦门园""华侨园""昆明园""湖南园""庐山园""峨眉山""杭州园""武汉园""辰山园""海医园""南京园""北京园"分别为中国科学院西双版纳热带植物园、深圳市中国科学院仙湖植物园、中国科学院华南植物园、厦门市园林植物园、厦门华侨亚热带植物引种园、中国科学院昆明植物研究所昆明植物园、湖南省森林植物园、中国科学院庐山植物园、四川省自然资源科学研究院峨眉山生物站、杭州植物园、中国科学院武汉植物园、上海辰山植物园、海军军医大学药用植物园、江苏省中国科学院植物研究所南京中山植物园、中国科学院植物研究所北京植物园的简称。

附录2 各植物园地理环境

中国科学院西双版纳热带植物园

位于云南省西双版纳州勐腊县勐仑镇，占地面积1125hm²。地处印度马来热带雨林区北缘（20°4′N，101°25′E，海拔550~610m）。终年受西南季风控制，热带季风气候。干湿季节明显，年平均气温21.8℃，最热月（6月）平均气温25.7℃，最冷月（1月）平均气温16.0℃，终年无霜。根据降雨量可分为旱季和雨季，旱季又可分为雾凉季（11月至翌年2月）和干热季（3~4月）。干热季气候干燥，降水量少，日温差较大；雾凉季降水量虽少，但从夜间到次日中午，都会存在大量的浓雾，对旱季植物的水分需求有一定补偿作用。雨季时，气候湿热，水分充足，降雨量1256mm，占全年的84%。年均相对湿度为85%，全年日照数为1859h。西双版纳热带植物园属丘陵至低中山地貌，分布有砂岩、石灰岩等成土母岩，分布的土壤类型有砖红壤、赤红壤、石灰岩土及冲积土。

深圳市中国科学院仙湖植物园

位于深圳市罗湖区东郊，东倚梧桐山，西临深圳水库，地处北纬22°34′，东经114°10′，海拔26~605m，地带性植被为南亚热带季风常绿阔叶林，属亚热带海洋性气候，依山傍海，气候温暖宜人，年平均气温22.3℃，极端最高气温38.7℃，极端最低气温0.2℃。每年4~9月为雨季，年均降水量1933.3mm，雨量充足，相对湿度71%~85%。日照时间长，平均年日照时数2060h。土壤母质为页岩、砂岩分化的黄壤，沟边多石砾，呈微酸至中性，pH 5.5~7.0。

中国科学院华南植物园

位于广州东北部，地处北纬23°10′，东经113°21′，海拔24~130m的低丘陵台地，地带性植被为南亚热带季风常绿阔叶林，属南亚热带季风湿润气候。夏季炎热而潮湿，秋冬温暖而干旱，年平均气温20~22℃，极端最高气温38℃，极端最低气温0.4~0.8℃，7月平均气温29℃，冬季几乎无霜冻。大于10℃年积温6400~6500℃，年均降水量1600~2000mm，年蒸发量1783mm，雨量集中于5~9月，10月至翌年4月为旱季；干湿明显，相对湿度80%。干枯落叶层较薄，土壤为花岗岩发育而成的赤红壤，砂质土壤，有机质2.1~0.6%，含氮量0.068%，速效磷0.03mg/100g土，速效钾2.1~3.6mg/100g土，pH 4.6~5.3。

厦门市园林植物园

位于福建省厦门市思明区，居厦门岛东南隅的万石山中，北纬24°27′，东经118°06′，海拔高度44.3~201.2m，属地处北回归线边缘，全年春、夏、秋三季明显，属南亚热带海洋性季风气候型，地带植被隶属于"闽西博平岭东南部湿热南亚热带雨林小区"。厦门年平均气温21.0℃，最低气温月（2月）平均温度12℃以上，最热月（7~8月）平均温度28℃，没有气温上的冬季，极端最低温度1℃（2016年1月24日），极端最高温38.4℃（1953年8月16日），年日照时数1672h。年平均降雨量在1200mm左右，每年5~8月份雨量最多，年平均湿度在为76%。风力一般3~4级，常向主导风力为东北风。由于太平洋温差气流的关系，每年平均受4~5次台风的影响，且多集中在7~9月份。土壤类型为花岗岩风化物组成的粗骨性砖红壤性红壤，pH 5~6，土层不厚，有机质含量少，蓄水保肥能力差。

厦门华侨亚热带植物引种园

位于厦门鼓浪屿岛屿日光岩西麓鸡山路西侧，地处北纬24°44′，东经118°06′，海拔14m，占地200多亩，三面环山，东起英雄山，北经鸡母山、面包山，西至浪洞山，南面朝海，成马蹄形谷地。这里冬季气温高于市区和郊区，是一处天然理想的热带、亚热带植物引种驯化基地。

中国科学院昆明植物研究所昆明植物园

位于昆明北郊，地处北纬25°01′，东经102°41′，海拔1990m，地带性植被为西部（半湿润）常绿阔叶林，属亚热带高原季风气候。年平均气温14.7℃，极端最高气温33℃，极端最低气温-5.4℃，最冷月（1月、12月）月均温7.3~8.3℃，年平均日照2470.3h，年均降水量1006.5mm，12月至翌年4月（干季）降水量为全年的10％左右，年均蒸发量1870.6mm（最大蒸发量出现在3~4月），年平均相对湿度73%。土壤为第三纪古红层和玄武岩发育的山地红壤，有机质及氮磷钾的含量低，pH 4.9~6.6。

广西壮族自治区中国科学院广西植物研究所桂林植物园

位于广西桂林雁山，地处北纬25°11′，东经110°12′，海拔约150m，地带性植被为南亚热带季风常绿阔叶林，属中亚热带季风气候。年平均气温19.2℃，最冷月（1月）平均气温8.4℃，最热月（7月）平均气温28.4℃，极端最高气温40℃，极端最低气温-6℃，≥10℃的年积温5955.3℃。冬季有霜冻，有霜期平均6~8d，偶降雪。年均降水量1865.7mm，主要集中在4~8月，占全年降水量73%，冬季雨量较少，干湿交替明显，年平均相对湿度78%，土壤为砂页岩发育而成的酸性红壤，pH 5.0~6.0。0~35cm的土壤营养成分含量：有机碳0.6631%，有机质1.1431%，全氮0.1175%，全磷0.1131%，全钾3.0661%。

湖南省森林植物园

位于湖南省长沙市雨花区洞井镇，地处北纬28°06′，东经113°02′，海拔50~106m，总面积140hm^2，属亚热带季风性湿润气候，其特征为：气候温和、降水充沛、雨热同期、四季分明。地貌为低丘岗地，土壤为第四纪红壤，PH 4.0~5.5，土层较深厚，肥力中等。年平均气温17.2℃，年均降水量1361.6mm。夏冬季长，春秋季短。春温变化大，夏初雨水多，伏秋高温久，冬季严寒少。3月下旬至5月中旬，冷暖空气相互交绥，形成连绵阴雨低温寡照天气。从5月下旬起，气温显著提高，夏季日平均气温在30℃以上约有85天，气温高于35℃的炎热日年平均约30天，盛夏酷热少雨。9月下旬后，白天较暖，入夜转凉，降水量减少，低云量日多。从11月下旬至翌3月中旬为冬季，以1月最冷，月平均为4.4℃，越冬作物可以安全越冬，缓慢生长。

中国科学院庐山植物园

位于江西省北部，地处北纬29°35′，东经115°59′，海拔1000~1360m的庐山东南部含鄱口侵蚀沟谷，地带性植被为中亚热带常绿阔叶林，属于亚热带北部山地湿润性季风气候，春季潮湿，夏季凉爽，秋季干燥，冬季寒冷，年均气温11.4℃，极端最高气温32.8℃，极端最低气温-16.8℃；年均降水量1917.8mm，比同纬度丘陵地区多500mm左右，其中4~7月份的降水量约占全年降水量约占全年降水量的70%，年均相对湿度80％。土壤为砂岩或石英砂岩发育而成的山地黄壤和黄棕壤为主，有机质6.3%~12.6%，碱解氮261.8~431.3mg/kg，速效磷1.1~4.9mg/kg，pH 3.8~5.1。

四川省自然资源科学研究院峨眉山生物站

位于四川盆地西南边缘的峨眉山中低山区的万年寺停车场东侧，地处北纬29°35′，东经103°22′，海拔800m的山坡地，平均坡度为20℃左右，地带性植被为中亚热带常绿阔叶林，属中亚热带季风型湿润气候，夏季温暖潮湿，秋冬寒冷多雾，年平均温度16℃，极端最高温度34.2℃，极端最低温度-2℃，1月平均气温4.4℃，7月平均气温23.6℃，冬季几乎无霜冻。年降雨量1750mm，雨量集中于

8~9月；年蒸发量1583mm，年平均相对湿度大于80%，土壤为山地黄壤，pH 5.5~6.5。

杭州植物园

地处杭州市西湖区桃源岭，北纬30°15′，东经120°07′，海拔10~165m，占地248.46hm^2，园内地势西北高，东南低，中间多波形起伏，丘陵与谷地相间，大小水池甚多。地带性植被为亚热带针叶林、常绿阔叶林、常绿落叶阔叶混交林、落叶阔叶林、以及针阔叶混交林。属于亚热带季风气候，四季分明，雨量充沛。夏季气候炎热、潮湿，冬季寒冷、干燥。全年平均气温≥17℃，极端最高气温43℃，极端最低气温-15℃，1月（最冷月）平均气温3.5~5.0℃，7月（最热月）平均气温27.6~28.7℃，平均初霜期在11月中旬至下旬，≥0℃的积温在5500~6500℃之间，≥10℃的积温为4700~5700℃，平均相对湿度70.3%，年平均降水量1454mm，年平均蒸发量1150~1400mm，年日照时数1765h，土壤属红壤和黄壤，含氮量为0.29~2.51g/kg，有效磷为4.88~35.50mg/kg，速效钾为94.04~228.06mg/kg，pH 5.58~6.67。

中国科学院武汉植物园

位于武汉市东部东湖湖畔，地处北纬30°32′，东经114°24′，海拔22m的平原，地带性植被为中亚热带常绿阔叶林，属北亚热带季风性湿润气候，雨量充沛，日照充足，夏季酷热，冬季寒冷，年均气温15.8~17.5℃，极端最高气温44.5℃，极端最低气温-18.1℃，1月平均气温3.1~3.9℃，7月平均气温28.7℃，冬季有霜冻。活动积温5000~5300℃，年降水量1050~1200mm，年蒸发量1500mm，雨量集中于4~6月，夏季酷热少雨，年平均相对湿度75%。枯枝落叶层较厚，土壤为湖滨沉积物上发育的中性黏土，有机质2.9~0.8%，含氮量0.053%，速效磷0.58mg/100g土，速效钾6.1~10mg/100g土，pH 4.3~5.0。

上海辰山植物园

位于北纬31°04′，东经121°10′，海拔2.8~3.2m。园区大部分地区地势平坦，辰山山体最高点海拔为71.4m。上海辰山植物园地处北亚热带季风湿润气候区，四季分明，年平均气温15.6℃，无霜期230天，年平均日照1817小时，年降水量1213mm，极端最高温度37.6℃，极端最低温度-8.9℃。园区内河流湖泊纵横交错，如南北走向的辰山塘、东西走向的沈泾河，园区整体地下水位高。土壤pH呈中性或微碱性，有机质平均含量4.01%，质地黏重。

海军军医大学药用植物园

位于上海市杨浦区该校药学院，北纬31°18′，东经121°30′，海拔10.51m。属于北亚热带季风气候，全年平均气温15.7℃，无霜期279天，降水量1178.2mm。

江苏省中国科学院植物研究所南京中山植物园

位于南京东郊风景区，地处北纬32°07′，东经118°48′，海拔40~76m的低丘，地带性植被为亚热带常绿、落叶阔叶混交林，属亚热带季风气候，夏季炎热而潮湿，冬季寒冷，常有春旱和秋旱发生，冬季也常有低温危害。年均气温15.3℃，极端最高气温41℃，极端对低气温-15℃，冬季有冰冻。年均降水量1010mm，雨量集中于6~8月。枯枝落叶较薄，土壤为黄棕壤，pH5.8~6.5。

中国科学院植物研究所北京植物园

地处北京香山东南，距市区18km，位于北纬39°48′，东经116°28′，海拔76m；属于温带大陆性气候，冬季寒冷晴燥，春季干旱多风，夏季炎热多雨；年平均气温11.6℃，1月平均气温-3.7℃，极端最低气温-17.5℃，7月平均气温26.7℃，极端最高气温41.3℃；相对湿度43~79%，年降水量634.2mm。

中文名索引

A

矮裸柱草 ······················ 146

B

八角筋 ······················ 50
巴西喷烟花 ···················· 228
白苞爵床 ······················ 191
白接骨 ························ 71
白金羽花 ······················ 379
白蜡烛 ······················ 484
白脉桂南爵床 ·················· 186
白头马蓝 ······················ 412
板蓝 ······················ 403
波缘半插花 ···················· 439

C

彩叶木 ······················ 140
菜头肾 ······················ 444
糙叶火焰花 ···················· 308
叉花草 ······················ 414
叉序草 ······················ 171
叉柱花 ······················ 383
长柄恋岩花 ···················· 123
长红假杜鹃 ···················· 81
齿叶半插花 ···················· 439
赤苞花 ······················ 251
翅枝马蓝 ······················ 432
穿心莲 ······················ 54
串花马蓝 ······················ 407
串心花 ······················ 202
垂序马蓝 ······················ 424
翠芦莉 ······················ 352

D

大驳骨 ······················ 236
大花叉柱花 ···················· 385
大花钩粉草 ···················· 322
大花老鸦嘴 ···················· 474

大花芦莉 ······················ 346
大花山牵牛 ···················· 474
大花水蓑衣 ···················· 153
大爵床 ······················ 209
大青 ······················ 403
单药花 ······················ 60
地皮消 ······················ 277
滇鳔冠花 ······················ 114
滇灵枝草 ······················ 329
滇野靛棵 ······················ 233
杜根藤 ······················ 226
短叶芦莉 ······················ 339
多花山壳骨 ···················· 325

E

鳄嘴花 ······················ 92

F

飞来蓝 ······················ 248
绯红珊瑚花 ···················· 268
蜂鸟花 ······················ 371

G

茛力花 ······················ 47
狗肝菜 ······················ 117
观音草 ······················ 284
灌状芦莉 ······················ 336
广东爵床 ······················ 219
广东野靛棵 ···················· 219
广西火焰花 ···················· 299
广西爵床 ······················ 211
广西裸柱草 ···················· 144
广西秋英爵床 ·················· 99
桂南爵床 ······················ 184
桂叶山牵牛 ···················· 477

H

蛤蟆花 ······················ 47

孩儿草	364	榄核莲	54
海南地皮消	281	老鼠簕	44
海南老鸦嘴	472	了哥利	364
海南鳞花草	242	棱茎爵床	176
海南秋英爵床	101	立鹤花	467
海南山牵牛	472	连山爵床	219
黑眼花	461	林君木	457
黑叶小驳骨	236	鳞花草	244
红背耳叶马蓝	392	灵枝草	332
红唇花	197	瘤子草	256
红点草	162	柳叶观音草	287
红花山牵牛	464	龙州爵床	233
红楼花	263	芦莉草	355
红毛马蓝	422	罗甸地皮消	275
湖南马蓝	397		
花叶假杜鹃	78	**M**	
华南爵床	188	马可芦莉草	348
华南可爱花	126	马来马蓝	446
华南马蓝	395	马蓝	403
黄峰草	364	美丽爵床	292
黄花老鸦嘴	480	美序红楼花	260
黄花恋岩花	121	蒙自马蓝	427
黄球花	400	缅甸孩儿草	358
黄虾衣花	271	缅甸小驳骨	358
灰姑娘	390	明萼草	361
火焰花	302		
火焰芦莉	341	**N**	
		南岭爵床	216
J		南一笼鸡	417
鸡冠爵床	263	拟美花	311
积药草	364	鸟尾花	107
假杜鹃	75	扭序花	92
接骨草	207	糯米香	451
金苞花	271		
金江鳔冠花	111	**P**	
金塔火焰花	305	匍匐半插花	441
九头狮子草	290		
爵床	223	**Q**	
		麒麟吐珠	194
K		枪刀菜	159
可爱花	128	枪刀药	165
块根芦莉	355	琴叶爵床	221
宽叶十万错	66	球花马蓝	409
L		**R**	
蓝花草	352	日本马蓝	424
蓝色草	364	绒毛莶银花	104

S

三花枪刀药	167
色萼花	89
山壳骨	319
山蓝	403
山牵牛	474
山叶蓟	50
珊瑚花	202
珊瑚塔	58
少花马蓝	429
肾苞草	295
十万错	63
疏花山壳骨	322
水罗兰	149
水蓑衣	156
四子马蓝	448

T

台湾鳞花草	240
桃叶马蓝	435
跳舞女郎	480
铁贯藤	470

W

碗花草	470
网纹草	136

X

喜花草	128
细管爵床	181
虾衣花	194
狭叶钩粉草	314
小苞黄脉爵床	374
小驳骨	207
小花十万错	69
小叶水蓑衣	151
心叶爵床	200

Y

鸭子花	178
鸭嘴花	178
嫣红蔓	162
阳朔马蓝	437
野靛叶	178
一见喜	54
异序马蓝	420
异叶水蓑衣	149
翼叶山牵牛	461
银脉爵床	60
银脉芦莉草	349
印度草	54
硬枝老鸭嘴	467
圆苞杜根藤	205
缘毛芦莉	343
云南地皮消	279
云南孩儿草	367
云南可爱花	132
云南马蓝	454
云南山壳骨	316

Z

樟叶老鸦嘴	477
针子草	231
直立山牵牛	467
中华孩儿草	361
钟花草	96
竹节黄	92
逐马蓝	86
紫苞爵床	213
紫萼假杜鹃	83
紫花鸡冠爵床	260
紫云杜鹃	322

拉丁名索引

A

Acanthus ilicifolius ·················· 44
Acanthus mollis ·················· 47
Acanthus montanus ·················· 50
Andrographis paniculata ·················· 54
Aphelandra sinclairiana ·················· 58
Aphelandra squarrosa ·················· 60
Asystasia nemorum ·················· 63
Asystasia gangetica ·················· 66
Asystasia gangetica subsp. *micrantha* ·················· 69
Asystasia neesiana ·················· 71

B

Barleria cristata ·················· 75
Barleria lupulina ·················· 78
Barleria repens ·················· 81
Barleria strigosa ·················· 83
Brillantaisia owariensis ·················· 86

C

Chroesthes lanceolata ·················· 89
Clinacanthus nutans ·················· 92
Codonacanthus pauciflorus ·················· 96
Cosmianthemum guangxiense ·················· 99
Cosmianthemum viriduliflorum ·················· 101
Crabbea velutina ·················· 104
Crossandra infundibuliformis ·················· 107
Cystacanthus yangtsekiangensis ·················· 111
Cystacanthus yunnanensis ·················· 114

D

Dicliptera chinensis ·················· 117

E

Echinacanthus lofouensis ·················· 121
Echinacanthus longipes ·················· 123
Eranthemum austrosinense ·················· 126
Eranthemum pulchellum ·················· 128
Eranthemum tetragonum ·················· 132

F

Fittonia albivenis ·················· 136

G

Graptophyllum pictum ·················· 140
Gymnostachyum kwangsiense ·················· 144
Gymnostachyum subrosulatum ·················· 146

H

Hygrophila difformis ·················· 149
Hygrophila erecta ·················· 151
Hygrophila megalantha ·················· 153
Hygrophila ringens ·················· 156
Hypoestes cumingiana ·················· 159
Hypoestes phyllostachya ·················· 162
Hypoestes purpurea ·················· 165
Hypoestes triflora ·················· 167

I

Isoglossa collina ·················· 171

J

Justicia acutangula ·················· 176
Justicia adhatoda ·················· 178
Justicia appendiculata ·················· 181
Justicia austroguangxiensis ·················· 184

拉丁名索引

Justicia austroguangxiensis f. *albinervia* ⋯⋯⋯⋯⋯ 186
Justicia austrosinensis ⋯⋯⋯⋯⋯⋯⋯⋯⋯⋯⋯⋯ 188
Justicia betonica ⋯⋯⋯⋯⋯⋯⋯⋯⋯⋯⋯⋯⋯⋯ 191
Justicia brandegeeana ⋯⋯⋯⋯⋯⋯⋯⋯⋯⋯⋯⋯ 194
Justicia brasiliana ⋯⋯⋯⋯⋯⋯⋯⋯⋯⋯⋯⋯⋯ 197
Justicia cardiophylla ⋯⋯⋯⋯⋯⋯⋯⋯⋯⋯⋯⋯ 200
Justicia carnea ⋯⋯⋯⋯⋯⋯⋯⋯⋯⋯⋯⋯⋯⋯⋯ 202
Justicia championii ⋯⋯⋯⋯⋯⋯⋯⋯⋯⋯⋯⋯⋯ 205
Justicia gendarussa ⋯⋯⋯⋯⋯⋯⋯⋯⋯⋯⋯⋯⋯ 207
Justicia grossa ⋯⋯⋯⋯⋯⋯⋯⋯⋯⋯⋯⋯⋯⋯⋯ 209
Justicia kwangsiensis ⋯⋯⋯⋯⋯⋯⋯⋯⋯⋯⋯⋯ 211
Justicia latiflora ⋯⋯⋯⋯⋯⋯⋯⋯⋯⋯⋯⋯⋯⋯ 213
Justicia leptostachya ⋯⋯⋯⋯⋯⋯⋯⋯⋯⋯⋯⋯ 216
Justicia lianshanica ⋯⋯⋯⋯⋯⋯⋯⋯⋯⋯⋯⋯⋯ 219
Justicia panduriformis ⋯⋯⋯⋯⋯⋯⋯⋯⋯⋯⋯⋯ 221
Justicia procumbens ⋯⋯⋯⋯⋯⋯⋯⋯⋯⋯⋯⋯⋯ 223
Justicia quadrifaria ⋯⋯⋯⋯⋯⋯⋯⋯⋯⋯⋯⋯⋯ 226
Justicia scheidweileri ⋯⋯⋯⋯⋯⋯⋯⋯⋯⋯⋯⋯ 228
Justicia vagabunda ⋯⋯⋯⋯⋯⋯⋯⋯⋯⋯⋯⋯⋯ 231
Justicia vasculosa ⋯⋯⋯⋯⋯⋯⋯⋯⋯⋯⋯⋯⋯ 233
Justicia ventricosa ⋯⋯⋯⋯⋯⋯⋯⋯⋯⋯⋯⋯⋯ 236

L
Lepidagathis formosensis ⋯⋯⋯⋯⋯⋯⋯⋯⋯⋯ 240
Lepidagathis hainanensis ⋯⋯⋯⋯⋯⋯⋯⋯⋯⋯ 242
Lepidagathis incurva ⋯⋯⋯⋯⋯⋯⋯⋯⋯⋯⋯⋯ 244
Leptosiphonium venustum ⋯⋯⋯⋯⋯⋯⋯⋯⋯⋯ 248

M
Megaskepasma erythrochlamys ⋯⋯⋯⋯⋯⋯⋯⋯ 251

N
Nelsonia canescens ⋯⋯⋯⋯⋯⋯⋯⋯⋯⋯⋯⋯⋯ 256

O
Odontonema callistachyum ⋯⋯⋯⋯⋯⋯⋯⋯⋯⋯ 260
Odontonema strictum ⋯⋯⋯⋯⋯⋯⋯⋯⋯⋯⋯⋯ 263

P
Pachystachys coccinea ⋯⋯⋯⋯⋯⋯⋯⋯⋯⋯⋯⋯ 268
Pachystachys lutea ⋯⋯⋯⋯⋯⋯⋯⋯⋯⋯⋯⋯⋯ 271

Pararuellia cavaleriei ⋯⋯⋯⋯⋯⋯⋯⋯⋯⋯⋯⋯ 275
Pararuellia delavayana ⋯⋯⋯⋯⋯⋯⋯⋯⋯⋯⋯⋯ 277
Pararuellia glomerata ⋯⋯⋯⋯⋯⋯⋯⋯⋯⋯⋯⋯ 279
Pararuellia hainanensis ⋯⋯⋯⋯⋯⋯⋯⋯⋯⋯⋯ 281
Peristrophe bivalvis ⋯⋯⋯⋯⋯⋯⋯⋯⋯⋯⋯⋯⋯ 284
Peristrophe hyssopifolia ⋯⋯⋯⋯⋯⋯⋯⋯⋯⋯⋯ 287
Peristrophe japonica ⋯⋯⋯⋯⋯⋯⋯⋯⋯⋯⋯⋯ 290
Peristrophe speciosa ⋯⋯⋯⋯⋯⋯⋯⋯⋯⋯⋯⋯ 292
Phaulopsis dorsiflora ⋯⋯⋯⋯⋯⋯⋯⋯⋯⋯⋯⋯ 295
Phlogacanthus colaniae ⋯⋯⋯⋯⋯⋯⋯⋯⋯⋯⋯ 299
Phlogacanthus curviflorus ⋯⋯⋯⋯⋯⋯⋯⋯⋯⋯ 302
Phlogacanthus pyramdalis ⋯⋯⋯⋯⋯⋯⋯⋯⋯⋯ 305
Phlogacanthus vitellinus ⋯⋯⋯⋯⋯⋯⋯⋯⋯⋯⋯ 308
Pseuderanthemum carruthersii ⋯⋯⋯⋯⋯⋯⋯⋯ 311
Pseuderanthemum coudercii ⋯⋯⋯⋯⋯⋯⋯⋯⋯ 314
Pseuderanthemum graciliflorum ⋯⋯⋯⋯⋯⋯⋯ 316
Pseuderanthemum latifolium ⋯⋯⋯⋯⋯⋯⋯⋯⋯ 319
Pseuderanthemum laxiflorum ⋯⋯⋯⋯⋯⋯⋯⋯⋯ 322
Pseuderanthemum polyanthum ⋯⋯⋯⋯⋯⋯⋯⋯ 325

R
Rhinacanthus beesianus ⋯⋯⋯⋯⋯⋯⋯⋯⋯⋯⋯ 329
Rhinacanthus nasutus ⋯⋯⋯⋯⋯⋯⋯⋯⋯⋯⋯⋯ 332
Ruellia affinis ⋯⋯⋯⋯⋯⋯⋯⋯⋯⋯⋯⋯⋯⋯⋯ 336
Ruellia brevifolia ⋯⋯⋯⋯⋯⋯⋯⋯⋯⋯⋯⋯⋯⋯ 339
Ruellia chartacea ⋯⋯⋯⋯⋯⋯⋯⋯⋯⋯⋯⋯⋯⋯ 341
Ruellia ciliosa ⋯⋯⋯⋯⋯⋯⋯⋯⋯⋯⋯⋯⋯⋯⋯ 343
Ruellia elegans ⋯⋯⋯⋯⋯⋯⋯⋯⋯⋯⋯⋯⋯⋯ 346
Ruellia makoyana ⋯⋯⋯⋯⋯⋯⋯⋯⋯⋯⋯⋯⋯ 348
Ruellia tuberosa ⋯⋯⋯⋯⋯⋯⋯⋯⋯⋯⋯⋯⋯⋯ 355
Rungia burmanica ⋯⋯⋯⋯⋯⋯⋯⋯⋯⋯⋯⋯⋯ 358
Rungia chinensis ⋯⋯⋯⋯⋯⋯⋯⋯⋯⋯⋯⋯⋯⋯ 361
Rungia pectinata ⋯⋯⋯⋯⋯⋯⋯⋯⋯⋯⋯⋯⋯⋯ 364
Ruellia simplex ⋯⋯⋯⋯⋯⋯⋯⋯⋯⋯⋯⋯⋯⋯⋯ 352
Rungia yunnanensis ⋯⋯⋯⋯⋯⋯⋯⋯⋯⋯⋯⋯ 367
Ruttya fruticosa ⋯⋯⋯⋯⋯⋯⋯⋯⋯⋯⋯⋯⋯⋯ 371

S
Sanchezia parvibracteata ⋯⋯⋯⋯⋯⋯⋯⋯⋯⋯⋯ 374
Schaueria flavicoma ⋯⋯⋯⋯⋯⋯⋯⋯⋯⋯⋯⋯ 379
Staurogyne concinnula ⋯⋯⋯⋯⋯⋯⋯⋯⋯⋯⋯ 383

Staurogyne sesamoides ·············· 385	*Strobilanthes reptans* ·············· 441
Strobilanthes alternata ·············· 390	*Strobilanthes sarcorrhiza* ·············· 444
Strobilanthes auriculata var. *dyeriana* ·············· 392	*Strobilanthes schomburgkii* ·············· 446
Strobilanthes austrosinensis ·············· 395	*Strobilanthes tetrasperma* ·············· 448
Strobilanthes biocullata ·············· 397	*Strobilanthes tonkinensis* ·············· 451
Strobilanthes chinensis ·············· 400	*Strobilanthes yunnanensis* ·············· 454
Strobilanthes cusia ·············· 403	*Suessenguthia multisetosa* ·············· 457
Strobilanthes cystolithigera ·············· 407	
Strobilanthes dimorphotricha ·············· 409	**T**
Strobilanthes esquirolii ·············· 412	*Thunbergia alata* ·············· 461
Strobilanthes hamiltoniana ·············· 414	*Thunbergia coccinea* ·············· 464
Strobilanthes henryi ·············· 417	*Thunbergia erecta* ·············· 467
Strobilanthes heteroclita ·············· 420	*Thunbergia fragran* ·············· 470
Strobilanthes hossei ·············· 422	*Thunbergia fragrans* subsp. *hainanensis* ·············· 472
Strobilanthes japonica ·············· 424	*Thunbergia grandiflora* ·············· 474
Strobilanthes lamiifolia ·············· 427	*Thunbergia laurifolia* ·············· 477
Strobilanthes oliganthus ·············· 429	*Thunbergia mysorensis* ·············· 480
Strobilanthes pateriformis ·············· 432	
Strobilanthes persicifolia ·············· 435	**W**
Strobilanthes pseudocollina ·············· 437	*Whitfieldia elongata* ·············· 484
Strobilanthes repanda ·············· 439